YOUJI FEILIAO
KEXUE ZHIZUO YU SHIYONG

有机肥料
科学制作与使用

徐卫红　主编

杨 梅　郭俊云　迟荪琳　副主编

化学工业出版社

·北京·

内 容 提 要

《有机肥料科学制作与使用》主要介绍了有机肥料的分类和特性、有机肥料的发酵分类及原理、有机肥原料发酵的工艺流程及影响因素，以及人粪尿肥、家畜禽粪尿肥、绿肥、堆沤肥、秸秆还田、海肥、饼肥、食用菌菌渣、商品有机肥、城镇家庭自制有机肥的制作方法，同时重点详细介绍了粮食作物、经济作物、蔬菜、果树、花卉和草坪及中药材等六大类50余种作物的需肥特性及有机肥科学施用技术及方法。

书中反映了目前国内外有机肥料科学制作方法及有机肥施用技术的研究新成果、新技术和先进经验，适用于农业技术推广、园林园艺、经济林业等部门的技术与管理人员，以及有机肥生产厂家、有机肥经销人员及广大农户阅读，也可供高等农业院校相关专业师生参考。

图书在版编目（CIP）数据

有机肥料科学制作与使用/徐卫红主编. —北京：化学工业出版社，2020.9（2024.9重印）
 ISBN 978-7-122-37191-1

Ⅰ.①有…　Ⅱ.①徐…　Ⅲ.①有机肥料-制作②有机肥料-使用方法　Ⅳ.①S141

中国版本图书馆 CIP 数据核字（2020）第 099737 号

责任编辑：张林爽　邵桂林　　　　　　文字编辑：林　丹　张瑞霞
责任校对：宋　玮　　　　　　　　　　装帧设计：韩　飞

出版发行：化学工业出版社（北京市东城区青年湖南街 13 号　邮政编码 100011）
印　　装：北京天宇星印刷厂
710mm×1000mm　1/16　印张 17¼　字数 265 千字　2024 年 9 月北京第 1 版第 4 次印刷

购书咨询：010-64518888　　　　　　售后服务：010-64518899
网　　址：http://www.cip.com.cn

定　　价：79.80 元　　　　　　　　　　　　　　版权所有　违者必究

前　言

有机肥具有养分全面，肥效稳定、持久，成本低，并能改善土壤理化性质等优点，可有效解决农业生产中因化肥用量过大、氮磷钾肥施用不平衡等，导致的农田土壤肥力降低、物理性质和生物学性质变劣等严重问题。其科学生产和推广应用是科学施肥的延伸和耕地生产力提升的重要措施。《有机肥料科学制作与使用》系统阐述了有机肥料的制作原理、方法、工艺以及有机肥料的无害化处理、有机肥料产品的质量控制，详细介绍了粮食作物、经济作物、蔬菜、果树、花卉和草坪及中药材等六大类作物需肥特性及有机肥料科学施用技术及方法。

《有机肥料科学制作与使用》分为上、下两篇共十三章，重点介绍不同作物有机肥施用技术和具体操作方法，可供农业技术推广、园林园艺、经济林业等部门的技术与管理人员，有机肥生产厂家、有机肥经销人员及广大农户、农业院校师生阅读参考。

在本书编写过程中，编者力求各章内容的准确和协调，但书中难免还有疏漏或不妥之处，敬祈有关专家惠予指正，恳请广大读者在参考使用中随时提出宝贵意见，以便及时补遗勘误。

本书上篇第一、二章由徐卫红撰写；第三、四章由迟苏琳撰写；第五章由郭俊云、杨梅撰写；第六章由李桃撰写；第七章由张春来撰写；下篇第八章由李桃撰写；第九章由杨梅撰写；第十章由郭俊云撰写；第十一章由张春来撰写；第十二章由贺章咪撰写；第十三章由迟苏琳、冯德玉撰写，特此一并表示感谢。

编者

目 录

上篇　有机肥料科学制作

下篇　有机肥料科学使用

上篇
有机肥料科学制作

第一章

概 述

　　有机肥料是我国农业生产中的一类重要肥料（图1-1）。有机肥料具有养分全面，肥效稳定、持久，成本低，并能改善土壤理化性质等优点。我国农民在农业生产中有使用有机肥料的传统，但随着中国化肥工业的快速发展，有机肥料的投入呈逐年下降的趋势。近年来，随着中国绿色、优质、高效、健康、环保的新型农业和资源节约型、环境友好型社会的快速发展，有机肥料又重新受到青睐。有机肥料的推广应用不仅是科学施肥的延伸和耕地生产力提升的重要措施，也是社会主义新农村建设、保护生态环境的一项重要内容，对促进中国有机农业的发展和农业部提出的到2020年实现化肥零增长的目标具有重要的作用。

图1-1　秸秆、粪便加工生产有机肥料

传统有机肥料是指以有机物为主的自然肥料，多是人和动物的粪便以及动植物残体，一般分为农家肥、绿肥和腐殖酸肥三大类。农家肥是农户利用人畜粪便以及其他原料加工而成的，常见的有厩肥、堆肥、沼气肥和草木灰等。农业收获植物及其加工残余物也是一类具有广泛应用价值的农家肥，如菜籽饼、大豆饼等饼粕类肥料，养分含量较高，特别是氮含量都在5%以上。绿肥是将绿色植物体的全部或部分直接翻压到土壤中作为肥料，是中国传统的重要有机肥料之一。绿肥含有丰富的有机质和一定量的氮（N）、磷（P）、钾（K）和多种微量元素等养分，其分解快，肥效高，改土培肥的效果好。常见的绿肥作物有紫云英（Astragalus sinicus L.）、苕子（Vicia villosa Roth. var.）、肥田萝卜（Raphanus sativus L.）、田菁（Sesbania cannabina Pers.）、苜蓿（Medicago Sativa Linn）和柽麻（Crotalaria juncea L.）等。腐殖酸类肥料是利用泥炭、褐煤、风化煤等为主要原料经酸或碱等化学处理，并添加一定量的氮、磷、钾或微量元素所制成的肥料。这类肥料一般含有机质和腐殖酸，具有改良土壤、活化土壤养分和刺激作物生长发育等作用。

商品有机肥料是以畜禽粪便、动植物残体、生活垃圾等富含有机质的固体废物为主要原料，并添加一定量的其他辅料（如风化煤、泥炭、中药渣、酒渣、菌菇渣等）和发酵菌剂，通过工厂化方式加工生产而成的肥料。根据生产原料的不同，我国商品有机肥料主要包括三大类：一是以集约化养殖畜禽粪便为主要原料加工而成的有机肥料；二是以城乡生活垃圾为主要原料加工而成的有机肥料；三是以天然有机物料为主要原料，不添加任何化学合成物质加工而成的有机肥料。与农家肥相比，商品有机肥料具有养分全面、含量高、质量稳定等特点。

第一节　我国有机资源利用现状

农业废弃物是指人类在农业生产过程中所丢弃的有机类物质的总称，其主要包括植物性废弃物（如农作物秸秆、林木枝条、杂草、落叶、果实外壳等）、畜禽粪便、农副产品加工废弃物和农村居民生活废弃物。我国是一个农业生产大国，也是农业废弃物产出量最大的国家，农作物秸秆、畜禽粪便等废弃物随处看见（图1-2）。据统计，我国仅农作物秸秆就有近20种，年产

量约 $9 \times 10^8 t$。其中稻草 $3 \times 10^8 t$，玉米秸秆 $3 \times 10^8 t$，小麦秸秆 $1 \times 10^8 t$，豆类和杂粮作物秸秆 $1 \times 10^8 t$，花生、薯类和甜菜等秸秆藤蔓 $1 \times 10^8 t$。畜禽粪便年产量约为 $26 \times 10^8 t$，其中牛粪 $10 \times 10^8 t$，猪粪 $3 \times 10^8 t$，羊粪 $3 \times 10^8 t$，家禽粪 $2 \times 10^8 t$，其他畜禽粪便合计 $8 \times 10^8 t$。随着社会经济迅速发展和人口的增加，废弃物总量将以每年 $5\% \sim 10\%$ 的速度递增。如何合理有效地利用农业废弃物将成为我国面临的一个重要农业和环境问题。

图 1-2　农业废弃物带来的环境问题

一、秸秆

秸秆还田，通常有炭化还田、过腹还田、堆沤还田、直接还田、翻压还田、焚烧还田、机械还田等方式。据统计，2015 年我国粮食总产量为 $6.1 \times 10^8 t$，随之产生的各类秸秆量约 $9 \times 10^8 t$，而且秸秆产量以每年 $1200 \times 10^4 t$ 的速度增长（图 1-3）。但是总体上秸秆利用率不算很高，有数据分析 2008 年秸秆还田总量约为 $4.4 \times 10^8 t$，占秸秆资源总量的 50%，直接还田方式约有 $2.5 \times 10^8 t$，占到近 60%。

二、人、畜、家禽的排泄物及饲料残屑

人、畜、家禽的排泄物是食物经消化后排出的残渣，其主要成分是木质素纤维和半纤维素、氨基酸、有机酸和某些盐类。随着畜禽养殖规模化发展，我国每年禽畜粪便产量约为 $17.3 \times 10^8 t$（图 1-4），其实际利用率占 70%，畜禽养殖粪污不合理排放带来的环境污染问题也日渐突出，畜禽

图 1-3　作物秸秆

图 1-4　规模化养殖畜禽产生大量排泄物

粪便污染已居农业污染源之首。目前禽畜粪便处理方式主要有工厂化处理、堆沤处理、沼气发酵处理 3 种。3 种主要处理方式中，传统堆沤处理占禽畜粪便资源的 50%，而工厂化处理则不到 10%。各种畜禽粪便中，羊场粪便的利用率可以达 90.3%，远远高于猪粪、牛粪等。

三、绿肥

我国的绿肥（图 1-5）主要是包括压青还田量和经济绿肥 2 种，两者目前各有 4500×10^4 t 和 890×10^4 t，占绿肥资源总量的 87.7%。绿肥种植结构中，冬绿肥和春夏绿肥还田量约为 3100×10^4 t；春夏绿肥压青还田量约为 980×10^4 t。

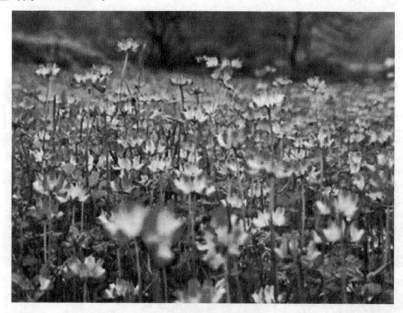

图 1-5　绿肥（紫云英）

四、生活垃圾及废弃物

每年城市垃圾产量约为 1.2×10^8 t，且以 10% 的速度递增（图 1-6）。生活垃圾及废弃物构成成分复杂，其中如厨余物，富含有机物质；如粉尘等，能被利用的养分则较少；还有不提供养分的物质，如塑料、玻璃等。由于垃圾分类困难，筛选利用更是难上加难，其利用率一直很低。

图 1-6 市政生活垃圾及废弃物

五、商品有机肥利用情况

农业生产中商品有机肥的使用量约为每年 2200×10^4 t（图 1-7）。其中，以有机肥形式的用量约为 1000×10^4 t；以有机无机复混肥形式的用量约为 850×10^4 t；以生物有机肥形式的用量约为 270×10^4 t。从以上数据看，农业中有机肥仍然以最基础的方式进行利用，市场对生物有机肥的接受度还不够。

图 1-7 工厂化商品有机肥

第二节　有机肥料在农业生产中的作用

一、有机肥料在作物营养中的作用

1. 提高作物产量

施用有机肥后，土壤中的氮、磷、钾等营养元素被活化释放，土壤供给能力增加，同等条件下能给作物提供更多的养分从而提高产量。在施用化肥基础上增加有机肥的使用，能使早稻增产 68.6％，晚稻增产 72.0％。

2. 改善作物品质

有机肥对于作物品质的改善，主要在其影响作物的营养生长阶段。施用化肥时配合施用有机肥，小麦的清蛋白、球蛋白含量，醇蛋白和谷蛋白含量都有增加。前者影响小麦的口感，后者则影响其加工品质。

3. 增强作物抗逆性

有机肥料对施入土壤的酸、碱性无机肥料具有一定的缓冲作用。在持续使用有机肥的地块中，能明显减少氮害的发生和减轻氮害的毒害作用。使用禽畜粪便堆沤有机肥，其中的有机酸等能对土壤中的铝、重金属进行络合，有助于降低铝、重金属等的毒害作用。小麦根系中丙二醛（MDA）含量能提升根系的膜脂过氧化作用，使根系的衰老加速，而施用有机肥后的小麦根系，超氧化物歧化酶（SOD）活性增加，能抑制这一过程的发生。

二、有机肥料在提高土壤肥力上的作用

1. 增加土壤养分

施用有机肥料可以增加土壤有机质的含量，使土壤中氮、磷等营养元素含量增加。

有机肥料施入土中经微生物分解，使有机态养分转化成速效态养分。同时在分解过程中常常产生二氧化碳和有机酸与无机酸。二氧化碳可以

直接供给根、叶吸收，而有机酸和无机酸能促进土壤中难溶性的无机养分溶解，从而增加土壤速效养分。

所以，施用有机肥料既可以增加土壤潜在养分，又能增加速效养分。

2. 改善土壤的理化性质

有机肥料经过腐殖化过程，能部分形成腐殖质，具有改良土壤结构，增强土壤的保水、保肥能力和缓冲性能以及提高土温的作用。

3. 促进土壤微生物活动

施用有机肥料，一方面增加了土壤中有益微生物数量；另一方面为土壤微生物活动创造了良好的环境条件，使土壤微生物活动显著增强。

此外，合理利用有机肥料可以消除因畜、禽集中饲养而带来的排泄物对土壤、水源、空气的污染，消除或减弱农药和重金属对作物的毒害（有机质可络合重金属）。

第三节　有机肥料制作和使用中存在的问题

一、有机肥无害化难以保证

所谓有机肥的无害化保证，包括生产和产品的无害化。有机肥的原料来源多种多样，而其中以粪便为主的原料，味道大、虫卵多、含致病菌多是主要问题。此类型原料生产的有机肥，工艺上如果不经过严格的无害化处理，使用后会对农业生产产生更多的危害。

二、有机肥完熟性保证

有机肥生产需要经过有氧和无氧微生物的活动，分别将各类原料完全腐熟转化，经过此过程之后形成的小分子有机物才能被植物吸收利用。这一转化过程就是有机肥的熟化过程。目前有机肥的生产过程中，不管哪种形式的生产工艺，都要经历此过程。简单经过烘干处理的畜禽粪便，对含水量和微生物生长有一定的控制作用，但仍然需要经历完熟化过程。与简单堆沤相比，工厂化操作过程中利用翻堆机、发酵架等设备，能很好地实现完熟化要求。

三、有机肥对土壤和环境的污染

有机肥原料一般为工农业废弃物与生活废弃物，取材广泛，成分复杂，若处理和施用不当，会污染农业生态环境，同时，直接导致重金属、病原微生物、有机类污染物等有毒有害物质进入土壤和水体，给农业可持续发展带来不利的影响。因动物的富集作用，来源于畜禽粪便的有机肥中，铜（Cu）、汞（Hg）、镉（Cd）、砷（As）及铬（Cr）等重金属残留量与20世纪90年代初相比，显著增加；一些兽药残留和病原菌残存问题也比较突出。目前，部分畜禽粪便未经无害化处理而直接农用，加上没有严格处理的有机肥在农业中大量应用，导致近年来农作物重金属超标问题和病害爆发问题突出。随着生态农业、绿色农业快速发展，对有机肥的需求不断增加，在我国有机肥料资源丰富的背景下，如何进一步提高有机肥料生产工艺、缩短有机肥的生产时间、提升有机肥养分含量、降低肥化过程中养分损失等，都是有待进一步研究的问题。

四、商品有机肥料养分含量低、成本高

近年来，随着我国生态文明建设和绿色、循环农业的发展，畜禽粪便堆肥化利用作为一种减少或避免规模养殖废弃物直接排放污染环境，改善土壤理化性质，实现农业生产化肥减量施用和促进农业绿色、优质、高产的措施，已经越来越受到重视。但与化肥相比，商品有机肥料养分含量低、用量大、成本高、施用费时费工、劳动强度大、使用不方便，导致农民不愿意使用有机肥料。

五、有机肥使用不当，造成作物营养障碍，抑制作物生长

有些有机肥如禽粪、厩肥等营养成分含量较高，一次性使用量过大时，一方面直接造成肥害，影响植株生长，甚至毁苗；另一方面使得土壤氮素硝化作用增强，造成土壤硝态氮的积累，进而可能使植株硝酸盐含量增加。而有些有机肥C/N比很高，如秸秆、堆肥等，施入土壤后由于微生物活动的需要将与作物争氮，引起氮素不足。未经处理的有机废弃物、未充分腐熟的堆肥产品都可能对种子发芽和苗期生长产生毒害作用。

第二章

有机肥料的分类和特性

第一节 有机肥料的分类

我国有机肥的来源极为丰富，其性质复杂，地区间差异大。有机肥料的分类没有一个统一的标准和严格的分类系统。有机肥料按其来源、特性和积制方法，可以分为以下四类：

一、粪尿肥

粪尿肥包括人粪尿、畜粪尿、禽粪、厩肥等，以人、畜粪尿为主。中国是农业大国，家畜、家禽排泄物数量大，养分丰富，提供的养分占农村有机肥料总量的 63%~72%。

二、堆沤肥

堆沤肥包括秸秆还田、堆肥、沤肥和沼气肥（图 2-1）。

三、绿肥

绿肥的种类很多，如紫云英、苕子、毛蔓豆等。根据不同分类原则，可分为不同类别。按其来源分为栽培绿肥和野生绿肥。按植物学分类分为豆科绿肥和非豆科绿肥。按种植季节分为冬季绿肥、夏季绿肥和多年生绿肥。按利用方式分为肥田绿肥、覆盖绿肥、饲料绿肥等。按生长环境分为旱地绿肥和水生绿肥。目前我国多以栽培饲料绿肥为主，野生绿

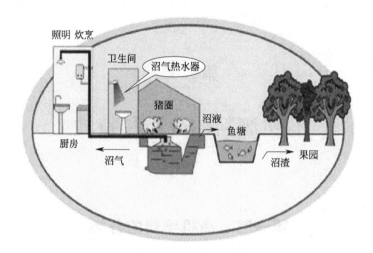

图 2-1　农村沼气发酵

肥较少。

四、杂肥

杂肥包括城市垃圾、泥炭及腐殖酸类肥料、油粕类肥料、污水污泥等。

以上四大类有机肥料在有机肥资源总量中的排列次序为：粪尿肥＞堆沤肥≈杂肥＞绿肥。

第二节　有机肥料的特性

与化学肥料相比，有机肥料的共性特点主要包括以下几点：

① 养分全面。它不但含有作物生育所必需的大量元素和微量元素，而且还含有丰富的有机质，其中包括胡敏酸、维生素、生长素和抗生素等物质。因此有机肥料是一种完全肥料。

② 肥效缓慢而持久。有机肥料中的植物营养元素多呈有机态，须经微生物转化才能被作物吸收利用，因此其肥效缓慢而持久，是一种迟效性肥料。

③ 含有大量有机质和腐殖质，对改土培肥有重要作用。

④ 含有大量的微生物，以及各种微生物的分泌物如酶、刺激素、抗生素等生长活性物质。

⑤ 养分含量较低，施用量大，施用时需要较多的劳动力和运输力。因此，提高有机肥料的质量，以节省运输劳力是十分重要的。

不同有机肥种类也有其自身的独特性质，下面分述如下：

一、粪尿肥的特点

粪尿肥指人和动物的排泄物，含有丰富的有机质、氮（N）、磷（P）、钾（K）、钙（Ca）、镁（Mg）、硫（S）、铁（Fe）等作物需要的营养元素，及有机酸、脂肪、蛋白质及其分解物，包括人粪尿、家畜粪尿、家禽粪尿、其他动物粪尿肥等。

人粪尿是人粪和人尿的混合物，是养分含量较高、施肥见效快的有机肥。人粪尿一般作追肥，也可制成堆肥后作基肥使用。但应注意腐熟人粪尿不能与草木灰等碱性物质混存。人粪尿中可能带有各种传染病菌和寄生虫卵，需经发酵或药剂处理后才能使用。人粪尿中的盐分和氯离子含量较高，不适宜在忌氯作物上过多施用，也不宜在干旱、排水不畅的盐碱土上大量施用。

家畜粪尿指猪、牛、羊等的排泄物。含有丰富的有机质和植物所需的营养元素。

猪粪尿质地较细，含纤维少，碳氮比小，养分含量高。氮、磷、钾含量高于牛、马粪尿，钙、镁含量低于其他粪肥，含有微量元素。施用腐熟猪粪尿能提高土壤肥力，增加土壤的保水性，猪粪尿肥效前劲柔，后劲长。

牛粪尿分解腐熟慢，是发热量最小的冷性肥料，牛粪尿中养分含量在各种主要家畜粪尿中最低。牛粪尿可以作多种作物的基肥。牛粪在黏性土壤、有机质含量少的砂土施用最好。

羊粪尿质地细密干燥，发热量比牛粪尿大、比马粪尿小，属于热性肥料。羊粪尿适用于各种土壤和各种作物，可作基肥和追肥。

家禽粪尿是鸡、鸭、鹅、鸽等家禽粪尿的总称。鸡粪尿养分含量高于其他畜粪尿，适用于各种土壤与作物，不仅能增加作物产量，还可提高作物品质。鸭粪尿养分含量略低于鸡粪尿。

二、堆沤肥的特点

（一）堆沤肥

堆肥是指作物茎秆、绿肥、杂草等植物性物质与泥土、人粪尿、垃圾等混合堆置，经好气微生物分解而成的肥料。沤肥是指以植物残体为主，加入一定量的人畜粪尿、绿肥、石灰、河泥、塘泥、生活垃圾等物料混合，在淹水条件下，经嫌气微生物分解而成的农家肥料。

堆沤肥均以农村中各种有机废弃物为主要原料，掺入少量人畜粪尿积制而成。但堆肥是在通气良好的条件下堆制的，以好气微生物的分解作用为主，发酵温度较高。沤肥则是在淹水的条件下沤制的，以嫌气发酵为主，发酵温度较低。

堆沤肥中的主要物质是有机质，可使黏质土壤疏松，对砂质土壤则促进其结成团粒，提高土壤通风、保水和培肥的能力，同时能促进植物根系的增长。堆沤肥除含氨基酸、氮、磷、钾等养分外，还含有多种糖类，不仅可为作物提供营养，而且可以促进土壤微生物的活动。堆沤肥还含有多种微量元素，与化肥配合施用增产效果显著，而且能改善产品的品质，使蔬菜中硝酸盐、亚硝酸盐含量降低，维生素 C 含量提高，增加瓜果中的含糖量。

（二）秸秆还田

秸秆还田是把不宜直接作饲料的秸秆（麦秸、玉米秸和水稻秸秆等）直接施入土壤或堆积腐熟后施入土壤中的一种方法（图 2-2）。秸秆还田可分为秸秆粉碎翻压还田、秸秆覆盖还田、堆沤腐熟还田、过腹还田等方式。

秸秆还田利于新鲜腐殖质在土地内形成，促进土壤团粒结构形成，改善土壤物理性状，增加土壤保水保肥能力，使土壤容重降低，增强土壤的通透性。另外还可提供微生物所需的能源促进土壤微生物活动，加速土壤养分循环，促进作物生长，提高作物产量。

秸秆中有机质含量平均为 15% 左右。秸秆中含有的氮、磷、钾、

图 2-2　秸秆还田

镁、钙、硫等元素是农作物生长必需的主要营养元素，另外秸秆中还含有其他多种微量营养元素，因此可以减少田间肥料的施用量。

秸秆覆盖还田后，由于减弱了土壤表层的光照强度，影响了杂草的光合作用，加上机械碾压作用，抑制了杂草的发芽率和生长势，从而减少了田间杂草的生长量和生长强度。秸秆直接还田还可避免因秸秆焚烧（图 2-3）造成的氮磷等养分损失和空气污染等。

但秸秆还田量过大或不均匀易发生土壤微生物（即秸秆转化的微生物）与作物幼苗争夺养分的矛盾，甚至出现黄苗、死苗、减产等现象。秸秆翻压还田后，使土壤变得过松，孔隙大小比例不均，大孔隙过多，土壤与种子不能紧密接触，影响种子发芽生长。秸秆中的虫卵、病菌等在秸秆直接粉碎过程中无法杀死，还田后留在土壤里，病虫害直接发生或者越冬后来年发生。

（三）沼气肥

沼气肥是指利用各种作物秸秆、青草和人畜粪尿等在沼气发酵池中经甲烷细菌等嫌气微生物发酵制取沼气后的残留物。

沼气肥有两种形态。一是沼气水肥（沼液），占肥总量的 88% 左右；二是固体残渣（沼渣），占肥总量的 12% 左右。沼液含速效氮、磷、钾

图 2-3   秸秆焚烧

等营养元素，还含有锌（Zn）、铁等微量元素。据测定，沼液含全氮为 0.062%～0.11%，铵态氮为 200～600mg/kg，速效磷 20～90mg/kg，速效钾 400～1100mg/kg。因此，沼液的速效性很强，养分可利用率高，能迅速被作物吸收利用，是一种多元速效复合肥料，可作追肥施用。固体沼渣肥，营养元素种类与沼液基本相同，含有机质 30%～50%，含氮 0.8%～1.5%，含磷 0.4%～0.6%，含钾 0.6%～1.2%，还有丰富的腐殖酸，含量达 11.0% 以上。腐殖酸能促进土壤团粒结构形成，增强土壤保肥性能和缓冲力，改善土壤理化性质，改良土壤效果十分明显，主要用作基肥施用。

沼渣肥的性质与一般有机肥相同，属于迟效肥料。沉渣的肥料质量比一般的堆沤肥要高，但仍属迟效肥，而发酵液是速效性氮肥，其中铵态氮含量较高。沼气肥还可以综合利用，例如用以养鱼、养殖蚯蚓等。

三、绿肥的特点

绿肥是指利用绿色植物体制成的肥料。绿肥能为土壤提供丰富的养分。1000kg 绿肥鲜草，一般可提供氮素 6.3kg，磷素 1.3kg，钾素 5kg，相当于13.7kg尿素、6kg过磷酸钙和10kg硫酸钾。一般含1kg氮素的绿肥，可增产稻谷、小麦9～10kg。

绿肥作物的根系发达，如果地上部分产鲜草1000kg，则地下根系就有150kg，能大量地增加土壤有机质，改善土壤结构，提高土壤肥力。豆科绿肥作物还能增加土壤中的氮素。据研究，豆科绿肥中的氮有2/3是从空气中来的。

绿肥能使土壤中难溶性养分转化，以利于作物的吸收利用。绿肥作物在生长过程中的分泌物和翻压后分解产生的有机酸能使土壤中难溶性的磷、钾转化为作物能利用的有效性磷、钾。

绿肥能改善土壤的物理化学性状。绿肥翻入土壤后，在微生物的作用下，不断地分解，除释放出大量有效养分外，还形成腐殖质。腐殖质与钙结合能使土壤胶结成团粒结构，有团粒结构的土壤疏松、透气，保水保肥力强，调节水、肥、气、热的性能好，有利于作物生长。

绿肥能促进土壤微生物的活动。绿肥施入土壤后，增加了新鲜有机能源物质，使微生物迅速繁殖，活动增强，促进腐殖质的形成、养分的有效化，加速土壤熟化。此外，绿肥还可作饲料养殖牲畜和鱼虾，发展畜牧业和渔业。

四、杂肥的特点

城市垃圾肥指利用城市居民日常生活中产生的厨房垃圾、商业垃圾、清扫垃圾和少量的建筑垃圾，通过堆沤腐熟，除去有害物质后制成的有机肥。城市垃圾成分十分复杂，主要包括有机物和无机物，有机物如纸、蔬菜及果皮、木屑、塑料等，无机物如金属、玻璃、陶瓷、砂石、炉灰等。城市垃圾含有农作物所需要的营养元素，但也有为数不少的重金属，如铅（Pb）、镉、铬、汞、砷、铜、锌、铁等。除铜、锌、铁可作为植物的营养元素，其他重金属对植物有害。我国产生的城市垃圾数量占各种有机肥总资源量的第三位，仅次于粪尿类、秸秆类。处理过的垃圾肥对农作物有明显的增产、培肥地力和改良土壤的作用。

泥炭又叫草炭、草木炭、草煤、泥煤、草筏子，是古代低湿地带生长的植物残体，在淹水条件下形成相对稳定的松软堆积物，有机质、腐殖酸含量高，纤维含量丰富。泥炭有机质含量为30%～90%（其中腐殖酸含量一般为 10%～30%），灰分含量为 10%～70%，还含有氮、磷、钾、钙、镁、铜、铁、锌、钼（Mo）、硼（B）等农作物不可缺少的元素。泥炭具有疏松多孔、通气透水性好的特点，是土壤改良剂、植物生长刺激素、有机-无机复合肥料的最有效的原料资源。泥炭比表面积大，吸附能力强，有较强的离子交换能力和盐分平衡控制能力，也是良好的作物栽培基质。

腐殖酸类肥料是用富含腐殖酸的泥炭、褐煤、风化煤等为原料，经过氨化、硝化等化学处理，或添加氮、磷、钾及微量元素制成的一类化肥，如腐殖酸铵、腐殖酸磷、腐殖酸钾等。它是有机-无机复混肥料，具有改良土壤理化性状、提高化肥利用率、刺激作物生长发育、增强农作物抗逆性、改善农产品品质等多种功能。

油粕即大豆、花生、玉米、葵花籽、芝麻等榨油后的副产品，其含有大量的有机质和氮、磷、钾等养分，是沤制高效有机肥料的好原料。油粕营养价值很高，如豆粕的主要成分为蛋白质 40%～48%，赖氨酸 2.5%～3.0%，色氨酸 0.6%～0.7%，蛋氨酸 0.5%～0.7%，不但可以提高土壤肥力，增加农作物产量，改善其品质，还可作为养殖业的优质饲料。发酵腐熟的油粕既可作有机肥直接施用，也可作为有机原料与无机肥料混合进一步配制成有机-无机复混肥料。

河、塘、沟、湖中的肥沃淤泥以及城市生活污水处理后所得到的固体过滤物（简称污泥），统称为泥肥。它是由地表降水冲刷来的肥沃表土，包括细土、无机盐、污物、枯枝落叶等汇集于沟塘底部，加上水生动植物的排泄物和遗体经长期的沤制分解而成。污泥除含有一定数量的有机质外，还含有氮、磷、钾等多种养分，特别是城市污水处理厂得到的污泥中除含有大量的有机质外，还含有作物所需的氮、磷、钾三元素及硼、铜、锌、铁等微量元素，这部分污泥经过药物杀菌或高温杀菌处理后作肥料使用，或与无机肥料混合后生产有机-无机复混肥效果最好。

第三章

有机肥料的发酵分类及原理

第一节 发酵堆肥的分类

按照目前有机肥料堆制发酵的特点有如下五种分类方式。

一、按微生物需氧条件

根据堆肥微生物对氧的需求情况可将其分为好氧发酵堆肥和厌氧发酵堆肥两类。

1. 好氧发酵堆肥

好氧发酵是依靠专性和兼性好氧细菌的作用使有机物得以降解的生化过程（图 3-1）。好氧发酵堆肥具有对有机物分解速度快、降解彻底、堆肥周期短的特点。一般一次发酵在 4～12d，二次发酵在 10～30d 便可完成。由于好氧发酵堆肥温度高，可以杀灭病原菌、虫卵和垃圾中的植物种子，使堆肥达到无害化。此外，好氧发酵堆肥的环境条件好，不会产生难闻臭气。

目前采用的堆肥工艺一般均为好氧发酵堆肥。但由于好氧发酵堆肥必须维持一定的氧浓度，因此运转费用较高。

2. 厌氧发酵堆肥

厌氧发酵是依赖专性和兼性厌氧细菌的作用降解有机物的过程。厌氧发酵堆肥的特点是工艺简单。通过堆肥自然发酵分解有机物，不必由外界提供能量，因而运转费用低。若对所产生的沼气（甲烷）处理得当，还有加以利用的可能（图

图 3-1　好氧发酵

3-2)。但是，厌氧发酵堆肥具有周期长（一般需 3～6 个月）、易产生恶臭、占地面积大等缺点，因此，厌氧发酵堆肥不适合大面积推广应用。

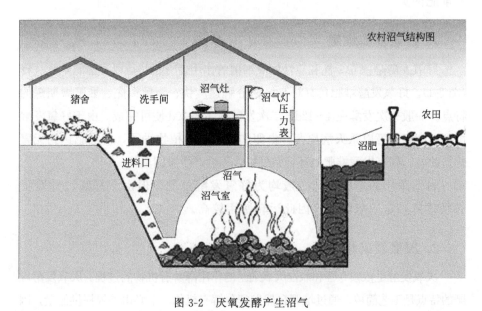

图 3-2　厌氧发酵产生沼气

二、按发酵的温度范围

若按堆肥工艺所要求的温度范围分类，则有中温发酵堆肥和高温发酵堆肥两种。

1. 中温发酵堆肥

一般指中温好氧发酵堆肥，所需温度为 15～45℃。由于温度不高，不能有效杀灭病原菌，因此，目前中温发酵堆肥较少采用。

2. 高温发酵堆肥

好氧发酵所产生的高温一般在 50～65℃，极限可达 80～90℃，能有效地杀灭病原菌，且温度越高，令人讨厌的臭气产生就会越少，因此高温发酵堆肥已为各国公认，采用较多。高温发酵堆肥最适宜的温度为 55～60℃。

三、按物料的运动形式

若按有机物料运动形式分类，则有静态发酵堆肥、动态（连续或间歇式）发酵堆肥两种。

1. 静态发酵堆肥

静态发酵堆肥是把收集的新鲜有机废物一批一批地堆制（图 3-3）。堆肥物一旦堆积以后，不再添加新的有机废物和翻倒，待其在微生物生化反应完成之后，成为腐殖土后运出。静态发酵堆肥适合于中、小城市厨余垃圾、下水污泥的处理。

2. 动态发酵堆肥

动态发酵堆肥采用连续或间歇进、出料的动态机械堆肥装置，具有堆肥周期短（3～7d）、物料混合均匀、供氧均匀充足、机械化程度高、便于大规模机械化连续操作运行等特点，因此适用于大、中城市有机固体废物的处理。但是动态发酵堆肥要求高度机械化，并需要复杂的设计、施工技术和高度熟练的操作人员，并且动态发酵堆肥一次性投资和运转

图 3-3　静态发酵堆肥

成本较高。目前，动态发酵堆肥工艺在发达国家已得到普遍应用。

四、按发酵的堆制方式

若按发酵堆制方式分类，则有露天式堆肥和装置式堆肥两种。

1. 露天式堆肥

露天式堆肥即露天堆积，物料在开放的场地上堆成条垛或条堆进行发酵（图 3-4）。通过自然通风、翻堆或强制通风方式，供给有机物降解所需的氧气。这种堆肥所需设备简单，成本投资较低。其缺点是发酵周期长，占地面积大，受气候的影响大，有恶臭，易招致蚊蝇、老鼠的滋生。这种堆肥仅宜在农村或偏远的郊区应用，而对城市是不合适的。

2. 装置式堆肥

装置式堆肥也称为封闭式堆肥或密闭型堆肥，是将堆肥物料密闭在堆肥发酵设备中，如发酵塔（图 3-5）、发酵池（图 3-6）、发酵仓（图 3-7）等，通过风机强制通风，提供氧源，或不通风厌氧发酵堆肥。装置式堆肥的机械化程度高、堆肥时间短、占地面积小、环境条件好、堆肥质

图 3-4　露天式堆肥

量可控可调，因此适用于大规模工业化生产。

五、按堆肥的发酵历程

按发酵历程分类，有一次发酵和二次发酵两种工艺。

1. 一次发酵

好氧发酵的中温与高温两个阶段的微生物代谢过程称为一次发酵或主发酵。它是指从发酵初期开始，经中温、高温然后温度开始下降的整个过程，一般需 10～12d，以高温阶段持续时间较长。

2. 二次发酵

经过一次发酵后，堆肥物料中的大部分易降解的有机物质已经被微生物降解了，但还有一部分易降解和大量难降解的有机物质存在，需将其送到后发酵仓进行二次发酵，也称后发酵，使其腐熟。在此阶段温度持续下降，当温度稳定在 40℃左右时即达到腐熟，一般需 20～30d。

此外，根据堆肥过程中所采用的机械设备的复杂程度，有简易堆肥和机械堆肥之分。

图 3-5　发酵塔

图 3-6　发酵池

图 3-7　发酵仓

　　以上为堆肥工艺的基本类型，仅按其中某一种分类方式难以全面地描述实际采用的堆肥工艺，因此，常采用多种分类方式同时并用的形式描述堆肥工艺，如高温好氧静态堆肥、高温好氧连续式动态堆肥、高温好氧间歇式动态堆肥等。国外有一种较为直观简便的分类方法，亦为国内研究人员所接受，即按照堆肥技术的复杂程度，将堆肥系统分为条垛式堆肥系统、静态通风垛系统、反应器系统（或发酵仓系统）等。实际上，条垛式和静态通风垛式堆肥系统属于露天式好氧堆肥，反应器式堆肥即为装置式堆肥，有的属于连续式或间歇式好氧动态堆肥，有的属于静态堆肥。

第二节　发酵原理

　　在一定条件下，通过微生物的作用使废物中的可降解有机物发酵。根据发酵过程中氧气的供应情况，可以把发酵过程分为好氧发酵和厌氧发酵两种。好氧发酵是在通气条件好、氧气充足的条件下借助好氧微生物的生命活动降解有机物，通常好氧发酵堆温高，一般在 55～60℃时比较好，所以好氧发酵也称为高温发酵；厌氧发酵则是在通气条件差、氧气不足的条件下借助厌氧微生物发酵。

一、好氧发酵原理

有机废物好氧发酵过程实际上就是基质的微生物发酵过程。微生物将有机物转化为二氧化碳、生物量（微生物细胞物质）、热量和腐殖质。发酵中使用的有机物料、填充剂和调节剂绝大部分来自植物，它们的主要成分是碳水化合物（即纤维素）、蛋白质、脂类和木质素。微生物通过新陈代谢活动分解有机底物来维持自身的生命活动，同时达到分解复杂的有机物为可被生物利用的小分子物质的目的。好氧发酵过程中，有机废物中的可溶性小分子有机物质透过微生物的细胞壁和细胞膜而被微生物吸收利用。不溶性大分子有机物则先附着在微生物体外，由微生物所分泌的胞外酶分解为可溶性小分子物质，再输送入细胞内被微生物利用。通过微生物的生命活动——合成及分解过程，把一部分被吸收的有机物氧化成简单的无机物，并提供生命活动所需要的能量，把另一部分有机物转化合成新的细胞物质，使微生物增殖。

下列反应式反映了堆肥中有机物的氧化和合成。

$$[C、H、O、N、S、P]+O_2 \longrightarrow CO_2+NO_3^-+SO_4^{2-}+$$
$$简单有机物+增殖的微生物+热量$$

（1）有机物的氧化

$$C_xH_yO_z(不含氮的有机物)+\left(x+\frac{1}{2}y-\frac{1}{2}z\right)O_2 \longrightarrow$$

$$xCO_2+\frac{1}{2}yH_2O+能量$$

$$C_sH_tN_uO_v \cdot aH_2O(含氮的有机物)+bO_2 \longrightarrow$$
$$C_wH_xN_yO_z \cdot hH_2O(堆肥)+dH_2O(气)+$$
$$cH_2O(水)+fCO_2+gNH_3+能量$$

（2）细胞物质的合成（包括有机物质的氧化，并以 NH_3 为氮源）

$$n(C_xH_yO_z)+NH_3+\left(nx+\frac{ny}{4}-\frac{nz}{2}-5\right)O_2 \longrightarrow$$

$$C_5H_7NO_2(\text{细胞物质})+(nx-5)CO_2+\frac{1}{2}(ny-4)H_2O+\text{能量}$$

（3）细胞物质的氧化

$$C_5H_7NO_2+5O_2 \longrightarrow 5CO_2+2H_2O+NH_3+\text{能量}$$

好氧发酵过程可大致分成三个阶段。

1. 中温阶段

这是指发酵过程的初期，堆层基本呈 $15\sim45^\circ\!C$ 的中温，嗜温性微生物较为活跃并利用堆肥中可溶性有机物进行旺盛的生命活动。这些嗜温性微生物包括真菌、细菌和放线菌，主要以糖类和淀粉类为基质。真菌菌丝体能够延伸到堆肥原料的所有部分，并会出现中温真菌的子实体。同时螨、千足虫等将摄取有机废物。腐烂植物的纤维素将维持线虫和线蚁的生长，而在更高一级的消费者中弹尾目昆虫以真菌为食，缨甲科昆虫以真菌孢子为食，线虫摄食细菌，原生动物以细菌为食。

2. 高温阶段

当堆温升至 $45^\circ\!C$ 以上时即进入高温阶段，在这一阶段，除少数部分残留下来的和新形成的水溶性有机物继续分解转化外，复杂的有机物，如半纤维素、纤维素和蛋白质等开始被强烈分解，同时开始腐殖质的形成过程，出现能溶解于弱碱的黑色物质。这一阶段中嗜温微生物受到抑制甚至死亡，取而代之的是嗜热微生物，常见的有好热真菌（如 *Thermomyces*）、好热放线菌（如 A. *theromfuscus*、A. *thermoodiosprus*）等。这两类菌中，放线菌占优势。在高温阶段中，各种嗜热性微生物的生命活动最适宜温度也是不相同的，在温度上升过程中，嗜热微生物的类群和种群是互相接替的。通常在 $50^\circ\!C$ 最活跃的是嗜热性真菌和放线菌；当温度上升到 $60^\circ\!C$ 以上时，真菌则几乎完全停止活动，仅为嗜热性放线菌和细菌的活动；温度升到 $70^\circ\!C$ 以上时，对大多数嗜热性微生物已不再适应，从而大批进入死亡和休眠状态。现代化堆肥生产的最佳温度一般为 $55^\circ\!C$，这是因为大多数微生物在 $45\sim80^\circ\!C$ 范围内最活跃，最易分解有机物，其中的病原菌和寄生虫大多数可被杀死（表 3-1）。

表 3-1   一些病原体热致死点

名称	死亡情况	名称	死亡情况
沙门伤寒菌	45℃以上不生长;55～60℃,30min内死亡	美洲钩虫	45℃,50min内死亡
沙门菌属	56℃,1h内死亡;60℃,15～20min死亡	流产布鲁氏菌	61℃,3min内死亡
志贺菌	55℃,1h内死亡	化脓性球菌	50℃,10min内死亡
大肠杆菌	绝大部分:55℃,1h内死亡;60℃,15～20min死亡	酿脓链球菌	54℃,10min内死亡
阿米巴虫	68℃死亡	结核分枝杆菌	66℃,15～20min死亡,有时在67℃死亡
无钩绦虫	71℃,5min内死亡	牛结核杆菌	55℃,45min内死亡

最近几年来不断有商业性报道,称堆肥温度即使在85℃,嗜热性微生物也能够很好地生存。在这种情况下,有机废物中允许的含水率可达98%。达到如此极端条件的关键是供氧方式和供氧速率。常规堆肥的供氧技术很难保证堆体每一个角落都有氧气供给,因而限制了微生物的生长,这可能是今后堆肥工艺的研究方向之一。

国外的一些公司称,不仅可以制造固体有机肥,还可制造液体有机肥。由于在高含水率条件下,有机废物可以破碎成浆状,使供氧条件明显改善,突破了常规堆肥对堆体含水率的限制。因此,由有机废物制造液体肥比固体肥更有前途。由于上述商业性报道没有提供详细技术资料,除特别说明外,本书所描述的是常规堆肥技术。

3. 降温阶段 (腐熟阶段)

在内源呼吸后期,剩下部分为较难分解的有机物和新形成的腐殖质。此时微生物的活性下降,发热量减少,温度下降,嗜温性微生物又占优势,对残余较难分解的有机物进行进一步分解,腐殖质不断增多且稳定化,堆肥进入腐熟阶段,需氧量大大减少,含水率也降低。

二、厌氧发酵原理

厌氧发酵是在缺氧条件下利用厌氧微生物进行的一种腐败发酵分解,其终产物除二氧化碳和水外,还有氨、硫化氢、甲烷和其他有机酸等还原性物质,其中氨、硫化氢及其他还原性终产物有令人讨厌的恶臭,而且厌氧发酵需要的时间也很长，完全腐熟往往需要几个月的时间。传统的农家堆肥就是厌氧发酵。

厌氧发酵过程主要分成两个阶段。

第一阶段是产酸阶段，产酸菌将大分子有机物降解为小分子的有机酸和乙醇、丙醇等物质，并提供部分能量因子ATP，以乳酸菌分解有机物为例：

$$C_6H_{12}O_6 \xrightarrow{\text{乳酸菌}} 2C_3H_6O_3（乳酸）+2ATP$$

第二阶段为产甲烷阶段。甲烷菌把有机酸继续分解为甲烷气体：

$$2C_3H_6O_3 \xrightarrow{\text{甲烷菌}} 3CH_4+3CO_2+能量$$

厌氧发酵过程没有氧分子参加，酸化过程中产生的能量较少，许多能量保留在有机酸分子中，在甲烷菌作用下以甲烷气体的形式释放出来，厌氧发酵的特点是反应步骤多、速度慢、周期长。

第四章

有机肥原料发酵的
工艺流程及影响因素

第一节　工艺流程及快速腐解技术

一、常用发酵的工艺流程

传统的发酵技术采用厌氧的野外堆积法，然而它具有占地大、耗时长的缺点。现代化的堆肥生产则一般采用好气堆肥工艺，并且它通常由前处理、主发酵（一次发酵）、后发酵（二次发酵）、后处理、脱臭及贮藏等工序组成。

1. 前处理

若堆肥原料是家畜粪尿、污泥等时，调整水分和 C/N 比，或者添加菌种和酶是其前处理的主要任务。但堆肥原料是城市生活垃圾时，必须要有破碎和分选前处理工艺，由于垃圾中含有大块的和非堆肥物质，要通过破碎和分选，调整垃圾的粒径，去除非堆肥物质。

调整粒径的理由是：原料水分在通过破碎后可实现一定程度的均匀化，同时破碎后原料的比表面积也将大大增加，这样就使得微生物侵蚀原料的速度加快，从而提高发酵速率。从理论上讲，粒径越小，越容易分解。但是，在增加物料的表面积的同时，为了使物料能够获得充足的氧气，还必须保证物料有一定的孔隙率，便于通风。一般适宜的粒径范围是 2～60mm，最佳粒径随垃圾物理特性变化，如果堆肥物质结构坚固、不易挤压，粒径则应小些；相反，粒径则应大些。此外，在决定垃圾粒径大小时，经济方面的考虑也是必需的，因为破碎得越细越小，动力消耗就越大，处理垃圾的费用就会增加。

如果非堆肥物质不去除，那么将会导致：①使发酵仓容积增大；②可能会使传送装置或翻堆搅拌装置被纤维、绳子缠卷而影响操作；③妨碍发酵过程；④非堆肥物质虽然也可在后处理工序去除，但干电池等物质里所含的重金属一旦混入堆肥原料，就不能在后处理时选出，而混到成品堆肥中。

2. 主发酵（一次发酵）

主发酵可在露天或发酵装置内进行，通过翻堆或强制通风向堆积层或发酵装置内供给氧气。在露天堆肥或发酵装置内堆肥时，主发酵的过程主要依赖存在于原料和土壤中的微生物所进行的作用。首先是使易分解物质分解，如简单糖类、淀粉、蛋白质、氨基酸等，产生二氧化碳和水，同时产生热量，不断提高堆温，这些微生物利用有机物中的 C 和 N 作为其营养成分。而在细菌的自身繁殖过程中，不断地分解从细胞中吸收的营养物质而产生热量。

一般将温度升高到开始降低为止的阶段称为主发酵阶段。主发酵阶段的微生物大体可以分为 2 种：一种是最适宜生长温度为 $30\sim40^{\circ}\text{C}$ 的中温菌，另一种是最适宜温度为 $45\sim65^{\circ}\text{C}$ 的高温菌。而在 $45\sim65^{\circ}\text{C}$ 温度下，各种病原菌均可被杀死。以生活垃圾为主体的城市垃圾及家畜粪尿好氧堆肥，主发酵期为 $3\sim10\text{d}$。

3. 后发酵（二次发酵）

后发酵期的主要任务则是进一步将主发酵期的半成品，如尚未分解的易分解有机物和较难分解的有机物进行分解，使之变成较为简单、较为稳定的有机化合物腐殖酸、氨基酸等，得到完全成熟的堆肥制品。后发酵的方法一般是将物料堆积到 $1\sim2\text{m}$ 高进行发酵，而且要安装防雨水流入装置。另外，对于要进行翻堆和通风的场合，通常不进行通风，而是每周进行一次翻堆。

堆肥的使用情况决定了发酵时间的长短。例如，堆肥用于温床（能够利用堆肥的分解热）时，可在主发酵后直接使用；对在一两个生长季节内进行休闲的土地，可以直接施用不经发酵的堆肥；对一直在种作物的土地，为使得堆肥内进行发酵的微生物不夺取土壤中的氮进行自身的生长繁殖，后发酵时间一般要在 20～30d。

4. 后处理

堆肥经过主发酵和后发酵后，几乎所有的有机物都变细碎和变形了，数量也减少了。然而，城市生活垃圾有其特殊性，存在极难分解和不能分解的物质如塑料、玻璃、陶瓷、金属、小石块等，这些物质在预分选工序没有去除。因此，还需要添加一道分选工序，把这些杂物去除，并根据需要进行再破碎（如生产精制堆肥）。

5. 脱臭

由于化学反应，部分堆肥工艺和堆肥物在堆制过程和结束后会产生臭味，必须进行脱臭处理。去除臭气的方法主要有化学除臭剂除臭，碱水和水溶液过滤，熟堆肥或活性炭、沸石等吸附剂过滤。另外，可将熟堆肥覆盖在露天堆肥的表面，以防止露天堆肥臭气逸散。生产中常用的是安装堆肥过滤器，其除臭原理是臭气通过该装置时，恶臭成分会被熟化后的堆肥吸附，吸附后的臭气会被其中的好氧微生物分解而将臭味脱掉，也可用特种土壤代替堆肥使用。

6. 贮藏

堆肥使用的时间一般是在春、秋，所以在夏、冬就必须积存。堆肥可直接堆存在发酵池中或袋装，如果要保存 6 个月则要求干燥而透气，因为受潮会影响制品的质量。

二、有机肥料发酵的快速腐解技术

（一）微生物接种剂

由群落结构演替非常迅速的多个微生物群体共同作用而实现的动态过程称为好氧性高温发酵。在该过程中对某一种或某一类特定的有机物质分解由一个微生物群体起作用，并且都有在相对较短时间内适合自身生长繁殖的环境条件。

代谢强度高、表面积体积比大、繁殖迅速、数目巨大是微生物的显著特征。并且在发酵过程中对有机物质降解起主导作用的也是微生物。研究表明，在加快发酵进程中多种微生物群体的共同作用要比单一的细菌、真菌、放线菌群体强，无论其活性多高。人们为了在人工条件下提高堆肥微生物数量以及加速堆肥反应过程，对接种效应进行了广泛的研究。按接种微生物对发酵的作用，可以从以下4方面来考虑。

1. 堆肥过程的初期加入，其目的是促进堆肥腐熟，缩短堆制周期

传统方法堆肥腐熟有很多缺点，如时间长，堆制过程中堆肥周围恶臭难闻，污水流淌，蚊蝇滋生，已经变成了农业环境中重要的污染源。因此，如何缩短堆制时间，使新鲜畜禽粪便快速腐熟，已经成为现代农业生产中亟待解决的问题。由于传统堆肥腐熟过程主要是一个由自然微生物参与的生理生化过程，因而有可能利用添加外源微生物来加速该过程。

接种微生物促进堆肥腐熟的机理有：①增加堆肥初期微生物的群体数量，增强微生物的降解代谢活性；②缩短达到高温期的时间；③接种分解有机物质能力强的微生物。

常用作加速细胞壁和木质素、纤维素水解，促进腐殖化过程的堆肥接种剂有：从堆肥中分离出来的高温菌、中温菌、放线菌和真菌。目前，微生物培养剂、营养添加剂和有效的自然材料是应用的3种主要接种剂。有效自然材料主要是指粪便堆肥、耕层土壤和菜园土壤等，其内含有种类极其丰富的微生物群体。

对于性冷的牛粪，传统的自然堆肥法不仅耗时长，而且发酵温度也不高，难以将粪中所含的大量杂草种子和虫卵病菌全部杀灭。日本、美国等国家已经开始利用专门微生物菌剂对其进行高温堆肥发酵处理，而且部分菌剂产品已进入我国市场。

近年来，我国学者利用蘑菇培养料微生物增温发酵的基础，筛选培养出了微生物菌群（Hsp菌剂），该菌群能专门对性冷牛粪进行高温发酵处理，并在牛粪堆肥中进行了试验应用。结果表明，在Hsp菌剂作用下，牛粪发酵温度上升速度比以前明显加快，并且如果保证一定供氧状态，其温度会始终保持在55℃以上的高温状态；能够使新鲜牛粪在20d

左右达到堆肥熟化要求。

此外，我国学者还在生活垃圾和污泥混合发酵处理中接种高效复合微生物菌群，其机制是复合微生物菌群各菌种之间互相协同，生成抗氧化物质，形成复杂而稳定的生态系统，增加堆肥过程中细菌数目。实验表明：接种质量分数为 2%、3%、5% 的处理，与灭活菌的对照组比较，垃圾堆肥腐熟时间分别缩短 6d、12d、18d。可见，在不同堆肥原料下，提高堆肥腐熟速度和加速固体废物资源化的一条有效途径是接种微生物。另外，通过向堆肥中添加降解菌，可加速对堆肥原料中污染物的降解速度。

2. 堆肥后期加入，保持微生物活性，可以作为土壤的修复剂

土壤里有 10000 多种微生物，其中有有益菌，也有有害菌。但它们的数量关系是不断变化的，呈动态平衡状态。如果把富含有益微生物的堆肥施用于土壤中，可以大大增加土壤里有益菌数量，同时排挤和抑制有害菌的活动，提高有益菌的活动能量，改良土壤团粒结构和培肥地力，提高供给作物的营养全面性和丰富性。

目前，国内各厂家生产的酵素菌肥中的土曲子，就是一种以改良土壤为主的普通粒状肥，是以山土（或沸石、页岩）经酵素菌发酵后制成的一种酵素菌肥。它不仅包含了多种营养成分，还包含了多种分解酶，能分解土壤中各种有机肥和无机肥的难溶矿质养分，使之成为作物可吸收的养分。它有利于提高土壤的盐基交换量，改善作物根际土壤环境，提高土壤保水保肥能力，对作物生长发育有利。

3. 减少堆肥过程中氮素损失，提高养分含量

氨的挥发是造成畜禽粪便在堆制过程中散发出大量恶臭物质的主要原因。由于恶臭物质中含有氨，故损失了堆肥中大量的氮养分，从而降低堆肥的农用价值。传统堆肥过程是利用微生物的代谢作用，因而可利用添加外源微生物的办法来调控堆肥过程中 C、N 的代谢，通过减少氮素物质分解为 NH_4^+-N 后的气态挥发损失来控制臭味的产生，减少 N 损失。

4. 堆制法中微生物对有机污染物的消除

在人工控制条件下，对生物来源的有机肥原料进行的好氧生物分解

和稳定化过程称为堆制处理法。在堆制过程中主要利用多种微生物（包括中温、高温微生物）的活动，历经较长时间，使多种有机物质得到降解和转化。目前，国外采用堆制法处理石油燃料、煤焦油、杂酚油、农药、炸药和火箭推进剂等土壤有机污染物质。

在堆制处理过程中，控制堆制的环境因素可以达到以下效果：给微生物提供一个较为良好的环境条件，基于这个环境条件，微生物的繁殖加速，微生物降解有机物质产生大量的能量（主要以热的形式产生），提高了微生物代谢活动的速率，因而可以提高有害废物的处理效果。生物降解和非生物损失（包括挥发、沥滤、水解、光解、络合和螯合等）是有机污染物在堆制过程中消失的两条主要途径，其中起重要作用的是生物降解作用。

目前，已经较为深入地研究了可降解特定有机污染物如农药、石油烃、多环芳烃（PAHs及硝基芳香烃等）的微生物种群，并且在其生物活性、代谢途径、遗传操作等方面取得了一定的成果。

这方面的相关研究还多停留在理论研究阶段，还不能应用于实际。因此，改进堆肥处理工艺和设备，缩短和简化处理流程，创造和完善新的高效低耗能堆肥反应器，吸收先进的化工理论和技术，并且能够应用到有机污染物堆制法原位生物修复，也是今后的研究方向。

（二）营养调节剂

1."起爆"剂

在发酵过程中微生物活动引起有机物质的降解，堆制时间的长短由微生物繁殖速度决定，而营养物质丰缺则制约微生物繁殖的速度，有效营养丰富，微生物繁殖速度就快，反之则慢。所以，为增加堆肥开始时微生物的活性，达到"起爆"效果，要依据微生物吸收营养物质的机制，选用微生物易利用的有机物质如糖、蛋白质以及适合有益微生物营养要求的化学药品，按一定比例配制营养调节剂。

根据微生物吸收营养物质的机制，选用适合有益微生物的营养要求的氯化亚铁、硝酸钾、磷酸镁等化学药品，按一定比例配制而成的化学制剂，因和秸秆等有机物相拌有加速腐烂的作用，故定名为催腐剂。催腐剂是化学与生物技术相结合的边缘科技产品，不仅能很好地杀灭秸秆中的致病真菌、虫卵和杂草种子，加速秸秆腐解，提高堆肥质量，使堆肥有机质含量比碳酸氢铵堆肥提高 55.9%，速效氮提高 10.2%，速效磷提高 76.4%，速效钾提高 68.1%，而且能定向培养钾细菌、放线菌等有益微生物，增加堆肥中活性有益微生物数量，使堆肥中的氨化细菌比碳酸氢铵堆肥增加 262 倍，钾细菌增加 2130 倍，磷细菌增加 11.1%，使堆肥成为高效活性生物有机肥。

2. 添加尿素化肥调节 N/P_2O_5 比和 N/K_2O 比

一般来说，不同作物类型对 N/P_2O_5 比和 N/K_2O 比的要求不同，如在一定目标产量条件下，番茄吸收主要营养成分的 N/P_2O_5 比和 N/K_2O 比分别为 2.15 和 0.737，黄瓜分别为 1.40 和 0.583，而果树（苹果）分别为 2.22 和 0.556。通过添加尿素调节堆肥原料的 N/P_2O_5 比和 N/K_2O 比可以达到调节堆肥产品的 N/P_2O_5 比和 N/K_2O 比的目的。因此，添加尿素的有机肥原料中 N/P_2O_5 比和 N/K_2O 比的值能满足苹果的需要。

因此，针对堆肥过程中 N、K 等营养损失的特点，在实际进行堆肥材料比例设计时，要适当提高 N、K 元素含量即采取减少 N 元素损失和 K 元素流失的技术措施，只有这样才能堆制出满足作物营养要求的肥料。

（三）特定目的调节剂

1. pH 值调节剂

pH 值在发酵过程中的变化是先降低，然后逐渐升高。若是以大规模处理废物为目的的发酵，调整 pH 值既无必要，在经济上又不可能；但如果堆肥产物是以培养蘑菇或饲养蚯蚓为目的时，为防止 pH 值波动过大，则需要加入 pH 值调节剂。$CaCO_3$、石灰和石膏等是常用的 pH 值调节剂。

2. 氮素抑制剂

前面曾提到过添加外源微生物可以调控氮、碳的代谢，从而减少氮养分的损失。在这里讨论一些向有机肥原料中加入一些无机制剂来控制氮素损失。

（1）沸石对氨的吸收　沸石是一种含水的碱金属和碱土金属的架状

硅铝酸盐矿物。沸石的吸附量特别大，因为其内表面积远比一般颗粒的内表面积大，每克沸石的内表面积有千余平方米。另外，沸石还有选择吸附和筛分性能，特别是对 H_2O、NH_3、H_2S、CO_2 等高极性分子，具有很高的亲和力，即使在低相对湿度、低浓度和高温等不利条件下仍能吸附。

（2）脲酶抑制剂的应用　堆肥过程中，有机肥原料特别是畜禽粪便中的尿素和铵态氮较多，有部分尿素在脲酶的作用下分解为 NH_3，后又挥发损失掉。土壤脲酶活性能被脲酶抑制剂强烈抑制，减少氮的挥发。在近年，国内已筛选出 10 余种有机无机脲酶抑制剂。其中抑制率较高的有醌氢醌、1,4-对苯二酚、邻苯二酚、对苯醌、硫酸铜等，平均达44.8%，与对照比较，差异达显著或极显著水平。

（3）其他吸收氨试剂的研究　在中国和印度有报道称向堆肥中加磷酸盐可减少氮素损失。在 20 世纪 70 年代后，Fenn 等从事无机盐类保氮作用的研究，证明钙盐具有保氮作用。所以在堆肥中加入过磷酸钙，可形成磷酸一铵的配合物，同时 NH_4^+ 与交换复合体上的 Ca^{2+} 配合，进而减少 NH_4^+ 的损失。

3. 重金属钝化剂

当今国际上非常重视的污泥处置方式之一是污泥土地利用，污泥施用中最重要的问题是防止重金属污染和危害。因此，在污泥施入土壤前必须进行预处理，进行污泥堆肥是目前最常用的方法。国内有人结合土壤重金属的污染治理方法，根据固体废物的发酵原理及重金属的不同形态与生物有效性的关系，研究了在堆肥中添加粉煤灰、磷矿粉、草炭、沸石对重金属形态及重金属的生物有效性的影响。结果表明，对污泥中交换态重金属以粉煤灰、磷矿粉的钝化效果最好。粉煤灰使污泥与稻草联合堆肥中交换态 Cu、Zn、Mn（锰）分别减少 2.34%、7.8%、20.79%；磷矿粉使污泥与稻草联合堆肥中交换态 Cu、Zn、Mn 分别减少 2.21%、8.29%、10.36%。

4. 调理剂

调理剂是经常用于平衡有机肥原料含水率的物质。水在发酵过程中决定着有机物的分解和微生物的生长繁殖。其主要作用在于溶解有机物，参与微生物的新陈代谢；水分蒸发时带走热量，起调节堆肥温度的作用。好氧发酵堆肥反应速率的快慢、有机肥原料的质量都受有机肥原料水分多少的影响。若有机肥堆肥原料的含水量低于要求，则直接添加水分或者添加含水量高的调理剂如粪稀，这种方法操作起来比较容易。相反，为了克服供料底物中的高湿度问题，通常可回流堆过肥的干物料，以调节起始混合物的水分含量；也可把干的调理剂如锯末或碾碎的垃圾、秸秆等加入高湿度的原料中（如污泥和鸡粪），以维持堆垛结构的完整性和多孔性。

5. 膨胀剂

膨胀剂是当含水多、颗粒细的废物堆制时，因通气性差添加的一些质地疏松的物质以增加通气性。常用的膨胀剂有锯末、作物秸秆、粉碎的废橡胶轮胎等。污水、污泥与畜禽粪便共同的特点是有机质和养分含量高，但质地较细，含水量较高，也就是说其通气性较差，影响堆体中的氧浓度、降低微生物的活性，因而，为增大堆体的孔隙度，便于空气流通，通常采用添加膨胀剂等方法来控制。

第二节　有机肥原料发酵过程的臭味控制技术

一、发酵中恶臭的产生及其成分

恶臭物质是指能引起嗅觉器官多种多样臭感的物质。目前，凭人的嗅觉感知的恶臭物质有 4000 多种。产生的气味物质主要由碳（C）、氮（N）和硫（S）元素组成，少数的气味物质是无机化合物，如氨（NH_3）、膦（即磷化氢，PH_3）和硫化氢（H_2S）等。大多数的气味物质是低分子脂肪酸、胺类、醛类、酮类、醚类、卤代烃以及脂肪族的、芳香族的、杂环的氮或硫化物等有机物。堆肥化过程中，蛋白质、氨基酸会因微生物的活动而进行脱羧作用和脱氨作用，这是堆肥发酵过程臭味产生的主要原因。蛋白质、氨基酸的脱羧作用在低 pH 值的条件下产生胺及含硫化合物；在高 pH 值条件下，氨基酸脱氨生成 NH_3 和挥发性脂肪酸。H_2S 溶于水呈酸性，pH 值越高，溶解越多，释放越少；NH_3

溶于水呈碱性，pH 值越低，溶解越多，释放越少。堆肥过程中的恶臭物质成分复杂，研究学者对堆肥发酵产生的恶臭成分进行了鉴定，发现恶臭成分较多，但通常大致分为三类：含硫化合物，含氮化合物及碳、氢、氧组成的化合物。其中 H_2S 和 NH_3 是臭味的主要组成成分。堆肥过程中产生的恶臭物质包括挥发性脂肪酸、酸类、醇类、酚类、醛类、酮类、酯类、胺类、硫醇类及含氮杂环化合物等，如甲烷、有机酸、氨、乙烯醇、硫化氢、甲胺、三甲基胺、吲哚、粪臭素等，带有各种臭味和酸味。最臭的化合物依次为甲硫醇、2-丙硫醇、2-丙烯-1-硫醇、2,3-丁二酮、苯乙酸、乙硫醇、4-甲基酚、硫化氢和 1-辛烯-3-酮。此外 NH_3 和 H_2S 等是恶臭物质的无机成分。NH_3 由含氮有机物分解而来，H_2S 由含硫有机物分解而来。

　　恶臭气体成分在好氧和厌氧条件下均可产生，但主要的致臭物质来自于厌氧过程。垃圾在堆放或堆肥过程中，在氧气充足时，有机成分如蛋白质等，在好氧细菌的作用下产生有刺激性的气体如 NH_3 等；在氧气不足时，厌氧细菌将有机物分解为不彻底的氧化产物如含硫的化合物 H_2S、SO_2、硫醇等和含氮的化合物如胺类、酰胺类等，危害甚大。

二、堆肥过程恶臭的危害

　　堆肥化过程比较复杂，产生的臭气物质通常不会导致严重的健康问题，但会对人们的心理产生影响，使人食欲不振、头昏脑涨、恶心、呕吐，影响人的精神状态。恶臭物质中的硫化氢、硫醇、胺类、氨等可直接对呼吸系统、内分泌系统、循环系统及神经系统产生危害。情况严重时，臭气还会使人们对所用垃圾处理设施投资失去信心，导致市场衰退，税收、产值和销售额度下降，引发一系列社会和经济问题。同时，产生的臭气还会造成大气的污染，从而影响环境和公共生活质量。

三、堆肥过程臭气的控制和处理

1. 吸收法

　　吸收法的原理是将混合气体中的一种或多种易溶成分溶解于液体之中。

（1）**液体洗涤**　水对于除臭是最普通的溶剂，而结合采用化学氧化剂，如 $KMnO_4$、$NaOCl$、$Ca(OH)_2$ 或 $NaOH$ 等，利用水气能有效地吸收并除去 H_2S、NH_3 和其他有机物如硫醇。

（2）**凝结**　当饱和水蒸气与较冷的表面接触时，温度下降会产生凝结现象，利用这就可使可溶的臭气成分溶于凝结的水中而除去。对于堆肥排出气体的除臭，凝结是一种很重要的方法，因为这种气体通常湿度大，而且温度高于周围温度。

2. 化学除臭法

所谓化学除臭法，是向堆料中添加某些化学药剂，使之与具有臭味的物质发生反应，从而达到堆肥除臭的目的。堆肥过程中臭气所含的污染物是多样而复杂的，既有疏水性物质，也有亲水性物质。通过喷淋化学溶剂，可去除大部分亲水性的臭气物质。可以用较少的成本降低后续工艺的负荷。具体可以分为以下几类。

（1）**氧化法**　臭气中的臭源物质有很多具有还原性，故可以采用添加强氧化剂将臭气物质氧化为无臭化合物的方法，达到堆肥除臭的目的。

（2）**催化氧化法**　采用催化氧化法可以使醇、醛、酮、酸、烃等有机物分解，可以采用该法去除由于某些堆肥有机成分存在而引起的臭味。用于除臭的催化氧化法主要有光催化氧化和催化燃烧等。

（3）**高压静电法**　由于臭味物质的分子在高压静电场内，在丁达尔（Tyndall）效应直接作用下产生氧化性极强的活性粒子或自由基氧化，改变本身的化学结构，变成无特征发臭基团的物质。

3. 物化除臭法

堆肥的除臭还可以采用物化除臭法，目前普遍应用的物化除臭法是吸附法，通过添加吸附剂来控制恶臭。常用的吸附剂有活性炭、活性炭纤维、沸石、某些金属氧化物和大孔高分子材料等。活性炭是传统的吸附剂之一，由于其表面积大，吸附量较大，广泛应用于各行各业，效果较好。目前，许多专家和学者正致力于研究某些新的吸附剂以提高除臭效果。

4. 生物除臭法

生物除臭法是通过微生物的生理代谢作用将具有臭味的物质加以

转化，从而达到除臭的目的。堆肥过程中，可通过添加微生物菌剂的方法，控制堆肥过程产生的臭气并将其转化。经研究，具体可以分为以下几类。

（1）生物过滤法　生物过滤法是将堆肥过程中收集到的废气在适宜的条件下通过长满微生物的填料，使臭源物质先被填料吸收，然后被其上的微生物氧化分解，除去臭味。因此，要在滤池内创造适宜的温度、pH值、氧气含量、湿度和营养等微生物生长所必需的环境条件。同时，堆肥过程臭源物质的去除效果与反应速率、停留时间、臭源物质浓度等因素有关，采用生物过滤对堆肥过程产生的臭气进行控制的方法具有投资省、操作管理简单、运行费用较低、安全可靠等优点。

（2）生物洗涤法　将堆肥过程中收集到的废气与含有活性污泥的生物悬浮液逆流通过吸收器，臭源物质被悬浮液中的活性污泥吸收，净化后的气体由吸收器顶端排出。如果污染物的浓度较低、水溶性较高，则极易被水吸收，带入生物反应器。在生物反应器内，污染物通过活性污泥中微生物的氧化作用，最终被去除，这种技术适用于水溶性好的气体。据报道，近年德国开发的二级洗涤脱臭装置不仅处理效果好，如果运用于堆肥过程恶臭的控制，能大大降低运行费用，给堆肥厂带来较大的经济效益。

（3）生物滴滤法　生物滴滤法被认为是介于生物过滤法和生物洗涤法之间的处理技术。生物滴滤塔具有装置合理、高效和占地面积小等优点。它的结构与生物过滤器相似，不同之处在于其顶部设有喷淋装置。堆肥过程的废气中污染物的吸收和生物降解同时发生在一个反应装置内。循环水不断喷洒在填料上，填料表面被微生物形成的生物膜所覆盖，废气中的污染物被微生物降解。滴滤器内的喷淋装置能够比较容易地控制滤料层内的湿度，而且喷淋液中往往还添加微生物生长所需的营养物质。采用生物滴滤法控制堆肥恶臭，具有处理负荷较大、缓冲能力强、运行费用低、压降低等优点。

（4）组合式生物脱臭方法　由于堆肥过程恶臭组分及其性质的多样性，加上各种处理措施都有其局限性，研究发现，单一的生物净化方法对臭气的净化性能往往不稳定，在实际的堆肥生产的过程中通常需要同时采用两种以上方法，并根据不同情况进行合理搭配。例如生物洗涤法含有再生处理装置，对于高负荷的恶臭气体有应对能力，适用范围较大，可弥补生物过滤法适应进气浓度变化慢的缺点，因此可以将二者串联使用。

5. 植物提取液异味控制技术

植物提取液异味控制技术是由 350 多种天然植物的提取液配制成工作液来消除空气中的异味，尤其是消除由有机物散发的恶臭。它的技术特点在于不适用于各类型封闭式、小型的环境，但适合于开放式的或大面积的场所。堆肥的生产过程中，可将天然植物提取液添加在堆料中，利用其中复杂的有机物对臭源进行处理。这些有味的有机物绝大多数是植物油的主要成分，可以分成四大类。

① 萜烯类：植物油中最重要的成分，如蒎烷、薄荷烷等。

② 直链化合物：组成这一部分的化合物有醛、醇和酮。如癸醇、月桂醇。

③ 苯的衍生物：这些化合物主要是从丙苯衍生出来的化合物。

④ 其他化合物：如香草醛、肉桂酸和甲酸香叶酯等。

植物提取液具有独特的处理方式，它能通过控制设备经专用喷嘴雾化成雾状，在微小的液滴表面形成极大的表面能。该表面能可以吸附空气中的臭气分子，并使臭气分子中的立体结构发生改变，变得不稳定；此时溶液中的有效分子可以向臭气分子提供电子，和臭气分子发生化学反应；同时，吸附在液滴表面的臭气分子也能与空气中的氧气发生反应。经过植物提取液作用，堆肥过程中的臭气分子将生成无味无毒的其他分子，反应的产物不会形成二次污染。植物提取液除臭不需要耗用大量的电能，使用安全简单，操作方便，运营费用低廉，采用此法控制堆肥过程中的恶臭效果较好。

第三节　有机肥原料发酵腐熟度评价

一、腐熟度的概念

堆肥产品要达到稳定化，才能认为无害化的堆肥过程已告结束，其判定的标准就是腐熟度。堆肥发酵腐熟度是反映有机物降解和生物化学稳定度的指标。腐熟度作为衡量堆肥产品的质量指标早已被提出，它的基本含义是：①通过微生物的作用，堆肥的产品要达到稳定化、无害化，即不对环境产生不良影响；②堆肥产品的使用不影响作物的成长和土壤耕作能力。未腐熟的堆肥施入土壤后，会引起微生物的剧烈活动而导致氧的缺乏，从而导致厌氧环境，还会产生大量中间代谢产物——有机酸及还原条件下产生的 NH_3、H_2S 等有害成分，这些物质会严重毒害植物的根系，影响作物的正常生长；未腐熟的堆肥散发的臭味给利用带来了很大不便。

二、堆肥腐熟评估方法

腐熟度是国际上公认的衡量堆肥反应进行程度的一个概念性参数。一般认为，作为一个生产中用以指示反应进行程度的控制标准，必须具有操作方便、反应直观、适应面广、技术可靠等特点。多年来，国内外许多研究人员对腐熟度进行了多种研究和探讨，提出了许多评判堆肥腐熟程度的标准。在众多的工艺及化学参数中，究竟以哪一个参数作为统一的腐熟度标准，目前还没有权威性的定论。因为几乎所有参数在作为腐熟度标准时，都存在一些不足之处。

在总结国内外有关研究工作的基础上，现阶段国内外有以下的一些堆肥发酵腐熟度指标。

（一）物理指标

物理指标也就是堆肥的表观特征，我们可根据这些特征来确定是否腐熟。通常情况下，腐熟堆肥的表观特征为：①温度在堆肥后期会自然降低；②不再吸引蚊蝇；③不会有令人讨厌的臭味；④由于真菌的生长，堆肥表面有白色或灰白色菌丝附着；⑤堆肥产品呈现疏松的团粒结构。此外，高品质的堆肥应是深褐色，肉眼看上去均匀，并发出令人愉快的泥浆气味。依据物理指标只能从感官上进行初步判断，难以进行定量分析。表 4-1 为堆肥发酵腐熟度评价的物理学指标。

1. 温度

在堆肥发酵过程中温度的变化可分为三个明显阶段，初期是升温阶段，特征为堆体温度很快上升到55℃以上，接着维持一段时间高温，最后堆肥逐渐达到腐熟的冷却阶段。商品有机肥腐熟后，堆体温度与环境温度趋于一致，一般不再明显变化。由于堆体为非均相体系，堆体内各个区域的温度分布不均衡，限制了温度作为腐熟度定量指标的应用，但在常规检测中温度仍是发酵过程最重要的指标之一。

2. 色度

不论是何种原料，深褐色或黑色是腐熟的商品有机肥应具备的颜色。用色度进行评价，不同经验和不同知识背景评价者会对同一色度的评价不同，而且评价过于主观，很难对系统的描述和测量进行量化，所以色度难以作为腐熟度的准确指标。使用该法时要注意取样的代表性，而且原料成分会影响商品有机肥的色度。

3. 气味

通常，商品有机肥原料具有令人不快的气味，在运行良好的发酵过程中，这种气味逐渐减弱并在商品有机肥发酵结束后消失。当堆体内无不快气味产生，并检测不到低分子脂肪酸时，表示商品有机肥已腐熟，且具有森林腐殖土和潮湿泥土的气息。

4. 残余浊度

评价堆肥的发酵腐熟度可用城市垃圾进行试验，具体是将不同腐熟程度的城市垃圾按比例与某些结构上有缺陷的土壤混合，在30℃温度下好氧培养一段时间，分析其对土壤结构的影响。研究表明，垃圾发酵时间为7~14d的堆肥产物在改进土壤残余浊度方面具有最适宜的影响，同时混合物中多糖的成分也达最高。但该研究只是初步的试验，需与植物毒性物质和化学指标进行综合研究。

总的来说，一些物理指标虽然看起来简便、直观，但是在表征商品有机肥腐熟过程中堆料成分的变化时难以定量，也就不易定量说明商品有机肥腐熟程度，引起可行度和可操作性降低。

表 4-1 堆肥发酵腐熟度评价的物理学指标

指标	腐熟堆肥特征值	特点与局限
温度	接近环境温度	易于检测;不同堆肥系统的温度变化差别显著,堆体各区域的温度分布不均衡,限制了温度作为腐熟度定量指标的应用
色度	深褐色或黑色	堆肥的色度受原料成分的影响,较难建立统一的色度标准以判别各种堆肥的腐熟程度
气味	堆肥产品具有土壤气味	根据气味可直观而定性地判定堆肥是否腐熟,难以定量
光学特性	$E_{665nm}<0.008$	堆肥的丙酮萃取物在665nm的吸光度随堆肥发酵的时间呈下降趋势
残余浊度和水电导率	—	堆肥7~14d的产品在改进土壤残余浊度和水电导率方面具有最适宜的影响;需与植物毒性试验和化学指标结合进行研究

(二)化学指标

温度、气味和颜色难以定量表征堆肥过程中堆料成分的变化,造成商品有机肥腐熟程度不易定量说明。所以,常通过分析发酵过程中商品有机肥料的化学成分或性质的变化来评价发酵腐熟度。有机质变化指标、氨氮指标、腐殖化指标、碳氮比(C/N)和有机酸等是用来研究腐熟度的化学指标。部分化学指标见表4-2。

1. pH值和电导率(EC)

许多研究者提出,pH值可以作为评价商品有机肥腐熟程度的一个指标:商品有机肥原料或发酵初期,pH值为弱酸到中性(一般为6.5~7.5),腐熟的商品有机肥一般呈弱碱性(pH值为8~9),但是商品有机肥原料能够影响pH值,故只能作为商品有机肥腐熟的一个必要条件,而不是充分条件。商品有机肥浸提液中的离子总浓度,即可溶性盐的含量可通过电导率(EC)反映。而堆肥中的可溶性盐由于主要由有机酸盐类和无机盐等组成,成为了对作物产生毒害作用的重要因素之一,当商品有机肥EC值小于9.0mS/cm时,对种子发芽没有抑制作用,同样,电导率(EC)也是商品有机肥腐熟的一个必要条件。

2. 有机质的变化

商品有机肥原料中的不稳定有机质在发酵过程中分解转化为稳定有

机质及二氧化碳、水和矿物质，有机质含量发生显著变化。反映有机质变化的参数有化学耗氧量（COD）、生化需氧量（BOD_5）、挥发性固体含量（VS）等。

COD 主要在热降解阶段发生变化，在随后的阶段趋于平稳。当商品有机肥原料的 COD 小于 $700mg/g$ 时可以认为达到腐熟。

BOD_5 随着堆肥过程的进行不断降低，BOD_5 尽管不代表商品有机肥中的全部有机物，但代表了商品有机肥中的可生化降解部分，一般认为商品有机肥中 BOD_5 值应小于 $5mg/g$。但是 BOD_5 受原料成分的影响很大。有些固体废物 BOD_5 原始值就较低，使得这一参数对于不同原料的指标无法统一；且测定的方法复杂、费时，不能及时反馈产品的结果，从而影响对操作过程的控制。

商品有机肥原料中有机质的含量基本可由挥发性固体含量（VS）来反映，在不同的发酵过程中 VS 的变化幅度比较大，若商品有机肥以污泥为原料，可采用 $550℃$ 下灼烧 4h 的重量损失测定 VS。但也有研究者提出 $430℃$ 下燃烧 24h 能更好地反映有机质含量。

淀粉、糖类、脂肪、纤维素等有机质在发酵过程中发生规律性的变化。淀粉和糖类是很容易被微生物利用的易降解有机质，达到稳定状态的商品有机肥物质就不应再含有淀粉和糖类。在堆肥过程中水溶性糖类（SC）含量大幅度降低，所以商品有机肥中水溶性糖含量可作为商品有机肥腐熟度指标，水溶性糖含量 $SC<0.1\%$ 时可认为商品有机肥达到腐熟。

3. 氮成分变化

发酵过程中也伴随着明显的硝化反应。有机物的含氮成分降解产生氨气，释放的氨气或被微生物同化吸收，或由固氮微生物氧化为亚硝酸盐或硝酸盐，或是逸入大气（氮损失）。在发酵后期，部分氨气被氧化成亚硝酸盐和硝酸盐，因此也可依据亚硝酸盐或硝酸盐的存在情况判断堆肥是否腐熟。硝酸盐是评价堆肥腐熟度的简单而有效的参数，具有较好的实用价值。

4. 与腐殖化过程有关的参数

（1）CEC（阳离子交换容量） 随腐殖化过程的进行，CEC 值一般会逐渐增加。对于不同商品有机肥料的发酵过程，由于原料不同，腐熟商品有机肥的 CEC 值变化范围很大，在 41.4～123cmol/kg（有机质）之间。而且，对某些商品有机肥原料初始 CEC 值就大于 60cmol/kg（有机质），显然不太合适。因此，判断商品有机肥是否腐熟时要将 CEC 值与其他指标结合起来使用。不同类型的原料堆腐 210d 后，CEC/TOC（阳离子交换容量与总有机碳之比）值均从 1.2～2.4 升到 3.5～4.2 之间。所以，CEC/TOC 可以作为判断供试材料是否腐熟的指标。

（2）腐殖化参数　按照商品有机肥在酸、碱中的溶解性质，可将其中的腐殖质划分为：腐殖质 HS、腐殖酸 HA、富里酸 FA、富里部分 FF 及非腐殖质成分 NHF，通常以含碳量来表示它们的含量。一般来说，可以通过以下参数来表示有机质的腐殖化程度：腐殖化指数（HI＝HA/FA）、腐殖化率（HR＝HA/FF，FF＝FA＋NHF）、胡敏酸的百分含量（HP＝HA×100/HS）及腐殖化程度[DH(％)＝(CHA＋CFA)/TEC×100％]。DH 可表示堆腐过程中腐殖酸的变化，通过计算腐殖酸占水溶性碳的比例来判断商品有机肥的腐熟程度。但 DH 值受商品有机肥湿度等条件以及原料的影响较大，对于确定和应用 DH 这个指标有很大的限制。

5. 碳氮比的变化

在发酵过程中，碳源被消耗，或降解为二氧化碳，或转化为腐殖质物质，而氮则以氨气的形式散失，或被氧化为硝酸盐和亚硝酸盐，或被生物体同化吸收。

（1）C/N 比（固相）　固相 C/N 比常作为评价腐熟度的一个经典参数，在腐熟的商品有机肥产品中，C/N 比在理论上应和腐殖质一样，约为 10。一般情况下，C/N 比从最初的 25～30 或更高降低到 15～20，表示堆肥已腐熟，达到稳定的程度。在商品有机肥混合原料最初的 C/N>25 的情况下，固相 C/N 比可以很好地作为腐熟度指标，但不太适合商品有机肥混合原料的 C/N 比较低的情况。C/N 比小于 20 只是商品有机肥腐熟的必要条件，建议采用 T＝(终点 C/N 比)/(初始 C/N 比)评价腐熟度。当 T 值小于 0.6 时商品有机肥达到腐熟。腐熟的商品有机肥 T 值应在 0.49～0.59。

（2）水溶性成分参数　发酵反应是堆肥原料中的有机物在微生物的

作用下发生生物化学转化的过程，代谢发生在水溶相，因此对堆肥样品水萃取成分的变化进行监测更能反映商品有机肥腐熟程度。主要的参数有水溶性有机碳含量（或称水溶性有机质，WSC）、水溶性碳与水溶性氮的比值（WSC/WSN）、水溶性碳与总氮量的比值（WSC/TN）、水溶性碳与有机态氮的比值（WSC/N-org）。

由于水溶性有机质含量（WSC）与发酵时间的相关性非常显著，因此 WSC 也可作为一个指示堆肥稳定程度的合适参数。尽管发酵过程中原材料性质（如含较多水溶性有机质的活性污泥及城市垃圾）也会对水溶性有机质的含量产生一定的影响，但是在所有商品有机肥腐熟的最后时期，水溶性有机质含量的数值都以 2.2g/L 为上限，因此可以将水溶性有机质含量＜2.2g/L 作为评价商品有机肥腐熟度的参数。

研究表明，商品有机肥水浸提液中氮的形态、有机碳及有机氮的含量随商品有机肥原料不同及堆肥条件不同变化很大，水溶性有机碳/有机态氮的比值（WSC-N-org）在 5～6 时，可认为堆肥已经腐熟。水溶性有机碳/总氮量（WSC/TN）可作为评价腐熟度的指标，以水溶性有机碳/总氮量（WSC/TN）小于 0.70 作为腐熟度参考标准。水溶性碳氮比与传统的固相 C/N 比相比受原材料的影响更小，在评价商品有机肥腐熟程度上更为有效。

6. 有机酸

通过有机酸的变化只能定性评价腐熟度，即未腐熟的堆肥含有有机酸，腐熟的堆肥有机酸含量极少。堆肥中含有氨基酸、挥发性脂肪酸和其他低分子有机酸，乙酸占 42％～93％，是其中的主要成分，若商品有机肥中的主要成分是碳氢化合物，而且分解的条件是好氧的，则含有乙酸的商品有机肥不是腐熟的。如果发生厌氧反应，主要的酸性物质是丁酸。

表 4-2 堆肥发酵腐熟度评价的化学指标

指标	腐熟堆肥特征值	特点与局限
挥发性固体(VS)	VS 降解 38％以上，产品中 VS＜65％	易于检测；原料中 VS 变化范围较广且含有难以生物降解的部分，VS 指标的使用难以具有普遍意义
淀粉	堆肥产品中不含淀粉	易于检测；不含淀粉是堆肥腐熟的必要条件而非充分条件

指标	腐熟堆肥特征值	特点与局限
BOD_5	$20\sim40g/kg$	BOD_5 反映的是堆肥过程中可被微生物利用的有机物的量;对于不同原料的指标无法统一;且测定方法复杂、费时
pH 值	$8\sim9$	测定较简单;pH 值受堆肥原料和条件的影响,只能作为堆肥腐熟的一个必要条件
水溶性有机碳(WSC)	$WSC<6.5g/kg$	水溶性成分才能为微生物所利用;WSC 指标的测定尚无统一的标准
WSC/N-org	WSC/N-org 趋于 $5\sim6$	一些原料(如污泥)初始的 WSC/N-org<6
WSC/WSN	WSC/WSN<2	WSN 含量较少,测定结果的准确性较差
NH_4^+-N	NH_4^+-N<0.4 g/kg	NH_4^+-N 的变化趋势主要取决于温度、pH 值、堆肥材料中氨化细菌的活性、通风条件和氮源条件的影响
NH_4^+-N/$(NO_2^-$-N+NO_3^--N)	NH_4^+-N/$(NO_2^-$-N+NO_3^--N)<3	堆肥过程中伴随着明显的硝化反应过程,测定快速简单;硝态氮和铵态氮含量受堆肥原料和堆肥工艺影响
C/N 比	$(15\sim20):1$	腐熟堆肥的 C/N 比趋向于微生物菌体的 C/N 比,即 16 左右;某些原料初始的 C/N 比不足 16,难以作为广义的参数使用
阳离子交换容量(CEC)	—	CEC 是反映堆肥吸附阳离子能力和数量的重要容量指标;不同堆料之间 CEC 变化范围太大
CEC/TOC	CEC/TOC>1.9(CEC>60)	CEC/TOC 代表堆肥的腐殖化程度;CEC/TOC 显著受堆肥原料和堆肥过程的影响
腐殖化指数(HI)	HI>3	应用各种腐殖化指数可评价有机废物堆肥的稳定性;堆肥过程中,新的腐殖质形成时,已有的腐殖质可能会发生矿化
腐殖化程度(DH)	—	DH 值受含水量等堆肥条件和原料的影响较大
生物可降解指数(BI)	BI≤2.4	该指标仅考虑了堆腐时间和原料性质,未考虑堆腐条件,如通风量和持续时间等

7. 生物学指标

经验证明,必须用化学分析与生物分析结合的方法评价商品有机肥腐熟度才可靠。常用商品有机肥料中微生物的活性变化及堆肥对植物生长的影响评价商品有机肥腐熟度,主要有生物活性及种子发芽率等指标。堆肥发酵腐熟度评价的生物学指标见表 4-3。

(1) 呼吸作用　堆肥过程中微生物代谢活动的强度及堆肥的稳定性通常根据微生物吸收 O_2 和释放 CO_2 的强度来判断。当商品有机肥释放 CO_2 在 $5mg(C)/g$ (商品有机肥碳) 以下时,达到相对稳定;在 $2mg$

(C)/g 以下时，达到腐熟。当商品有机肥达到腐熟时，耗氧速率为 $0.02\% \cdot \text{min}^{-1} \sim 0.102\% \cdot \text{min}^{-1}$。但商品有机肥有机物含量也会影响耗氧速率。

(2) 微生物活性　堆肥中也用微生物量及种群的变化来反映发酵代谢情况。酶活性、ATP 和微生物量均为反映微生物活性变化的参数。ATP 含量变化与微生物的生物活动紧密相关，随发酵时间变化十分明显。但 ATP 测定需要的设备投资很高，并且方法复杂。同时，如果原料中含有抑制 ATP 的成分，也会对 ATP 的测定结果产生影响。

堆肥在发酵初期呈中温，嗜温菌主要是蛋白质分解细菌较活跃，大量繁殖，产氨细菌数量迅速增加，在 15d 内达最多后突然下降，在 30d 内完成其代谢活动，在发酵 60d 时降到检测限以下；当发酵达到 $50 \sim 60℃$ 时，嗜热菌大量繁殖而嗜温菌受抑制甚至死亡，分解纤维素的细菌、真菌都是中温菌及高温菌，它们在整个过程中保持旺盛活动并在 60d 时最多。而正是在发酵的高温期，堆肥原料中的寄生虫、病原菌被杀死，开始形成腐殖质，堆肥原料达到初步腐熟。由于堆肥前期的高温及氨气含量的增加，使得自养硝化细菌在堆肥初期被严格限制，在 80d 时活动最旺盛，数量最多，直到堆肥的最后也仍然存在。在堆肥的腐熟期主要以放线菌为主。当然堆肥中微生物群落中某种微生物存在与否及其数量的多少并不能指示堆肥的腐熟程度，但是在整个发酵中微生物群落的演替却能很好地指示堆肥腐熟程度。

(3) 酶学分析　发酵过程中，多种氧化还原酶和水解酶与 C、N、P 等基础物质代谢密切相关。对相关的酶活力进行分析，可间接反映微生物的代谢活性和酶特定底物的变化情况。

(4) 种子发芽率　未腐熟的商品有机肥含有会对植物的生长产生抑制作用的毒性物质，因此可用商品有机肥和土壤混合物中植物的生长状况来评价商品有机肥腐熟度。许多植物种子在腐熟的堆肥中生长得到促进，而在商品有机肥原料和未腐熟商品有机肥萃取液中生长受到抑制，以种子发芽率和根长度计算发芽指数 GI，从理论上说，GI<100%，就判断是有植物毒性。但在实际实验中，发芽指数 GI 大于 50% 时，可认为商品有机肥中毒性物质含量降低到植物可以承受的范围；如果 GI≥85%，则认为商品有机肥已完全腐熟。

表 4-3　堆肥发酵腐熟度评价的生物学指标

指标	腐熟堆肥特征值	特点与局限
呼吸作用	比耗氧速率 $<0.5mgO_2/(gVS \cdot h)$	微生物比耗氧速率变化反映了堆肥过程中微生物活性的变化；氧含量的在线监测快速、简单
生物活性试验	—	反映微生物活性的参数有酶活性和 ATP；这些参数的应用尚需一步研究
利用微生物评价	—	不同堆肥时期的微生物的群落结构随堆温不同而变化；堆肥中某种微生物存在与否及其数量多少并不能指示堆肥的腐熟程度
发芽试验	发芽指数 (GI)：80%～85%	植物生长试验应是评价堆肥发酵腐熟的最终和最具说服力的方法；不同植物对植物毒性的承受能力和适应性有差异

第四节　有机肥原料发酵的影响因素

有机肥发酵过程进行得是否顺利，主要通过对堆肥物料中有机物的变化和堆肥工艺控制参数分析来加以判断。通过堆肥过程的条件控制，可保证其运行过程的顺利进行。对于露天堆肥和机械堆肥，其控制和监测堆肥过程的运行参数是一致的，主要包括有机肥的情况和变化、C/N比、含水率、温度和通气量。

影响堆肥发酵过程的因素有很多，归纳起来主要有以下几个方面。

一、有机物的含量和营养物

对于快速高温机械化堆肥而言，首要的是热量和温度之间的平衡问题。有机质含量低的物质发酵过程产生的热将不足以维持堆肥所需要的温度，而且生产的堆肥产品由于肥效低而影响其使用。但是，过高的有机物含量又将给通风供氧带来影响，从而可能发生厌氧发酵，产生臭气。研究表明，堆肥中最适合的有机物含量为 20%～80%。

堆肥过程中，微生物所需的大量元素有碳、氮、磷、钾，所需的微量元素有钙、铜、锰、镁等。必须注意，即使这两类元素在堆肥原料中大量存在，那也不一定都是微生物所能够吸收的物质。例如，塑料、橡胶等都不是可生物降解的物质，木质素、纤维素等对大多数微生物来说是不能利用的。因此，堆肥中必须调整到合适的营养比例。

二、含水率

　　微生物需要从周围环境中不断吸收水分以维持其生长代谢活动，微生物体内水及流动状态水是进行生化反应的介质，微生物只能摄取溶解性养料，水分是否适量直接影响堆肥的发酵速度和腐熟程度，所以含水率是影响好氧堆肥发酵的关键因素之一。堆肥中的水分分为间隙水、附着水、毛细管水、溶胀水和结合水五种。间隙水是指物料颗粒之间的间隙中含有的自由水分；附着水是物料表面上机械附着的水分；存在于由颗粒或纤维所组成的多孔、网状结构和毛细管中的水分叫毛细管水，由于同一种物料中毛细管孔道大小不一和不同物料中毛细管多少也有差异，因此毛细管水变化很大；溶胀水是指物料中细胞壁或纤维皮壁内的水分，它是物料组成的一部分；结合水是物质分子中固有的水分。堆肥中水分的主要作用在于：溶解有机物，参与微生物的新陈代谢；水分蒸发时带走热量，起调节温度的作用。含水率的高低主要取决于堆料的成分。含水率低，则应加以调节。当堆料的有机物含量不超过50％时，堆肥的最佳含水率应为45％～50％；如果有机物的含量达到60％，则堆肥的含水率也应提高到60％。含水率低于30％时，分解过程进展变得迟缓；当含水率低于12％时，微生物的繁殖就会停止。反之，含水率超过65％，水就会充满物料颗粒间的空隙，使空气含量大量减少，堆肥将由好氧向厌氧转化，温度也急剧下降，其结果是形成发臭的中间产物（硫化氢、硫醇、氨等）和因硫化物而导致的肥料腐败黑化。

三、通风供氧

　　通风量的多少与微生物活动的强烈程度、有机物分解速度及堆肥的粒度密切相关，因此，堆肥时必须保证充分的氧气供给。通风供氧的作用主要表现在以下3个方面：第一，为堆体内的微生物提供生命必需的氧气。如果堆体内的氧气含量不足，微生物处于厌氧状态，使降解速率减缓，产生 H_2S 等臭气，同时微生物活动减缓，使堆体温度下降。第二，调节温度。微生物作用而产生的高温对堆肥发酵很重要，但如果是快速堆肥，不能有长时间的高温，就要靠强制通风来解决温度控制的问题。第三，减少水分含量。在堆肥的前期，有机物降解主要通过提供给微生物 O_2 进行氧化分解。在堆肥的后期，为了冷却堆肥及带走水分，堆肥体积减小、重量减轻，则应加大通气量。

目前采用的通风方式主要有：①利用斗式装载机、动力铲或其他特殊设备翻堆；②向堆肥内插入带孔的通风管；③借助高压风机强制通风供氧；④自然通风供氧。其中，鼓风或抽气是通风的常用方式。鼓风的优势是有利于水分及热量散失，抽气的优势是可统一处理堆肥过程中产生的废气，减少二次污染。但两种方式各有缺点，最好的办法是在堆肥的前期采用抽气方式处理产生的臭气，在堆肥后期采用鼓风方式减少水分含量。

需氧量应根据堆肥物质的水分和堆肥温度确定，一般在堆肥过程中常用温度的变化反馈控制通风以保证堆肥过程中微生物生长的理想状态。

四、碳氮比（C/N）

就微生物对营养的需要而言，C/N 比是一个重要的影响因素。微生物对 C/N 比的需要是有区别的，换言之，碳是微生物的能源，而氮则是被微生物用来进行细胞繁殖的营养物质，堆肥中 C/N 比随着微生物的分解作用逐步降低。

试验证明，在一般的有机垃圾中都有一定量的其他营养物，微生物在新陈代谢获得能量和合成细胞的过程中，对碳的需要是有差异的。相当多的碳在微生物新陈代谢过程中由于氧化作用而生成 CO_2，另外一些碳则生成原生质和贮存物。氮主要消耗在原生质合成作用中。可见新陈代谢所需要的碳比氮多，两者之比为（30～35）：1。因此从理论上讲，随发酵进行 C/N 比应因此有所下降。有机物被微生物分解的速度随 C/N 比而变化，所以用作其营养物的有机物 C/N 比最好在此范围内。C/N 比低于（20～25）：1，超过微生物所需的氮，微生物就将其转化为氨，使其逸散。C/N 比太高，容易导致堆肥发酵过程陷入氮饥饿状态。如果垃圾中 C/N 比太高，可加入含氮垃圾或污泥等废物；如果 C/N 比太低，则要增加含碳废物,如草木叶、烂菜等。

一般堆肥中,氮的主要来源是 C/N 比为 24∶1 的蔬菜和易腐烂的物质,碳元素主要来自纸张。废物中的纸张比例越高,C/N 比就越大。为了取得快速而稳定的最佳堆肥,应在堆肥中加入含氮和磷的添料,以加快堆肥过程。各种废物的氮含量和碳氮比见表 4-4。

表 4-4 各种废物的氮含量和碳氮比 (C/N)

物质	N/%	C/N 比	物质	N/%	C/N 比
大便	5.5~6.5	6~10∶1	羊厩肥	8.78	—
小便	15~18	0.8∶1	猪厩肥	3.75	—
家禽肥	6.3	—	混合垃圾	1.05	34∶1
混合的屠宰场垃圾	7~10	2∶1	农家庭院垃圾	2.15	14∶1
活性污泥	4.5	8∶1	牛厩肥	1.7	18∶1
马齿苋	4	12∶1	麦秸	0.3	28∶1
厨房垃圾	2.15	25∶1	杂草	2.3	25∶1

五、碳磷比 (C/P)

除碳和氮外,磷对微生物的生长也有很大影响。有时,在垃圾中添加污泥进行混合堆肥,就是利用污泥中丰富的磷来调整堆肥原料的 C/P 比。堆肥原料适宜的 C/P 比为 (75~150)∶1。

六、温度

温度是影响堆肥的另一个主要因素,温度不仅决定了堆肥系统内微生物的活动程度,而且也是影响堆肥工艺过程的重要因素。堆肥温度上升的原因主要是其内微生物分解有机物而释放出热量。堆肥初期,堆体中温度基本呈中温,此时堆体中的嗜温菌生长和繁殖速度较快。它们在代谢过程中将一部分有机化合物转化成热量,使堆体温度不断上升,在 1~2d 后可以达到 50~60℃。在此温度下,嗜温菌生长受到抑制,大量死亡,嗜温菌被嗜热菌取代,嗜热菌的繁殖进入激发状态 (表 4-5)。由于嗜热菌的大量繁殖和温度的明显提高,使堆肥发酵直接由中温进入高温,并在高温范围内稳定一段时间。堆肥中的寄生虫和病原菌在这一温度范围内被大量杀死。

表 4-5 温度对微生物生长的影响

温度/℃	温度对微生物生长的影响	
	嗜温菌	嗜热菌
常温～38	激发态	不适用
38～45	抑制状态	可开始生长
45～55	毁灭态	激发态
55～60	不适用(菌群萎退)	抑制状态(轻微)
60～70	—	抑制状态(明显)
＞70	—	毁灭期

堆肥发酵主要靠各种微生物的作用进行，所以应调节堆温在其最适宜的范围，温度过高或过低都会使发酵速度变慢，延长堆肥时间。一般而言，不同种类微生物的生长对温度要求不同。如嗜温菌在 $30\sim40℃$ 条件下生长最快，而嗜热菌发酵最适合温度是 $45\sim60℃$。进行高温堆肥时，当温度超过 $65℃$ 时微生物即进入孢子形成阶段，因为形成的孢子是休眠的，就会使物料分解速度变慢，在高温下，形成的孢子几乎不能再发芽繁殖，所以要避免这种情况的发生，将高温堆肥温度控制在 $45\sim60℃$。基于上述原因，堆肥过程中温度控制是十分必要的。在好氧发酵堆肥中，一般通过控制供气量来调节温度达到最适宜的范围。

七、pH 值

pH 值是能对微生物环境做出估计的参数。在堆制过程中，pH 值随着时间和温度的变化而变化，因此 pH 值也是揭示堆肥分解过程的一个极好的标志。适宜的 pH 值可使微生物有效地发挥作用，而 pH 值太高或太低都会影响堆肥的效率。一般认为 pH 值在 $7.5\sim8.5$ 时，可获得最大的堆肥效率。

随着社会经济的发展，在社会生产中产生的固体废物的种类、成分也发生了很大的变化，有机质含量越来越高。在城市，随着污水厂的大量兴建，产生的污泥中含有丰富的氮、磷和有机物，是很好的堆肥原料，但是目前污水厂污泥大部分没有很好地利用而是被填埋掉。同时随着农村经济的发展和农村燃料结构的改变，农林废物大量产生，如秸秆、畜禽粪便等，这些物质如果不能妥当处理不仅会污染环境，而且本身还是一种资源浪费。

第五章

主要有机肥料的制作方法

有机肥料也称"农家肥料"，是利用各种有机物质就地积制或直接耕埋施用的一种自然肥料的总称。根据有机肥料的来源和循环利用方式，可将有机肥料区分为三种基本类型：动植物废弃物再循环、绿色植物再循环、农作物副产品再循环。其中，粪尿肥、绿肥、堆沤肥、秸秆还田、饼肥、海肥、食用菌菌渣等是我国有机肥料的主体。本章节将详细介绍各种主要有机肥料的制作方法。

第一节 人粪尿肥

人粪尿是一种来源广、养分高、肥效快的有机液体肥料，具有养分全、氮素含量高、腐熟快（夏季 6～7d）、易被作物吸收利用的特点，故人粪尿在有机肥料中有"细肥"之称。对叶菜类的白菜、韭菜、甘蓝、菠菜、芹菜等蔬菜作物，人粪尿增产效果极为显著；对一些农作物的弱苗转化升级，效果也特别好。

人粪是食物消化后未被吸收而排出体外的残渣，含 70%～80% 水分，20% 左右有机物质，5% 灰分，含氮 1%，含磷 0.5%，含钾 0.37%，还含有其他大量和微量元素，人粪呈中性反应。

人尿是食物经消化吸收并参与新陈代谢后所产生的废物和水分，含水分 95%，其余 5% 是水溶性有机物和无机盐，含氮 0.5%，含磷 0.13%，含钾 0.19%。养分含量虽然低于人粪，但因排泄量大于人粪，

第五章　主要有机肥料的制作方法　　57

所以提供的氮、磷、钾养分多于人粪，人尿一般呈弱酸性反应。人粪尿都是氮多、磷钾少的肥料，所以人们常把人粪尿作为氮肥施用（图 5-1）。

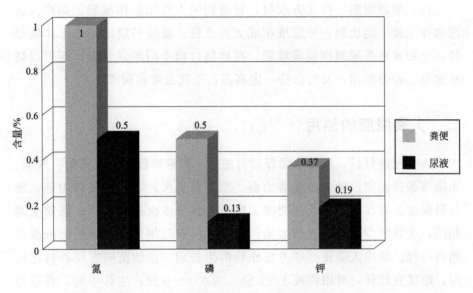

图 5-1　人粪尿中的氮、磷、钾含量

一、人粪尿肥的制作

人粪尿必须经过贮存、腐熟后才适宜施用，因为其中含的养分多是有机态的，作物难以吸收。另外，新鲜人粪含多种寄生虫卵和病菌，经过贮存发酵，既可以使有机态养分转化成速效性的供作物吸收，又可以在腐熟过程中杀死虫卵和病菌。合理贮存能加速养分转化，同时也减少肥分损失。

制作方式有两类：

（1）密闭沤制　人粪尿在贮存过程中，人粪中的蛋白质态氮素经过微生物的作用转变成硫胺，最后变成铵态氮素；人尿中的尿素最后也转变成铵态氮素。铵态氮容易挥发，为了减少铵态氮的挥发，在人粪尿贮存过程中必须加盖密闭，避免日晒雨淋，以减少铵态氮的损失。贮存人粪尿加盖密闭，不但可以防止肥分损失，而且氨不易挥发，氨的浓度高，还可杀死血吸虫等寄生虫卵，不加盖还会招惹苍蝇，传播疾病。在密闭嫌气条件下，经过半个月到 1 个月，大部分虫卵、病菌将被杀死。常用的密闭沤制方式有加盖密闭的粪缸、密封的化粪池以及沼气发酵池等。

（2）堆制腐熟　在北方农村，普遍利用人粪尿制作堆肥，如将人粪尿和碎土按一定比例，分层堆积成大粪土肥；或按一定比例加入作物秸秆、土和家畜粪尿制作高温堆肥。在堆制过程中用泥浆封堆，既可以防止水分、养分溢出，又可保持一定高温，杀死虫卵和病菌。

二、人粪尿肥的施用

人粪尿沤好后，应加水稀释后再施用。肥液浓度大小视作物、气候、土壤等条件而定。砂质土吸着力弱，肥分易流失；黏质土吸着力强，肥分易保住。故在施用人粪尿肥时，砂质土宜分多次适量施用；黏质土则相反，次数宜少，数量适当增加；施用于水田时须先排水，用肥浓度可稍高一些。施用人粪还必须考虑作物的生长期，在幼苗期需要养料比较少，浓度宜较稀，可用粪液1～2份，加水8～9份；生长中期，粪液与水的比例为1∶3；开花或生长旺盛时期，粪液与水的比例为1∶1。若用浓厚的人粪尿作基肥，要随施随盖土，以免铵态氮挥发。如作种用肥，宜在施肥后覆盖一层薄泥土，再播种子。若施于水田，应随即耕翻，待1～2d后，再灌水入田，施后一星期内不宜排水，以防养分流失。腐熟人粪尿是速效肥料，可作基肥和追肥，随水灌施或兑水3～5倍泼施。人尿可用来浸种，浸种后的种子出苗早，苗健壮。浸种一般用5%鲜人尿溶液。由于人粪尿含磷、钾较少，在油菜、豌豆等需磷、钾较多的作物上施用人粪尿时，应配合磷、钾肥施用，以提高肥效。

人粪尿肥虽适用于各种土壤和一般作物，但在盐碱地上应慎用，最好兑水后分次施用，防止伤苗和破坏土壤结构。对于马铃薯、甘薯、甜菜、烟草等忌氯作物，不宜多施，以免因人粪尿中的氯离子而影响产品质量，致使出现适口性降低、含糖量下降、烟草易燃性变差等不良效果。

第二节　家畜禽粪尿肥

家畜禽粪尿是一种有价值的资源，将其用作肥料是最根本、最经济的出路。家畜禽粪尿中含有丰富的氮、磷、钾等农作物所必需的营养成分，是农作物生长的优质有机肥料，施于农田则有助于改良土壤结构，提高土壤有机质含量，提高土壤肥力，促进农作物增产。

一、家畜禽粪尿的成分

1. 家畜粪尿

家畜粪成分复杂，主要有纤维素、半纤维素、木质素、蛋白质、氨基酸、脂肪类、有机酸、酶和无机盐类（表 5-1）。

表 5-1　家畜粪的有机组成和碳氮比（C/N）

种类	蜡质/%	总腐殖质/%	胡敏酸/%	富里酸/%	胡敏酸的C/N比	阳离子交换量/(cmol/kg)	C/N比
猪粪	11.42	25.98	10.22	15.78	8.9	468~494	7:1
牛粪	8.00	23.60	13.95	9.88	9.9	402~423	21:1
马粪	0.05	23.80	9.05	14.74	10.9	380~394	13:1
羊粪	11.35	24.79	7.54	17.25	9.5	438~441	12:1

家畜尿成分简单，主要含尿素、尿酸、马尿酸及钾、钠、钙、镁等无机盐类（表 5-2）。

表 5-2　家畜尿中各种形态氮的含量（占全氮）

氮素形态	猪尿/%	牛尿/%	马尿/%	羊尿/%
尿素态氮	26.60	26.77	74.47	53.39
马尿酸态氮	9.60	22.46	3.02	38.7
尿酸态氮	3.20	1.02	0.65	4.01
肌酐酸态氮	0.68	6.27	/	0.60
铵态氮	3.79	/	/	2.24
其他形态氮	56.13	40.48	21.86	1.06

2. 家禽粪

家禽粪主要指鸡、鸭、鹅、鸽子等家禽的排泄物。家禽食性杂，饮水少，粪中有机物含量高，氮、磷的含量较高。鸡粪和鸽子粪的养分含量高于鸭粪和鹅粪。禽粪的粪尿合一，其中 30% 的氮素存在于禽粪中，70% 存在于尿液中；家禽粪中的氮素主要为尿酸态氮，约占 60％，铵态氮约占 10％，养分转化快（表 5-3）。

表 5-3　家禽粪肥养分含量　　　　　　　　　　　　单位：％

种类	水分	有机物	氮	磷	钾
鸡粪	50.5	25.5	1.63	1.54	0.85
鸭粪	56.6	26.2	1.10	1.40	0.62
鹅粪	77.1	23.4	0.55	0.50	0.95
鸽粪	51.0	30.8	1.76	1.78	1.00

二、家畜禽粪尿有机肥的制作技术

家畜禽粪尿最常见的处理方法是高温好氧发酵堆肥处理，是目前实现农业废弃物无害化、减量化、资源化的有效途径。一般 8～15d 即可转化为无臭、无味、无虫卵的活性有机肥。

① 使用鸡粪、猪粪、牛粪等畜禽粪便作原料发酵有机肥 3t。要求将 100～150kg 作物秸秆、茎叶等物料粉碎至 2mm 以下，调节物料酸碱度为 6.5 左右，C/N 比 25∶1，含水量调整到 40％（手握成团，指缝见水但不滴水珠，松手即散）。

② 将约 2kg 发酵菌剂与物料充分混合均匀。搅拌时可用搅拌机或人工翻倒，如物料太干，可加水调节，最终应使物料干湿一致、松散、不留团块。

③ 将搅拌均匀的混合物堆成底宽 1.5m、高 0.8～1m、截面为三角形或梯形的长堆，上面加盖透气保湿的遮盖物。盖后喷水使其保持湿润，间隔 2～3m，插上量程为 0～100℃ 的温度计，随时观察发酵温度。

④ 进入发酵期，当堆温达到 40℃ 以上时，实施第一次翻堆，此后每天应至少翻堆 1 次，根据温度变化适当增减翻堆次数和喷水，以保证温度不超过 65℃。一般夏季 20h、春秋 24h、冬季 36～48h 即进入发酵期，待堆温开始下降，发酵结束。发酵期间的通风翻堆要彻底，失水过多时要及时补充水分。正常发酵时，物料的外观为棕色，质地疏松，气味有霉香，物料表面有少量的菌丝，含水量 30％～35％。

⑤ 将发酵好的有机肥均匀摊放在遮阴、通风的场地上晾晒、风干，避免阳光直射。当含水量小于 12％ 时即可。

⑥ 成品可用编织袋包装，置于通风、阴凉、避光处保存。保质期为 1 年。

三、家畜禽粪尿的施用

猪粪和猪厩肥：中性肥料，适用于各种土壤和作物。

牛粪和牛厩肥：冷性肥料，有利于改良有机质少的轻质土壤。

马粪和马厩肥：热性肥料，可用于改良质地黏重土壤。

羊粪和羊厩肥：热性肥料，是一种优质有机肥，适用于各种土壤和作物。

厩肥和家畜粪一般作基肥施用，全面撒施或集中施用均可，用量约为 $15000\sim22500kg/hm^2$，并注意与化肥配合施用。

第三节　绿　肥

绿肥是用绿色植物体制成的肥料。绿肥能为土壤提供丰富的养分。各种绿肥作物的幼嫩茎叶含有丰富的养分，一旦在土壤中腐解，能大量地增加土壤中的有机质和氮、磷、钾、钙、镁及各种微量元素含量。

绿肥是最清洁的有机肥源，没有重金属、抗生素、激素等残留威胁；绿肥作物可活化、吸收土壤中的难溶性磷、钾，为耕地土壤提供大量的有机质，改善土壤结构，增加土壤肥力（表5-4）。绿肥作物多是利用空闲季节和空闲土地来种植，因而可以有效减少土地裸露，大幅度减少种植区的水土流失，改善生态环境。

表 5-4　绿肥对土壤结构和肥力的影响

种绿肥年限	土壤容重 /(g/cm³)	土壤孔隙度 /%	>0.25mm 土壤水稳性团粒结构/%	土壤有机质 /%	土壤全氮 /%
种绿肥前	1.34	46.93	6.57	0.95	0.469
种绿肥一年	1.33	47.51	10.99	1.08	0.513
种绿肥二年	1.30	50.94	17.09	1.13	0.563
种绿肥三年	1.20	57.27	25.53	1.23	0.718

一、绿肥的种类

绿肥的种类很多，根据分类原则不同，有下列各种类型的绿肥：

按绿肥来源可分为：a. 栽培绿肥，指人工栽培的绿色作物；b. 野生绿肥，指非人工栽培的野生植物，如杂草、鲜嫩灌木等。

按植物学科分类可分为：a. 豆科绿肥，其根部有根瘤，根瘤菌有固定空气中氮素的作用，如紫云英、苕子、豌豆、豇豆等；b. 非豆科绿肥，指一切没有根瘤的、本身不能固定空气中氮素的植物，如油菜、茹菜、金光菊等。

按生长季节可分为：a. 冬季绿肥，指秋冬播种，第二年春夏收割的绿肥，如紫云英、苕子、茹菜、蚕豆等；b. 夏季绿肥，指春夏播种，夏秋收割的绿肥，如田菁、柽麻、竹豆等。

按生长期长短可分为：a. 一年生或越年生绿肥，如柽麻、竹豆、豇豆、苕子等；b. 多年生绿肥，如山毛豆、木豆、银合欢等；c. 短期绿肥，指生长期很短的绿肥，如绿豆、黄豆等。

按生态环境可分为：a. 水生绿肥，如水花生、水浮莲、绿萍等；b. 旱生绿肥，指一切旱地栽培的绿肥；c. 稻底绿肥，指在水稻未收前种下的绿肥，如稻底紫云英、苕子等。

二、几种常见绿肥作物

1. 苕子

苕子（*Vicia* spp. Linn）又名蓝花草、野豌豆，一年生或越年生豆科草本植物。是栽培最多的冬季绿肥作物，又分为光叶紫花苕子、毛叶紫花苕子和蓝花苕子等（图 5-2）。

2. 田菁

田菁［*Sesbania cannabina*（Retz.）Poir.］又名碱青、涝豆，一年生豆科草本植物，通常生于水田、水沟等潮湿低地。茎、叶可作绿肥及牲畜饲料（图 5-3）。

3. 柽麻

柽麻（*Crotalaria juncea* L.）又名菽麻、太阳麻。一年生豆科草本植物。可作乳牛饲料和绿肥，茎、枝纤维可作制纸、绳索、麻袋和各种麻织品的原料（图 5-4）。

图 5-2　苕子

图 5-3　田菁

图 5-4 柽麻

4. 紫花苜蓿

紫花苜蓿（*Medicago sativa* L.）又名紫苜蓿、苜蓿，属多年生豆科草本植物。生于田边、路旁、旷野、草原、河岸及沟谷等地。作为饲料和牧草广泛种植于欧亚大陆和世界各国（图 5-5）。

图 5-5 紫花苜蓿

三、绿肥的栽培方式

绿肥作物通常以轮种、复种、间种和套种等方式栽培。

（1）粮肥轮种　一般在地力差或畜牧业发达的地区连续种植绿肥作物 1～2 年，多者 3～5 年，耕翻后轮种相应年限的其他作物。

（2）粮肥复种　在 1 个年周期内绿肥作物与其他作物换茬复种，如麦、肥复种，肥、稻复种，稻、肥、麦或肥、稻、稻复种，肥、棉复种等。

（3）粮肥间种、套种　在同一块地里绿肥作物同其他作物成行式带状间隔种植，播种期可同时或错开，如玉米、棉花生长前期套种绿肥作物，作追肥翻压；秋季小麦绿肥间种，夏季玉米绿肥间种，形成二粮二肥方式，以及稻田套养等。

（4）果园、林地间套种　绿肥作物在果树、茶树、桑树及幼林地间套种。

四、绿肥的施用方法

（1）适时收割或翻压　绿肥过早翻压产量低，植株过分幼嫩，压青后分解过快，肥效短；翻压过迟，绿肥植株老化，养分多转移到种子中去了，茎叶养分含量较低，而且茎叶碳氮比大，在土壤中不易分解，肥效降低。一般豆科绿肥植株适宜的翻压时间为盛花至谢花期，禾本科绿肥植株最好在抽穗期翻压，十字花科绿肥植株最好在上花下荚期翻压。间、套种绿肥作物的翻压时期应与后茬作物需肥规律相符合。

（2）翻压方法　先将绿肥茎叶切成 10～20cm 长，然后撒在地面或施在沟里，随后翻耕入土壤中，一般入土 10～20cm 深，砂质土可深些，黏质土可浅些。

（3）绿肥的施用量　应视绿肥种类、气候特点、土壤肥力的情况和作物对养分的需要而定。一般 667m^2 施 1000～1500kg 鲜苗基本能满足作物的需要，施用量过大，可能造成作物后期贪青迟熟。

（4）绿肥的综合利用　豆科绿肥的茎叶，大多数可作为家畜良好的饲料，而其中 1/4 的氮素被家畜吸收利用，其余 3/4 的氮素又通过粪尿排出体外，变成很好的厩肥。因此，利用绿肥先喂牲畜，再用粪便肥田，是一举两得的经济有效的利用绿肥的好方法。

第四节　堆 沤 肥

堆沤肥包括堆肥、沤肥和厩肥，是我国农业生产上的重要有机肥源。

一、堆肥

1. 堆肥的含义

堆肥是利用各种植物残体（作物秸秆、杂草、树叶）、泥炭、垃圾以及其他废弃物等为主要原料，混合人畜粪尿，在高温、多湿的条件下，经过发酵腐熟、微生物分解而制成的一种有机肥料。堆肥所含营养物质比较丰富，且肥效长而稳定，同时有利于促进土壤团粒结构的形成，能增加土壤保水、保温、透气、保肥的能力。

2. 堆肥的制作技术

高温堆肥是以高纤维含量的秸秆、杂草为主要原料，加入一定量的人畜粪尿，堆腐温度较高，时间短，适合集中处理农作物秸秆、生活垃圾，使其在短时间内迅速成肥。高温堆肥的无害化处理较彻底，养分含量高，肥质好，气味小。

高温堆肥对于促进农作物茎秆、人畜粪尿、杂草、垃圾污泥等堆积物的腐熟，以及杀灭其中的病原菌、虫卵和杂草种子等，具有一定的作用。高温堆肥可以采用半坑式堆积法和地面堆积法堆制。前者的坑深约1m，后者则不用设坑。两者都需要通气沟，以利于好氧微生物的活动。两者都需要先铺一层农作物秸秆等，再铺一层人畜的粪尿，并泼一些石灰水（碱性土壤地区则不用泼石灰水），然后盖一层土。一般56℃以上发酵5～6d，高温50～60℃持续10d即可。如果堆肥的温度骤然下降，则应及时补充水分。待堆肥的温度降低到40℃以下时，高温堆肥中的大部分有机物就形成腐殖质了（图5-6）。

堆肥具体制作步骤如下：

（1）堆肥的材料　制作堆肥的材料，按其性质一般可大概分为三类：

(a)　　　　　　　　　　　　(b)

图 5-6　堆肥池 (a) 和高温堆肥 (b)

第一类：基本材料。即不易分解的物质，如各种作物秸秆、杂草、落叶、藤蔓、泥炭、蔬菜垃圾、厨余垃圾等。

第二类：促进分解的物质。一般为含氮较多和富含高温纤维分解细菌的物质，如人畜粪尿、污水、蚕砂、马粪、羊粪、老堆肥及草木灰、石灰等。

第三类：吸收性强的物质。在堆积过程中加入少量泥炭、细泥土及少量的过磷酸钙或磷矿粉，可防止和减少氨的挥发，提高堆肥的肥效。

（2）材料的处理　为了加速腐解，在堆制前，不同的材料要分别加以处理。

城市垃圾要分选，去除碎玻璃、石子、瓦片、塑料等杂物，特别要防止重金属和有毒的有机和无机物质进入。

各种堆制材料，原则上粉碎为好，增大接触面积利于腐解，但要多消耗能源和人力，难以推广。一般是将各种堆制材料切成 2～5 寸（1 寸＝0.0333m）长。

对于质硬、含蜡质较多的材料，如玉米和高粱秆，最好将材料粉碎后用污水或 2% 石灰水浸泡，破坏秸秆表面蜡质层，通过提高材料吸水性促进腐解。

水生杂草，由于含水过多，应稍微晾干后再进行堆积。

（3）堆制地点　应选择地势较高、背风向阳、离水源较近、运输施用方便的地方为堆制地点。为了运输施用方便，堆积地点可适当分散。

堆制地点选择好后将其地面平整。

（4）设置通气孔道　在已平整夯实的场地上，开挖"十"字形或"井"字形沟，深宽各 15～20cm 左右，在沟上纵横铺满坚硬的作物秸秆，作为堆肥底部的通气沟，并在两条小沟交叉处安放与地面垂直的木棍或捆扎成束的长条状粗硬秸秆，作为堆肥上下通气孔道。

（5）堆制材料配方比　一般堆制材料配方比例是：各种作物秸秆、杂草、落叶等 500kg 左右，加入粪尿 100～150kg，水 50～100kg（加水多少根据原材料干湿而定），每一层可以适当覆盖一层薄土，主要是起石灰石、泥炭等的作用。为了加速腐熟，每层可接种高温纤维分解细菌（如酵素菌），缺乏时，可加入适量骡马粪或老堆肥、深层暗沟泥和肥沃泥土，促进腐解。但泥土不宜过多，以免影响腐熟和堆肥质量。有农谚讲：草无泥不烂，泥无草不肥。这充分说明，加入适量的肥土，不但有吸肥、保肥的作用，也有促进有机质分解的效果。

（6）堆积　在堆积场的通气沟上铺上一层厚约 20cm 的污泥、细土或草皮土作为吸收下渗肥分的底垫。然后将已处理好的材料（充分混匀后）逐层堆积、踏实。并在各层上泼撒粪尿肥和水后，再均匀地撒上少量石灰、磷矿粉或其他磷肥（堆积材料已用石灰水处理者可不用），以及羊粪、马粪、老堆肥或接种高温纤维分解细菌。每层需"吃饱、喝足、盖严"。所谓"吃饱"是指秸秆和调节碳氮比的尿素或土杂肥及麦麸要按所需求的量加足，以保证堆肥质量。"喝足"就是秸秆必须被水浸透，加足水是堆肥的关键。"盖严"就是成堆后用泥土密封，可起到保温、保水作用。如此一层一层地堆积，直至高达 4～6 尺（1.2～1.8m 之间）为止。每层堆积厚度为 1～2 尺（33～66cm），上层宜薄，中、下层稍厚，每层加入的粪尿肥和水的用量，要上层多、下层少，方可顺流而下，上下分布均匀。堆宽和堆长可视材料的多少和操作方便而定。堆形做成馒头形或其他形状均可。堆好后及时用 2 寸厚的稀泥、细土和旧的塑料薄膜密封，有利于保温、保水、保肥。随后在四周开环形沟，以利排水。

（7）堆后管理　一般堆后 3～5d，有机物开始被微生物分解释放出热量，堆内温度缓慢上升，7～8d 后堆内温度显著上升，可达 60～70℃。高温容易造成堆内水分缺乏，使微生物活动减弱，原料分解不完全。所以在堆制期间，要经常检查堆内上、中、下各个部位的水分和温度变化的情况。可用堆肥温度计测试的方法检查。若没有堆肥温度计，可用一根长的铁棍插入堆中，停放 5 min 后，拔出用手试之。手感觉发温约 30℃，感觉发热约 40～50℃，感觉发烫约 60℃ 以上。检查水分可观察铁棍插入部分表面的干湿状况。若呈湿润状态，表示水分适量；若呈干燥状态，表示水分过少，可在堆顶打洞加水。如果堆内水分、通气适中，一般堆后前几天温度逐渐上升，一个星期左右可达到最高，维持高温阶段不得少于 3 d，10 d 以后温度缓慢下降。在这种正常情况下，经 20～25 d 翻堆一次，把外层翻到中间，把中间翻到外层，根据需要加适量粪尿水重新堆积，促进腐熟。重新堆积后，再过 20～30 d，原材料已近黑、烂、臭的程度，表明已基本腐熟。此时可以直接使用，或压紧盖土保存备用。

二、沤肥

1. 沤肥的含义

沤肥也叫凼肥，是在雨水较多的地方，在没有渗漏的积水塘或坑中，或在屋旁或在田头地角挖一个坑，把草皮、杂草、稻菟、粪尿、污水等倒入坑内经沤制腐熟的一种肥料。

2. 沤肥的制作技术

在屋旁或田角挖一个坑，坑深 1 m 左右，将坑底加些石灰粉锤紧，或铺一层水泥，以免肥分从坑里渗漏，坑的大小根据原料而定。如果在水田沤制，坑要浅些，比田面低 20～30 cm，坑的四周要做 12～16 cm 高的土埂，以免田里的水流入坑内，然后把草皮、杂草等原料倒进坑里，倒满以后浇些稀粪水和污水，材料要灌水淹没，让原料在嫌气条件下分解，以后每隔 7～10 d 翻动一次（图 5-7）。

要把沤肥制好，最好把以前沤制好的沤肥留一部分作引子，加引子的作用，好比做面包时加一点面种能使面发得快的道理一样。除此之外，还要加些含氮多的肥料，如人粪尿、硫酸铵、油饼等，以加速肥料的腐烂，提高沤肥的质量。

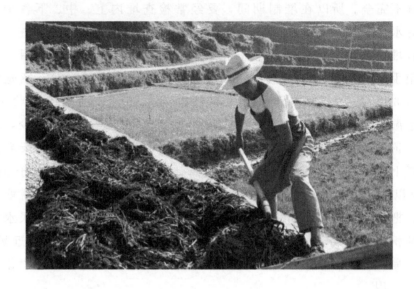

图 5-7 沤肥

三、厩肥

1. 厩肥的含义

厩肥也叫圈肥、栏肥，是指以家畜粪尿为主，加入作物秸秆、泥炭或泥土等垫圈材料积制而成的有机肥料。通常北方农村称其为"圈肥"，南方农村称其为"栏肥"。

2. 厩肥的制作技术

厩肥的积制方式，可分圈内堆积和圈外堆积。

（1）圈内堆积法 圈内堆积是在圈内挖深浅不同的粪坑积制，有深坑式、浅坑式、平底式三种。

深坑圈积肥。深坑圈积肥是我国北方多数地区养猪采用的积肥方式，在南方也有部分地区采用。一般坑深 0.6～1.0m，圈内经常保持潮湿状态，垫料在积肥坑中经常被牲畜踩踏，经过 1～2 个月的嫌气分解，然后起出堆积，腐熟后即成圈肥或厩肥。深坑式是在紧密、缺氧条件下堆积，在腐解过程中有机质一方面矿物质化，一方面腐殖质化。

平底圈积肥。地面用石板或水泥筑成，也有很多地方是用紧实的土底。垫圈方式一般分为两种类型：一种是每日垫圈，每日清除，将厩肥运到圈外堆积发酵；另一种是每日垫圈，隔数日或数十日清除一次，使厩肥在圈内堆沤一段时间，再移到圈外堆沤。平底式是合乎清洁卫生要求的积肥方式。

（2）圈外堆积法　按其堆积松紧程度不同，可分为紧密堆积、疏松堆积和疏松紧密交替堆积三种形式。

① 紧密堆积法。此法又称冷厩法。将厩肥运出畜舍堆积，加以压紧，堆外面撒上碎土覆盖。通常堆宽约 2m，堆高 1.5～2m。此法的缺点是：由于紧密压积，通气情况不良，厩肥进行嫌气分解，一般要堆积 2～3 个月才达到半腐熟状态，5～6 个月才达到腐熟状态，时间较长。优点是温度低、发热量少，加上较紧密，氨气不易挥发；有机质消耗少，最后得到的腐殖质多。

② 疏松堆积法。又称热厩法。将厩肥运出畜舍外，逐层堆成 2m 宽、2m 左右高的肥堆，不要压紧，使它在疏松通气的条件下发酵，几天后温度可升高到 60～70℃，如果第一次肥料不多，堆高还不够，可在堆上继续堆第二层、第三层。此法的优点是：空气流通，有利于好氧微生物活动。

③ 疏松紧密交替堆积法。将厩肥疏松堆积，以利分解，同时浇粪水来调节分解速度。一般在 2～3d 后，厩肥堆内的温度也可达到 60～70℃，可杀死大部分病原菌、虫卵、杂草种子。待温度稍降下来后，踏实压紧，然后再加新鲜厩肥，处理如前。如此层层堆积，一直堆到 1.5～2m 高为止。然后用泥土将堆肥封好，以起到保温的作用并防止雨水淋失肥分。用这一方法堆积，一般在 1.5～2 个月后，可达到半腐熟状态，4～5 个月后，就可完全腐熟。此堆积法腐熟较快，有机质和养分损失较少。如急需肥料，可采用此法堆积。

第五节　秸秆还田

秸秆是一项重要的资源，具有分布广、产量大、供应稳定的特点，应该加以合理利用；秸秆还田能改良土壤，培肥地力，增加土壤有机质，释放 N、P、K 等养分，而且还能改善土壤理化性状，提高土壤生物活性；秸秆还田可提高农产品产量并改善农产品品质。

农作物秸秆是一种宝贵的生物资源，秸秆的有机质含量较高，在80％以上，养分供应时间长。实践证明，秸秆还田后，土壤结构能得到改善，可适当减少化肥施用量，这样既减少了化肥造成的面源污染，也改善了农田的生态环境，进而提升农产品产量和品质。因此秸秆是绿色、无公害、有机农产品生产的廉价肥料，意义重大。

不同作物秸秆，其营养成分及含量也各不相同（表5-5、表5-6）。

表 5-5　常见作物秸秆的固氮量

秸秆	固氮率/(gN/100g 秸秆)
小麦秆	1.7
燕麦秆	0.8～1.6
水稻秆	0.2～0.9
玉米秆	0～0.2

表 5-6　几种常见作物秸秆的有机组成成分　　　　单位:%

种类	灰分	纤维素	脂肪	蛋白质	木质素
水稻	17.8	35.0	3.82	3.28	7.95
冬小麦	4.8	34.7	0.67	3.00	21.2
燕麦	4.8	35.4	2.02	4.70	20.2
玉米	6.2	30.6	0.77	3.50	14.8
豆科干草	6.1	28.5	2.00	9.31	28.3

秸秆还田有机肥的制作技术：

从多年的农业生产实践看，秸秆还田主要有直接和间接两种方式。直接还田就是直接把秸秆还到田中，或是覆盖在地面，或是翻压入土中；而间接方式就是把作物秸秆制作成有机肥还田。

1. 直接还田

直接还田又分翻压还田和覆盖还田两种。

（1）翻压还田　秸秆粉碎翻压还田技术、机械化秸秆粉碎直接还田技术，就是用秸秆粉碎机将摘穗后的玉米、高粱及小麦等农作物秸秆就地粉碎，均匀地抛撒在地表，随即翻耕入土，使之腐烂分解。这样能把秸秆的营养物质完全地保留在土壤里，不但增加了土壤有机质含量，培肥了地力，而且改良了土壤结构，减少病虫危害。

技术要求：①要提高粉碎质量。秸秆粉碎的长度应小于10cm，并且要撒匀。②作物秸秆被翻入土壤中后，在分解为有机质的过程中要消耗一部分氮肥，所以配合施足速效氮肥。③注意浇足踏墒水。为沉实土壤，加速秸秆腐化，在整好地后一定要浇好踏墒水。

适用条件：华北地区除高寒山区，绝大部分地区可采用秸秆直接粉碎翻压还田的方式。水热条件好、土地平坦、机械化程度高的地区更加适宜。

（2）覆盖还田　这种方式就是秸秆粉碎后直接覆盖在地表。这样可以减少土壤水分的蒸发，达到保墒的目的，腐烂后增加土壤有机质含量。但是这样会给灌溉带来不便，造成水资源的浪费，严重影响播种。这种形式只适合机械化点播，但缺乏此类点播设备，这种方式有时也比较适宜干旱地区及北方地区进行小面积的人工整株倒茬覆盖。

秸秆易地覆盖还田也是一种简单易行的办法，旱地作物播种覆土后，地块表面覆盖3～5cm厚的作物秸秆。地表秸秆覆盖率大于30％，覆盖均匀，能够顺利地完成播种，保证种子正常发芽和出苗。

秸秆覆盖一般有以下几种方式：①直接覆盖。秸秆直接覆盖和免耕播种相结合，蓄水、保水和增产效果明显。②留高茬覆盖还田。小麦、水稻收割时留高茬20～30cm，然后用拖拉机犁翻入土中，实行秋冬灌溉及早春保墒。③带状免耕覆盖。用带状免耕播种机在秸秆直立状态下直接播种。④浅耕覆盖。用旋耕机或旋播机对秸秆覆盖地进行浅耕地表处理。

2. 间接还田

间接还田又分过腹还田和堆沤还田两种。

（1）过腹还田　过腹还田是利用秸秆作为饲料，喂养牛、马、羊、猪等家畜，经其消化吸收后变成粪、尿，以畜粪尿作为肥料施入土壤还田。此法不仅可以增加禽畜产品产量，带动养殖业的快速发展；还可为农业增加大量的有机肥，提高土壤肥力，降低农业成本，促进农业生态良性循环。

这种形式就是把秸秆作为饲料，在动物腹中经消化吸收一部分营养，除糖类、蛋白质、纤维素等营养物质外，其余变成粪便，施入土壤，培肥地力，无副作用。而秸秆被动物吸收的营养部分有效地转化为肉、奶等，被人们食用，提高了利用率。这种方式最科学，最具有生态性，最应该提倡推广。

（2）堆沤还田 堆沤还田是将作物秸秆制成堆肥、沤肥等，作物秸秆经发酵后施入土壤。

其形式有厌氧发酵和好氧发酵2种。厌氧发酵是把秸秆堆后，封闭不通风；好氧发酵是把秸秆堆后，在堆底或堆内设有通风沟。经发酵的秸秆可加速腐殖质分解，制成质量较好的有机肥，作为基肥还田。

作物秸秆要用粉碎机粉碎或用铡草机切碎，一般长度以1～3cm为宜，粉碎后的秸秆湿透水，保证秸秆的含水量在70%左右，然后混入适量的已腐熟的有机肥，拌均匀后堆成堆，上面用泥浆或塑料布盖严密封即可。

过15d左右，堆沤过程即可结束。秸秆的腐熟标志为秸秆变成褐色或黑褐色，湿时用手握之柔软有弹性，干时很脆容易破碎。腐熟堆肥可直接施入田块。

第六节 海　　肥

我国有漫长的海岸线，沿海的鱼虾、贝壳、海草、海泥等资源丰富，利用这些资源可以制成多种海肥，有利于培肥地力，提高农作物产量。海肥加工的原料包括可食的海鲜加工废弃物（如鱼杂、虾糠），海星、蝾螺等不能食用的海生动物，海藻、海带、海青苔等海生植物，以及矿物性海泥等。由这些海洋动物性、植物性或矿物性物质制成的肥料统称为海肥。海肥中以动物性海肥种类最多，数量最大，使用最广，肥效最好（表5-7）。

表5-7　部分海肥养分含量　　　　　　　　单位:%

种　类	有机质	N	P_2O_5	K_2O
鱼杂	69.84	7.36	5.34	0.52
鱼鳞	—	3.59	5.06	0.22
鱼肠	65.40	7.21	9.23	0.08
杂鱼	28.66	2.76	3.43	—
鲨鱼肉	—	4.20	0.56	0.27
鲨鱼骨	—	3.63	0.13	0.40
虾糠	46.34	3.85	2.43～3.34	0.64～1.14

种 类	有机质	N	P₂O₅	K₂O
虾皮	—	4.74~5.58	2.71~3.41	0.77~0.84
虾蛄	—	8.20	3.00	—
小虾酱	22.63	2.65	2.15	—
海五星	—	0.22	—	0.18
海胆	—	1.91	0.43	—
海带	—	1.40	0.13	1.21
海青苔	—	0.68	0.20	—
海朗树叶	—	1.55~2.44	0.28~0.45	0.17~1.74
朗尾	—	0.66	0.3	1.47
海荞麦	—	1.35	0.09	1.68
海草	—	1.64	0.42	1.77
海泥	2.02	0.11	0.04	0.76

一、动物性海肥

动物性海肥由鱼、虾、贝等水生动物的遗体或海产品加工的废弃物制作而成，含有丰富的 N、P、K、Ca 和有机质，以及各种微量元素。动物性海肥是以 N、P 为主的有机肥料，据相关研究数据，动物性海肥含 N 0.45%~1.91%、P₂O₅ 0.14%~0.48%、K₂O 0.11%~0.51%、CaCO₃ 55%~86% 和部分有机质，既能供给作物生长利用，又能改善土壤性质。

动物性海肥包括鱼虾肥、贝壳肥、海胆肥等，以鱼虾类原料为主。鱼虾类海肥原料多为无食用价值的种类或加工后的废弃物，如头部、鱼鳞、尾部、鱼泡、内脏、刺骨和残留鱼肉等。这类海肥富含有机态氮素和磷素，氮素大部分呈蛋白质形态，磷素多为有机态或不溶性的磷化物，如磷脂和磷酸三钙。贝壳类海肥含有丰富的石灰质，分解后产生大量的碳酸钙成分，适用于酸性土壤或缺钙的土壤。海胆类海肥含有 N、P、K 和 CaCO₃ 成分，但养分含量较低。这三类海肥通常不能直接施用，需压碎、脱脂或沤制待其腐烂、分解。一般在大缸或池内加原料和其质量4~6 倍的水，搅拌均匀后加盖沤制 10~15d，腐熟兑水 1~2 倍，混在堆肥、厩肥、土粪中腐解后施用。动物性海肥可作基肥或追肥，浇施或干施均可。纯鱼虾类肥施用量为 10~15kg/667m²；贝壳类海肥是优质的石灰质肥料，可掺入堆肥、厩肥中用于改良酸性土壤。

二、植物性海肥

　　植物性海肥是指以海藻、海青苔和海带或海带提取碘以后余下的海带渣为原料，经过加工制作而成的有机肥料，含 N 1.4% ～ 1.64%、P_2O_5 0.13% ～ 0.42%、K_2O 1.21% ～ 1.47%（图 5-8）。海藻肥是天然的有机肥，对人、畜无害，对环境无污染，人们广泛利用的海藻主要是海藻中的红藻、绿藻和褐藻。海藻不含杂草种子及病虫害源，用作堆肥，可有效防止杂草及病虫害发生，对蔬菜、果树、粮食等作物具有普遍的增产效果。海带属于大型经济藻类，含有大量的高活性成分和天然植物生长调节剂，可刺激植物体内非特异性活性因子的产生，能促进作物生长发育，提高产量。作物施用海带肥后长势旺盛，可明显提高烟草、棉花、花卉等经济作物的品质，尤其是对大棚蔬菜，增产增值效果十分显著。

图 5-8　海带

　　植物性海肥的制作步骤包括晾晒、粉碎（破壁）、提取或发酵、浓缩和干燥。具体的方法是先将海藻、海带或海青苔去沙后晒干或于 50 ～ $70℃$ 下烘干至含水率 10% 左右，充分切碎，以 $1:(15～20)$ 的质量比溶于水，过滤后得浸提液，有条件也可以使用超声波破壁后过滤得浸提液，浸提液浓缩、干燥后制成高端植物性海肥。也可以将晒干切碎后的海藻、海带或海青苔物料，添加微生物发酵剂和水（含水率控制在55%～65%），混匀堆制发酵，当堆温达到50℃左右时翻堆，直至堆体无异味散发时为止。发酵完成后低温晾晒、干燥，使含水率降至30%以下，经筛分、造粒后制成可销售使用的普通商品海肥。由于海洋植物含盐分较多，制作肥料之前必须晒干。

　　海带渣肥既能充分利用工业生产过程中的废弃物，保护生态环境，又降低了农业生产成本。此肥料的制作过程是，将海带渣粗碎，调节含水率到55%左右，加入1%的市售玉米粉和3‰的市售微生物菌剂，进行堆肥发酵。每两天翻堆1～2次，使其保持微好氧发酵条件，发酵24～26d，发酵过程中注意用塑料泡沫、薄膜等密封保温。发酵完成后经干燥、造粒后既可生产成质量合格的有机肥，也可直接作基肥施用。

三、矿物性海肥

　　矿物性海肥包括海泥、苦卤等。海泥盐分较多，质地细软，有腥味，由海中动、植物遗体和随江河水入海带来的大量泥土、有机质等淤积而成。苦卤是海水晒盐后的残液，主要含氯化镁、氯化钠、氯化钾及硫酸镁等成分。

　　海泥（图5-9）中含有丰富的有机质，及氮、磷、钾、铜、锌和锰

图5-9　海泥

等营养元素，是较为经济的有机肥源。海泥的养分含量与沉积条件有关，江河入海有避风港堆积而成的泥底，养分含量多；江河入海无避风港淤积而成的沙底，养分含量少。海泥类海肥可溶性 N、P 含量少，含 N 0.15%～0.61%、P_2O_5 0.12%～0.28%、K_2O 0.72%～2.25%、有机质 1.5%～2.8%，还有一定数量的还原性物质。由于海泥盐分多，应经晾晒使得其中有毒的还原性物质被氧化后再施用，或与堆肥、厩肥混合堆沤 10～20d 后作基肥或追肥施用。泥质海泥适用于砂质土壤，沙质海泥适用于黏性重的土壤，可以改良土壤，提高保水、保肥能力。

苦卤组分复杂，所含成分及含量因产地、季节变化而不同，大致主含元素为：Mg 8%～10%、S 7%～11%、Cl 20%～25%、Na 11%～12%、K 1%～2%、B 100～200mg/kg，还有少量 P、Ca 及 Mn 等。苦卤肥一般与其他有机肥混合或堆沤后施用，也可以添加 N、P、K 等配制成复混肥施用。苦卤肥主要用于高度淋溶、高度风化的缺 Mg 大田、蔬菜基地或大棚蔬菜中，但不宜用于排水不良的低洼地或盐碱地。

第七节　饼　　肥

饼肥是指一类由含油较多的种子提取油分后的残渣做成的肥料，它富含有机质、蛋白质、氨基酸、微量元素等营养成分，可作基肥、种肥或追肥。饼肥是优质的有机肥和土壤改良剂，养分齐全、含量高，有效性持久，适用于各类土壤和多种作物，尤其适用于果树、瓜类、块根类蔬菜、小麦、烟草、棉花等作物的栽培生产中。不同饼肥的养分含量不尽相同。饼肥中，氮主要以蛋白质形态为主的有机态存在，蛋白质含量在 20%～50% 之间，磷以植素、卵磷脂为主，钾大都是水溶性的，用热水浸提可提取油饼中 96% 以上的钾。

一、饼肥种类

我国饼肥主要有菜籽饼肥、大豆饼肥、芝麻饼肥、花生饼肥等。

1. 菜籽饼肥

菜籽饼（图 5-10）的养分含量高，富含有机质和氮素，并含有相当数量的磷、钾和微量元素，C/N 比小，施入土壤中能迅速分解，易于被作物吸收。菜籽饼中总氮、磷、钾的含量分别为 2%～7%、1%～2%、1%～2%，粗蛋白的平均含量在 39.1%～45% 之间，粗脂肪平均含量在 1%～4.6% 之间，经发酵后氨基酸含量在 1.5% 以上，其中含量最高的是亮氨酸，可达 2.8%。水稻施用菜籽饼肥不仅可以提高穗粒数、实粒数和结实率，同时也可以显著提高水稻的产量；用菜籽饼肥替代 50% 的化肥施用，水稻仍显著增产。烟草施用菜籽饼肥或饼肥无机肥配合施用，既可保证烟株前期不暴长，又可以满足烟株后期生长对养分的需求，使烟株吸收养分更加平衡，提高烤烟挥发性香气物质含量，增加烟叶油分和还原糖含量，提高烟叶产量和上等烟比例，同时提高了土壤的肥力，有利于烟草的稳产高产。

图 5-10　菜籽饼

2. 大豆饼肥

大豆饼肥是大豆饼粉碎后经微生物固体发酵、液体水解、添加一定量的吸附剂烘干后制成的有机肥料。大豆饼肥不仅含 N、P、K，还含有较多的有机质和锌、铜、锰等微量元素，可作基肥和追肥，但作基肥效果较好。大豆饼肥总 N、P、K 的含量分别约为 7.8%、1.6%、1.5%，粗蛋白的平均含量在 43% 左右，粗脂肪平均含量在 0.6%～2.6% 之间，经发酵后氨基酸含量在 1% 以上。据有关研究数据，每千克大豆饼肥全氮含量 3.1%～4.1%、五氧化二磷 0.4%～0.91%、全钾 0.9%～1.57%，有机质约为 38.2g、锌 94.9mg、铜 19.2mg、锰 543.2mg、硼 0.16mg、钼 0.78mg。烟草施用大豆饼肥，可显著提高烟碱积累量，提高上等烟比例，增加产值。梨树、枣树增施大豆饼肥，可显著增加叶片叶绿素含量，提高光合速率，降低蒸腾速率，提高开花数、坐果率和产量；提高果实含水量，增加可溶性固形物、维生素 C、总黄酮含量。

3. 芝麻饼肥

芝麻饼含有氨基酸、多肽、小肽、油、矿物质等丰富的营养物质，具有较高的经济利用价值，在饲料工业、食品工业和种植业（作为肥料）生产上应用广泛。不同工艺的芝麻饼粕营养价值存在差异，热榨工艺中芝麻经炒制后，其芝麻饼粕的蛋白质经高温会发生变性；水代法得到的麻渣含水量较大，储存不当时易腐败变质；冷榨饼的各营养成分保存较好。芝麻饼粕是一种优质的有机肥料，芝麻饼肥的总 N、P、K 含量分别约为 5.7%、2.6%、1.4%，粗蛋白平均含量在 40%～46% 之间，粗脂肪平均含量在 3.4%～10.3% 之间。烟草增施芝麻饼肥，可明显提高烟株根系活力，增加根系干物质重和可溶性糖含量，显著提高株高、茎围、叶片数，提高产量、上等烟比例和产值；提高烤烟燃烧性，增加中性致香性物质含量。玉米拔节期追施芝麻饼肥有显著增产的效果，使植株健壮、根系发达，抗病、抗倒性提高；延长籽粒灌浆时间，提高千粒重，增加穗粒数。裕丹参适量增施芝麻饼肥，可促进地上部和根系生长，显著增加根长、根粗、根条数和根重，提高产量；增加丹酚酸 B 和丹参酮ⅡA含量。

4. 花生饼肥

花生饼是脱壳花生米经压榨或浸提取油后的副产物，营养价值高，粗蛋白含量达 48% 以上，精氨酸含量在 5.2% 左右，维生素和矿质元素含量与其他饼肥相近。烟田增施花生饼肥，可显著提高烟株株高、茎围、叶片数和叶面积，增强抗病性，提高产量和上等烟比例。

　　常见饼肥的养分含量如表 5-8 所示。饼肥可与堆肥、厩肥混合作基肥时，也可单独作追肥。作基肥时，最好结合整地进行，翻地后将饼肥均匀撒入地块中，随着拖拉机耙地而均匀混入土中，以避免未充分腐熟造成烧种，影响出苗。作追肥时，饼肥充分粉碎后可直接开沟施用，但应防止饼肥分解发酵时产生的热量烧伤幼苗，注意与作物幼苗保持适当距离。试验证明，饼肥作基肥与化肥配施，能使肥料的养分利用率更高、肥效更持久，更能改良土壤结构；饼肥作追肥的效果好于等养分的化肥，肥效平稳、持久，且持续后效较长。

表 5-8　各类常见饼肥的养分含量

种　类	粗有机物/%	全氮/%	全磷/%	全钾/%	钙/%	镁/%	锌/(mg/kg)	铁/(mg/kg)
大豆饼	88.0	7.19	0.77	1.7	2.80	—	96.1	627
芝麻饼	87.9	6.08	2.18	1.11	3.44	1.45	147.0	851.0
花生饼	85.9	7.18	0.72	1.3	1.64	1.0	65.5	471.0
棉籽饼	87.4	5.24	1.37	1.27	0.24	0.57	81.4	237.0
菜籽饼	86.0	5.9	1.08	1.29	0.94	0.52	91.5	635.0
蓖麻籽饼	87.9	4.88	0.85	1.1	—	—	220.0	865.0
茶籽饼	95.77	1.46	0.29	1.22	0.21	0.18	27.5	269.0
桐籽饼	88.9	3.06	0.48	1.28	0.66	0.44	60.7	295.0
葵花籽饼	92.4	5.04	0.49	1.4	—	—	157.0	977.0

二、饼肥制作工艺

　　饼肥简单的制作工艺主要包括粉碎、消毒、腐熟、吸附等。

1. 粉碎、消毒

将榨油后的残留物饼粕进行机械粉碎，少量的物料可以用蒸汽进行消毒，冷却。

2. 发酵、腐熟

将粉碎后的物料放入一容器中，加入适量的水（以水面刚淹没物料为准），密封进行腐熟、水解。夏季腐熟 20d 左右，冬季 30d。开封后搅拌，然后敞气 2d 以上。

3. 吸附

水解后的饼肥与腐殖酸、草炭土按 1∶0.5∶0.5 的比例进行吸附混合，即可使用。

第八节　食用菌菌渣

食用菌菌渣是收获食用菌后残留的含有较多菌丝体和有益菌等的培养基废料，又叫菌糠、废菌筒（图 5-11）。我国是食用菌生产大国，每年有大量的菌渣产生。如此大量的菌渣如果处理不当，不仅会造成环境污染、资源浪费，还会妨碍食用菌产业的可持续发展。食用菌栽培过后的菌渣，会产生很多的菌丝体，留在菌棒上，然后通过酶的分解会产生很多有机酸和生物活性物质，菌渣中还含有丰富的糖、蛋白质、氨基酸等营养物质，铁、钙、锌、镁等微量元素，其营养价值高，有很大的利用潜能。

图 5-11　食用菌菌渣

食用菌菌渣中含有各种营养元素，是良好的有机肥源和土壤改良剂。用食用菌菌渣作原料生产的有机菌肥，有机质含量高达60%以上，远高于国家有机肥标准（30%），是较好的农作物肥料。据研究表明，每100kg菌渣含N、P、K最多的相当于4.85kg尿素、12.14kg过磷酸钙和3.92kg氯化钾；每0.5kg菇渣中，含钙10.86g、磷3.6g、钾4.04g、钠8.7g、铜0.0049g、镁1.58g、铁0.69g、锌0.06g、锰0.0774g。这些营养物质和微量元素对作物的生长具有良好的促进作用。因此，食用菌菌渣用作肥料不仅可以避免堆积污染环境，降低肥料生产成本，还能提高作物产量，改良土壤，培肥地力。

栽培食用菌的原料不同，菌渣的成分就不同，其营养成分及含量也各异（表5-9）。

表 5-9　不同栽培原料菌渣营养成分比较

类别	营养成分含量						
	粗蛋白 /%	粗纤维 /%	粗脂肪 /%	粗灰分 /%	无氮浸出物 /(g/kg)	钙 /(g/kg)	磷 /(g/kg)
棉籽壳菌渣	13.16	31.56	4.20	10.89	31.11	0.27	0.07
秸秆菌渣	12.69	14.90	4.55	19.10	39.03	—	—
麦秆稻草菌渣	10.20	9.32	0.12	—	48.00	3.20	2.10
稻壳菌渣	8.09	22.95	0.55	15.52	38.50	2.12	0.25
香菇菌渣	8.76	30.00	0.62	7.93	—	1.08	0.36
稻草菌渣	6.37	15.84	0.95	38.66	23.75	2.19	0.33
木屑菌渣	6.73	19.80	0.20	37.82	13.81	1.81	0.34
玉米芯菌渣	8.00	14.30	1.40	—	63.05	1.00	0.30
蔗渣	3.82	25.63	0.89	27.94	33.27	0.50	0.57

一、食用菌菌渣生产工艺

工厂化的食用菌菌渣有机肥生产工艺主要有以下流程（图5-12）。

1. 清选、粉碎

将食用菌栽培后的废料去除外袋，晒干后粉碎，粉碎时注意清选残留的外袋、土块等杂质。

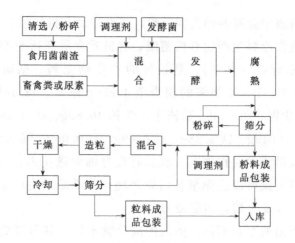

图 5-12 　 食用菌菌渣有机肥生产工艺流程

2. 发酵

粉碎后的菌渣或添加人畜粪便、淤泥、尿素等和含有机肥专用发酵剂的菌液混合，或直接与菌液混合至含水率为 60% 左右，搅拌均匀后，制堆发酵，覆盖薄膜保温保湿。当堆料中心温度达到 65℃时翻堆 1 次，温度再次达到 50℃时再翻堆 1 次，及时翻堆，堆温不能超过 70℃。若水分散失过多，可以在料堆上适量喷水以保持水分在 60% 左右。可以根据以下外观指标检验发酵是否完成：①发酵料外观变为褐色至黑褐色；②含水率下降到 50% 以下，不粘手、肥块软脆易碎、疏松散落，手握成团，稍触即散；③无恶臭气味，不流淌污水，浸出液为淡黄色，不滋生蝇、蛆；④堆肥体积比刚堆制时塌陷 1/3～1/2。

3. 腐熟

物料经高温发酵后，基本实现无害化，添加腐熟剂后，混匀制堆，使其充分腐熟，促进有机质稳定。二次堆垛时间 20～30d，定时在堆垛底部鼓风通气、堆体上扎孔透气。

4. 造粒、入库

腐熟的堆肥经干燥、粉碎、筛分，生产出粉状有机肥；也可以根据市场需求，用挤压造粒机或喷浆造粒机生产颗粒状有机肥。

二、食用菌菌渣在作物上的应用

食用菌菌渣不仅可以供给作物丰富的营养物质，提高作物产量，改善作物品质，还可以活化土壤，缓解土壤板结问题，培肥地力。

水稻田适当增施食用菌菌渣肥，可以提高土壤肥力，增加植株N、P、K的含量和吸收量，提高叶片叶绿素含量和光合速率，延缓叶片的衰老进程，提高单株分蘖数、有效穗数、穗粒数、千粒重和结实率，亩产增加 6％～9％。玉米施用黑木耳菌糠有机肥，能显著降低土壤容重，提高土壤孔隙度，增加有机质和速效 N、P、K 含量；提高地上部鲜重，显著提高籽粒蛋白质、脂肪含量。在玉米、小麦轮作田块施用菌糠有机肥，能显著提高土壤蔗糖酶和脲酶活性，增加土壤全 N 含量；提高玉米、小麦植株的株高和干物质积累量。大豆施用菌渣肥，能显著增加植株根瘤数，促进植株健壮生长，可使产量提高 16％～26％。

大白菜增施菌渣肥 2000kg/667m² 时，产量、株高、叶绿素、维生素 C 和可溶性糖含量均显著提高，硝酸盐含量下降 3.4％～24.2％。用菌渣肥与氮、磷、钾肥配施青椒，能显著增加土壤有机质积累，促进土壤自身固氮菌的繁殖，培肥地力，提高产量。辣椒施用菌糠有机肥，可显著改善品质和提高产量；菌糠有机肥施用量为 800kg/667m² 时，与品质相关的可溶性糖、可溶性蛋白质、维生素 C、有机酸含量均得到显著提高，产量增加 47.8％。青菜增施一定量的菌渣肥，可促进生长和提高产量。番茄施用菌糠生物有机肥，可有效降低番茄果实中硝酸盐含量，极显著提高可溶性总糖、可溶性固形物和维生素 C 含量。马铃薯施用条垛式发酵生产的菌糠生物有机肥，可显著提高土壤 pH 值，土壤阳离子交换量，土壤中有机质、碱解氮、有效磷、速效钾、全 N、全 P、全 K 含量，以及薯块的总糖、总酚和总产。

第九节　商品有机肥

根据加工情况和养分状况，商品有机肥分为精制有机肥、有机-无机复混肥和生物有机肥。商品有机肥的生产主要以畜禽粪便、城市污泥、生活垃圾、糠壳饼麸、作物秸秆、制糖和造纸滤泥、食品和发酵工业下脚料以及其他城乡有机固体废物等为原料，尤其以畜禽粪便、糖渣、油饼、味精发酵废液为原料制成的有机肥品质较好。由于原料来源广泛、成分复杂，为了保障有机肥的质量和农用安全性，生产中要执行 NY 525—2012《有机肥料》。

商品有机肥是有机肥工厂专业化生产的商品，生产工艺主要包括两个部分，一是对有机物料进行堆沤发酵和腐熟、无害化处理，杀灭病原微生物和寄生虫卵。二是对无害化处理后的物料进行造粒生产，使有机肥具有良好的商品性、稳定的养分含量和肥效，便于运输、储存、销售和施用。

一、不同原料商品有机肥的制作工艺

1. 以畜禽粪便为原料生产商品有机肥

随着我国养殖业的规模化、集约化发展，畜禽粪便的大量排放造成环境污染。畜禽粪便（图 5-13）中含有大量的矿质元素和丰富的营养物质（表 5-10），是较好的有机肥源。以畜禽粪便为原料生产商品有机肥的方法有塔式发酵加工法、移动翻抛发酵加工法、条垛式好氧发酵法、槽式好氧发酵法等。

表 5-10　几种畜禽粪便中矿质元素和营养物质含量比较

营养元素	牛粪	猪粪	鸡粪	人粪	羊粪	马粪	鸭粪	鸽粪
全氮/%	1.70	2.90	2.80	6.38	2.01	1.48	1.66	4.34
全磷/%	0.78	1.33	1.22	1.32	0.50	0.47	0.89	1.08
全钾/%	0.98	1.00	1.40	1.60	1.32	1.31	1.37	1.79
钙/%	1.84	2.50	7.78	1.95	2.89	1.32	5.49	2.21
镁/%	0.46	0.08	0.56	1.05	0.71	0.46	0.62	0.91
有机质/%	66.20	77.00	68.30	71.87	64.24	64.90	43.49	63.95
粗蛋白质/%	12.90	20.00	28.80	—	—	—	—	—
粗脂肪/%	1.30	3.80	2.70	—	—	—	—	—
粗纤维/%	32.50	21.00	12.70	—	—	—	—	—
粗灰分/%	25.50	18.70	21.50	—	—	—	—	—
无氮浸出物/%	36.20	36.50	31.50	—	—	—	—	—

图 5-13　以畜禽粪便为原料生产商品有机肥

（1）塔式发酵加工法　在原料中接种微生物发酵菌剂，搅拌均匀后经输送设备提升到塔式发酵仓内。在塔内翻动、通氧，快速发酵除臭、脱水，通风干燥，用粉碎机将大块粉碎后，分筛、包装。所需设备主要有发酵塔、搅拌机、推动系统、热风炉、输送系统、圆通筛、粉碎机、电控系统等。这种方法生产的商品有机肥有机质含量高，有一定数量的有益微生物，有利于提高产品的养分利用率和促进土壤养分的释放。

（2）移动翻抛发酵加工法　在温室式发酵车间内，沿轨道连续翻动搅拌含菌剂的畜禽粪便，使其发酵、除臭。原料从发酵车间一端进入，出来时变为发酵好的有机肥，并直接进入干燥设备中脱水，成为商品有机肥。这套工艺流程充分利用了光能、发酵热，设备简单，运行成本低。主要设备有翻抛机、干燥筒、翻斗车等。

（3）条垛式好氧发酵法　将畜禽粪便堆放成宽 1.5～5.0m、高 0.8～2.5m 的条垛，具体根据翻堆机的大小而定；条垛的长度可根据场地的大小确定，一般在 50～200m。将发酵水分含量调节至 60％～65％，若畜禽粪便水分含量太高，可添加草粉、锯末等加以处理。调节好水分含量后，将液体或固体生物菌喷或撒于堆垛上，并连续翻堆 2 次。条垛式好氧发酵温度一般在 65～70℃，超过 70℃需翻堆降温，以免有益微生物死亡。畜禽粪便完全腐熟后的颜色由黄色变为红褐色，温度降至常温，并带有淡淡的青草或酒糟味（图 5-14）。条垛式好氧发酵对场地和设备的要求低，只需场地平整、排水方便，仅需 1 台自行式翻堆机。如果条件允许，可将发酵场地用水泥硬化，降雨量多的地区需搭建遮阳棚。

（4）槽式好氧发酵法　冬季气温低，条垛式好氧发酵速度慢、周期长。槽式好氧发酵工艺与条垛式好氧发酵基本一致，大多搭建遮阳棚或建设半地下式发酵池，上面覆有透光板，起到增温、保温的作用，因而在冬季发酵占有绝对优势。但槽式好氧发酵对基础设施要求高，不仅需建设发酵池、轨道、遮阳棚，还需购置槽式翻堆机等硬件设施，投资较高。

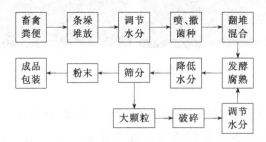

图 5-14　条垛式好氧发酵工艺流程

2. 以农作物秸秆为原料生产商品有机肥

将粉碎后的秸秆（图 5-15、图 5-16）拌入促进腐熟的微生物，

图 5-15　以农作物秸秆为原料生产商品有机肥

搅拌均匀后进入生物消解反应仓进行微生物消解处理，然后进入发酵反应仓催化发酵提高肥效，最后在微生物发酵出料口送入堆制仓腐熟，再经过烘干、造粒、筛选、包装，最终制成可销售的商品有机肥。

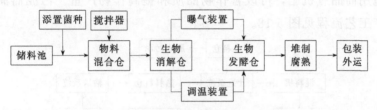

图 5-16　秸秆生物有机肥生产工艺流程

3. 以污泥为原料生产商品有机肥

将含水率较高的污泥（图 5-17）加工成含水率 13％的干污泥，可以直接晾干，也可以与粉碎后的农作物秸秆混合高温发酵 7d，也可以利用含热风炉、破碎轴的滚筒烘干机边破碎边烘干。将处理好的干污泥粉碎后，加入益生菌，用圆盘造粒机造粒，低温烘干后，冷却筛分、包装，从而制成商品有机肥。

图 5-17　污泥

二、商品有机肥在作物上的应用

商品有机肥含有供作物生长发育的有机质、大量元素和微量元素，合理施用商品有机肥，可改善作物品质和提高作物产量。污泥商品有机肥生产工艺流程见图 5-18。

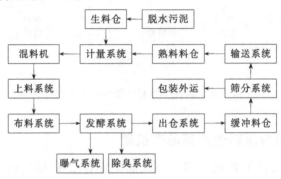

图 5-18 污泥商品有机肥生产工艺流程

在水稻-油菜轮作体系下，用 $100\sim200kg/667m^2$ 的畜禽粪便类有机肥与无机肥配施，可使水稻增产 48.2% 以上，油菜增产 7.5% 以上。水稻基施 $300\sim400kg/667m^2$ 商品有机肥与追施 $4.6kg/667m^2$ 氮肥配合，可增加单株有效穗数、穗粒数、结实率和千粒重，显著提高产量。玉米施用商品有机肥，在一定范围内单位面积产量随商品有机肥施用量的增加而增加。小麦施用商品有机肥，生长稳健，抗逆能力增强，无早衰现象，千粒重、单穗粒数增加，增产效果较显著。

施用 $250\sim500kg/667m^2$ 的畜禽粪便类商品有机肥，可使番茄、黄瓜、茄子、丝瓜、辣椒、松花菜、芹菜、生菜、毛毛菜显著增产。用一定量的商品有机肥与无机肥配施白菜，可显著改善品质和增产，提高维生素 C 和可溶性糖含量，显著降低硝酸盐含量。

第十节 城镇家庭自制有机肥

城镇家庭栽种花草会用到一些有机肥，因所需数量较少，很多人不愿购买商品有机肥，这时可以选择家庭自制有机肥。家庭生活垃圾中含有丰富的肥源，收集方便，加工简单。将家庭生活垃圾自制成有机肥，比购买的化肥肥分更全面，肥效更持久，经济实惠。

一、不同生活垃圾制肥方法

1. 菜叶、树枝、杂草

在缸或罐内放入少量的骨粉、草木灰，加水浸泡后，加入收集的菜叶、树枝、杂草等（图5-19），并兑入少量氯氟氰菊酯后密封，腐熟20～30d后，滤出渣滓即可使用。以后再加菜叶和水，仍可继续使用。菜叶沤制成的肥液肥效高，见效快。

 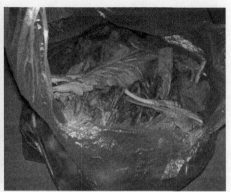

图5-19　收集烂菜叶、树枝、杂草自制有机肥

2. 蛋壳、杂骨、鱼鳞等

取一废物箱，内铺8cm厚园土，放入切碎后的蛋壳、杂骨、鱼鳞等废料，再加入园土，使园土和废料交替放置，浇透水后盖紧压实，密封腐熟。夏季温度高，15d翻堆1次，冬季气温低，每月翻堆1次。4～6个月腐熟后，与园土按1∶3体积比混合可以用来栽培花木，剩余的堆肥可用塑料袋密封保存、备用。

3. 豆渣、豆饼、豆壳

在缸内放入豆渣，盛水发酵7～10d后，加3/4清水拌匀即可，用以浇灌盆花，见效快。把变质不能吃的黄豆、花生米或豆饼、菜籽饼敲碎炒熟，装入瓶内加2～3倍的水浸泡，密封发酵腐烂，其液汁就是以氮肥为主的肥料，磷、钾含量也比较高。将青蚕豆、青豌豆剥下的豆壳疏松装满小缸后加满清水，用塑料薄膜等密封缸口，发酵腐熟 1 个月左右。豆壳发酵快，肥分足，无臭味、微酸性，含氮量较高并含有磷、钾等其他元素，施用时用水稀释 15～25 倍，剩余渣滓可用作春季花卉换盆的盆底。

4. 瓜果皮

将腐烂的水果、果皮、瓜皮等放入可密封的罐或瓶内，加入适量水浸泡，密封腐熟，待肥水发黑后即可使用。

5. 中药渣

在罐或钵内装入中药渣，加水沤制一段时间，待药渣变成腐殖质后即可使用（图 5-20）。此肥的优点是促生长、壮茎叶、开花好。

6. 骨粉

将吃剩下的排骨、禽骨、鱼骨等，放水中浸泡一昼夜以洗去盐分，然后用高压锅蒸煮 1h，取出捣碎即成骨粉。骨粉与砂质园土以 1：1 混合便是营养完全的基肥。

7. 螺蛳

将 0.5kg 螺蛳捣碎后放入罐或钵内，加 2.5kg 水后密封罐（钵）口，夏天封半月，冬天封一月。发酵完成后开封，搅拌均匀，浇入花盆使盆土湿透，一周左右就可见效。

8. 废水

一些用过的水如淘米水、生豆芽换下来的水，以及雨水和鱼缸里的废水等都可以用来浇灌花木，这些水都含有一定的 N、P、K，只要用量适宜都会对花木生长发育起到促进作用。

9. 混合制肥

用小缸或小坛收集废菜叶、瓜果皮，鸡、鸭、鹅、鱼的肚肠及废骨，蛋壳或发霉变质的食物等，收集量可参考烂水果 5～10 份、瓜果皮 15～

20 份、茶叶渣 1～3 份、淘米水 3～7 份、鱼内脏 4～10 份、醋 4～8 份、瓜子壳 3～7 份、鱼鳞 2～5 份、过期的饼干 3～8 份、过期酸奶 5～10 份、蛋壳 6～12 份、树叶 2～6 份、烂菜叶 7～12 份、过期面粉 2～6 份。固体破碎后与液体搅拌混合，加入除臭剂 1～3 份（图 5-21），放入缸或罐内，密封腐熟半年左右，取上清液稀释 15～20 倍后即可施用。

图 5-20　中药渣自制有机肥　　　　　图 5-21　混合废料自制有机肥

　　家庭自制有机肥要避免或减少沤肥时发出的臭味，可采取以下四种方法：一是在沤肥容器内放几块橘皮，即可减少臭味。待橘皮的效果减弱时，可再继续投入几块新的橘皮。橘皮发酵后也是一种好的肥料，可增加肥效。二是将家庭的臭鸡蛋、动物内脏、坏牛奶、豆浆等副食品废弃物投入泡菜坛里，加入适量清水，注意将坛口水槽填满水，扣上盖子即可避免臭味散发出来。三是将适量的高锰酸钾、双氧水等氧化剂加入肥液中，可吸收致臭物而除臭。四是肥水施用前加入 500～600 倍米醋稀释液可缓解液肥的臭味。

二、家庭自制有机肥的使用方法

　　家庭自制有机肥，在使用时遵循"薄肥淡施"的原则，适当稀释，适量施用，切忌施用过量。沤制肥料时，一定要等到里面浸出的肥水变成黑色完全腐熟后，才能滤出以 1∶9 的比例用水稀释施用，不能用生肥。

1. 基肥

盆花施基肥很重要，基肥充足可少施追肥。作基肥使用的肥料可在翻盆换土时施于盆底部，或扒开盆的表土，施入肥料，再用土壤覆盖，还可以把肥料拌入土中，再种植花卉。当年不换盆的花木，也可在花木休眠时，沿盆边开环形沟，或对称开短沟，施放一些发酵好的自制肥料，再覆盖上培养土。

2. 追肥

盆栽花卉追肥要掌握的技巧是，营养生长期多施氮肥、钾肥，花芽形成期多施磷肥；施肥前一天要松土，施肥后的早晨要浇水；现蕾时施，裂蕾、开花时不施；雨前、晴天可施，雨后不施；气候干旱时施，梅雨季节不施；盆土干时施，盆土湿时不施；新栽、徒长时不施；薄肥淡施，浓肥勿施。

家庭养花施肥要注意四点：一是注意花卉种类，不同的花卉对肥料要求不同，如杜鹃、茶花、栀子等忌碱性肥料，观赏叶为主的花卉多施氮肥，球根花卉多施钾肥，香花类开花时多施磷肥、钾肥；二是施肥要注意季节，春、秋花卉生长旺季，均需较多养分，应适当多追肥；三是施用家庭自制有机肥料一定要充分腐熟，不可用生肥；四是注意"三忌"，即忌浓肥、忌热肥、忌坐肥（栽花时盆底放基肥，忌将根直接放肥上）。

第六章

有机肥料的无害化处理

在有机肥原料中，畜禽粪便常常带有各种病原菌、病毒、寄生虫卵及恶臭味等。杂草等也常常带有各种病虫害传染体。因此，有机肥一般都要经过无害化处理，使之变有害为无害。目前，有机肥料无害化处理主要有物理方法、化学方法和生物方法三种。物理方法如暴晒、高温处理等，化学方法是用化学物质除害，生物方法如接菌后的堆腐和沤制等。

第一节　物理方法

一、暴晒法

暴晒法就是利用太阳光中紫外线的杀伤作用，清除有机肥料中的病毒、寄生虫、恶臭物质等，如秸秆肥还田前、堆肥堆制前、畜禽肥出圈后、沼渣肥施用前、人粪尿施用前的暴晒处理等。该方法简便易行，省工省时，但养分损失大，易污染环境，且处理效果较差。

二、高温处理法

高温处理法主要适用于堆肥，是利用有机物质分解释放出的能量来提高堆温，以杀死肥料中的病虫。高温堆肥应掌握以下技术条件：

① 堆制堆肥要求材料的含水量是60%～75%，即用手紧握材料时能有水滴挤出，表示水分适度。

② 在堆肥堆制前期，要保持良好的通气条件，必要时可设通气塔、通气沟等，后期要保持厌气条件，可拆除通气塔、堵塞通气沟等，可压紧、封泥，以保存养分和促进腐殖质的积累。

③ 堆肥内部温度可控制在 $50\sim60℃$。当温度高于 $65℃$ 时，可翻堆或加水降温，以利于氮素的保存。

④ 要求堆肥材料的碳氮比为 25：1，以利于微生物对有机物质的分解。

⑤ 控制适宜的 pH 值。在堆制堆肥时，每 50kg 秸秆加入 $1\sim1.5$kg 的石灰等碱性物质，以将堆肥的 pH 值调节在 7.5 左右。高温堆肥的卫生标准是蛔虫卵死亡率达 95％～100％，有效控制苍蝇滋生，堆肥周围没有活的蛆、蛹或新羽化的成蝇。

第二节　生物方法

秸秆腐熟菌剂是采用现代化学、生物技术，经过特殊的生产工艺生产的微生物菌剂，是利用秸秆加工有机肥料的重要原料之一。秸秆腐熟菌剂由能够强烈分解纤维素、半纤维素及木质素的嗜热、耐热的细菌、真菌和放线菌组成。目前秸秆腐熟菌剂的产品执行 GB 20287—2006 或者 NY 609—2002 标准，对有效活菌数、纤维素酶活性都有具体要求。在适宜的条件下，秸秆腐熟菌剂中的微生物能迅速将秸秆堆料中的含碳、氮、磷、钾、硫等大分子有机物分解矿化，形成简单有机物，从而进一步分解为作物可吸收的营养成分。同时，秸秆在发酵过程中产生的热量可以消除秸秆堆料中的病虫害、杂草种子等有害物质。秸秆腐熟菌剂无污染，其中所含的一些功能微生物兼有生物菌肥的作用，对作物生长十分有利。近几年由于国家十分重视秸秆资源的利用，在全国开展了有机质提升试点项目，大大促进了腐熟菌剂产业的发展。目前已获登记的腐熟菌剂产品有 46 个，大多数以处理畜禽粪便与作物秸秆混合物为主，今后为了更好地保证处理作物秸秆的效果，腐熟菌剂将分为"适用畜禽粪便类"和"适用作物秸秆类"。下面是我国已经在农业部获得登记的一些腐熟菌剂产品及其使用方法，供农民或有机肥料企业参考。

一、腐秆灵

1. 产品简介

腐秆灵是广东省某科技公司引进先进生物工程技术开发生产的微生物菌种。它含有数量可观的分解纤维素、半纤维素和木质素的多种微生物群,这些微生物既有嗜热、耐热的菌种,也有适应中温的菌种。用它处理水稻、小麦、玉米和其他作物秸秆,可通过微生物作用,加速其茎秆的腐烂,使之转化成优质的有机肥。

2. 使用方法

(1) 堆肥法　先按每千克鲜秸秆用腐秆灵 $0.3\sim0.4kg$,兑水至 $35\sim50L$ 备用。然后把秸秆平铺于地面,铺成宽约 1.5m、高约 15cm、长约 3m 的秸秆堆层,再取适量已兑水的腐秆灵均匀淋或泼于秸秆上。继续在原秸秆上铺第二层 15cm 厚秸秆,再淋一次已兑水的腐秆灵溶液。以铺满十层为一堆,堆完后盖塑料布或糊上泥浆。

(2) 水田沤制法　水稻收割时把脱粒后的稻秆均匀撒于田面,放水 $7\sim10cm$ 深,结合机耕时均匀施用腐秆灵。每 $667m^2$ 用量为 $2\sim3kg$,压秆后困水以防菌随水流失。

(3) 地下腐烂法　在机械收获小麦、玉米等作物后,将作物秸秆粉碎均匀撒在地面,在撒秸秆的同时,向秸秆上均匀撒入腐秆灵,平均每 $667m^2$ 撒 $2\sim3kg$,然后将作物秸秆和腐秆灵一同翻入地下,使作物秸秆在地下快速腐烂。

3. 注意事项

腐秆灵在使用过程中要注意保持堆沤物的湿度,主要是要保持堆沤物的密封性。

二、CM 菌

1. 产品简介

CM 菌是一种多功能复合菌剂,主要由光合菌、酵母菌、醋酸杆菌、放线菌、乳酸菌、芽孢杆菌等组成。光合菌利用太阳能或紫外线将土壤中的硫氢和碳氢化合物中的氢分离出来，变有害物质为无害物质，并和二氧化碳、氮等合成糖类、氨基酸类、纤维素类、生物发酵物质等，进而增肥土壤。醋酸杆菌从光合菌中摄取糖类固定氮，然后将固定的氮一部分供给植物，另一部分还给光合细菌，形成好气性和嫌气性细菌共生结构。放线菌将光合菌生产的氮素作为基质，就会使放线菌数量增加。放线菌产生的抗生物质，可增加植物对病害的抵抗力和免疫力。乳酸菌摄取光合菌生产的物质，分解在常温下不易被分解的木质素和纤维素，使未腐熟的有机物发酵，转化成植物容易吸收的养分。酵母菌可产生促进细胞分裂的生物发酵物质，同时还对促进其他有益微生物增殖的基质的生产起着重要作用。芽孢杆菌可以产生生物发酵物质，促进作物生长。

2. 使用方法

① 将 1kg CM 菌溶于 30L 水中，配成稀释药液备用。

② 把秸秆充分用水浇湿，让秸秆吃透水（把水浇在所需堆沤肥的秸秆上，根据秸秆本身所含的水量，每1000kg秸秆浇800～1000L水)，也可以把秸秆堆在地上让雨水淋湿，这样可以节省劳力和水。堆沤1000kg秸秆，需 1kg CM 菌、5kg 尿素。

③ 将配好的药液均匀地喷在浇透的秸秆上，同时在每隔20～30cm高的秸秆垛上撒上一些尿素，最后把秸秆全部堆上垛，用泥把垛盖严。夏天发酵 20～30d，冬天 40～60d。

3. 注意事项

① 一定要掌握"一透二匀三严"六个字，即一要用水浇透秸秆，二要把药喷匀，三要盖严。

② 冬天堆肥可用塑料布盖严，这样可以提高发酵温度。

③ 堆肥的时候加鸡粪、猪粪效果更好，可缩短发酵时间。

三、催腐剂

1. 产品简介

催腐剂是山东省文登市土肥站研究开发的用于发酵的一种微生物

菌剂。催腐剂就是根据微生物中的钾细菌、磷细菌等有益微生物的营养要求，以有机物（包括作物秸秆、杂草、生活垃圾等）为主要原料，选用适合有益微生物营养要求的化学药品配制成含有定量氮、磷、钾、钙、镁、铁、硫、氯等营养元素的化学制剂。因拌于秸秆等有机物中，能有效地改善有益微生物的生存环境，有加速有机物分解腐烂的作用，故定名催腐剂。它是化学、生物技术相结合的边缘科技产品。

2. 使用方法

① 准备干秸秆（杂草、生活垃圾均可）250kg，加水 400～500L，使秸秆吃足水分，含水量达到 60%～70%，手握秸秆滴水即可。也可在降雨前将秸秆排开，厚度 0.3～0.4m，接纳天然雨水后堆沤，这样可减少用水和用工量。

② 将 300g 催腐剂加入 25L 水中溶解，用喷雾器喷在已湿透的秸秆上，把喷过药液的秸秆堆成宽 1.5m、高 1m 左右的梯形肥堆，用锨轻轻拍实，表面用泥封严（冬天最好加盖薄膜）发酵，肥堆上部呈凹形，以利接纳天然雨水或肥堆内失水时以利人工灌水。夏季经 20d 堆沤发酵即可成优质堆肥。

3. 注意事项

堆制技术要领是"水足、药匀、封严、氧气供给"。

（1）水足　用催腐剂堆腐秸秆一定要先将秸秆吃足水分，按秸秆与水 1∶1.7 的比例，使秸秆湿透，确保发酵期的水分需要。确保发酵期的水分需要是堆腐成败的关键。

（2）药匀　按秸秆量的 0.12% 施足催腐剂，用喷雾器均匀喷施，喷药时要边喷边搅拌，保证秸秆着药均匀。

（3）封严　将施药后的秸秆堆垛成宽 1.5m、高 1m 的秸秆堆，堆垛后表面拍实，用泥封严，泥厚 2cm，防止水分蒸发和养分流失。

（4）氧气供给　秸秆腐烂是通过微生物在良好的通气条件下进行的，通气状况直接影响秸秆的腐烂效果，所以堆垛时不要在上面踩，用锨轻轻拍实即可，以利通气。

四、酵素菌

1. 产品简介

酵素菌是从日本引进的一种多功能菌种，是由能够产生多种酶的好（兼）气性细菌、酵母菌和霉菌组成的有益微生物群体。酵母菌能产生多种酶，如纤维素酶、淀粉酶、蛋白酶、脂酶、氧化还原酶等，进而能够在短时间内将有机物质分解，尤其能够降解木屑等物质中的毒素。酵素菌作用于作物秸秆等有机质物料，利用其产生水解酶的作用，在短时间内，对有机质成分进行糖化分解和氨化分解，产生低分子的糖、醇、酸，这些物质又成为土壤中有益微生物生长繁殖的良好培养基，能够促进堆肥中放线菌的大量繁殖，从而改善土壤的生态环境，创造农作物生长发育所需的良好环境。

2. 使用方法

（1）原料配方　利用酵素菌加工有机肥料的原料配方为麦秸1000kg、钙镁磷肥20kg、干鸡粪300kg、麸皮100kg、红糖1.5kg、酵素菌15kg、原料总重量60％的水分。

（2）操作过程　先将麦秸摊成50cm厚，用水充分泡透。将干鸡粪均匀撒在麦秸上，再将麸皮、红糖撒上，最后将酵素菌与钙镁磷肥混合均匀撒上，充分掺匀，堆成高1.5～2m、宽2.5～3m、长度超过4m的长形料堆（原料不少于15m³）进行发酵。夏季，发酵温度上升很快，一般第二天温度可升至60℃，维持7d翻堆一次，注意翻堆要均匀彻底，前后共需翻堆4次，最高温度可升至70℃以上。第4次翻堆后，注意观察温度变化，当温度日趋平稳且呈下降趋势时，表明堆肥发酵完成。

3. 注意事项

（1）地点　生产麦秸堆肥宜在水泥等硬质地面上进行。

（2）温度　从堆肥发酵开始，每8h测量一次温度。堆肥发酵的适宜温度为60～65℃，最高温度为75℃。

（3）湿度　麦秸堆肥原料的适宜湿度为60％，由于发酵产生高温，水分散失快，每次翻堆时要注意适量补充水分。

（4）颜色 原料发酵后，颜色发生变化，由黄白色变成黄褐色，最后变成褐色，且有光泽。

（5）气味 合格的麦秸堆肥无气味，若出现酸臭味，说明生产过程中没有及时进行翻堆，造成厌氧发酵产生，生产中要切实注意克服。

五、其他菌剂

1. "301" 菌剂

（1）产品简介 "301" 菌剂是一种腐生性很强的高温真菌。它能快速分解植物秸秆内的纤维素和木质素，经细胞学和分类学鉴定，属真菌门、半知菌纲、丛梗孢目、丛梗孢科、侧孢霉属、嗜热性侧孢霉菌种。在农作物秸秆饱和含水和适宜的碳氮比条件下，"301" 活性菌能够快速繁殖并分泌出大量的纤维素酶，分解果胶酶和多种有机酸等物质，可在短时间内将各种农作物秸秆腐解。1994 年，松山区农业局从中国农业科学院原子能利用研究所引进了 "301" 菌种、菌种扩繁技术和菌剂堆腐农作物秸秆技术，当年扩繁菌种并堆腐小麦秸秆 $4.5 \times 10^4 kg$、玉米秸秆 $0.65 \times 10^4 kg$，并获得成功。经过化验，松山区农业局扩繁的 "301" 菌种，每克含活性菌 102 亿个。

（2）产品特点

① 腐生性很强且耐高温。

② "301" 菌剂堆肥养分含量高，除了含有大量的有机质和氮、磷、钾外，还含有农作物所需的微量元素。其在秸秆腐解过程中，除释放出氮、磷、钾元素外，还把所含的微量元素分解释放出来。

③ "301" 菌种在堆腐秸秆过程中能加速堆内其他有益微生物的生长繁殖，使有益微生物数量增多，能大幅度提高堆肥养分含量。可使农作物秸秆堆制成优质、高效、活性高的有机肥。

④ "301" 菌肥在供给农作物所需的大量元素和微量元素的同时，还可以使土壤中多种无效态矿质养分转化为可溶性养分，发挥了土壤潜在的肥力作用，从而提高土壤保水、保肥、供肥能力。

（3）使用方法

① 把玉米秸铡成 30cm 长的段，麦秸铡成 40～50cm 长的段。

② 每 1000kg 农作物秸秆准备加 "301" 三级菌剂 5kg，尿素 5kg

（或 100％人畜粪尿）作碳氮比调节剂。

③ 堆腐场地选在背风向阳处，堆场宽 1.5m，长度根据秸秆多少而定。在堆场四周叠起 30cm 的土埂，或下挖 20cm 深再筑起土埂，以防建堆时跑水。

④ 使农作物秸秆充足吸水后建堆，随堆随踩，堆高 60cm 时浇透水，撒第一层菌种和尿素（或人畜粪便），用量占总量的 50％，然后再堆秸秆，随堆随踩，当堆高 120cm 时浇透水，撒施剩余的菌种和尿素（或人畜粪便），再堆秸秆踩实达到 1.5m 高时，把顶部整平拍实。

⑤ 肥堆用 4～6cm 厚的稀泥抹平封严，以保温、保水、保肥，外面加盖地膜，可加速升温，加快腐解。在堆腐 15～20d 时翻堆一次，增加氧气，补充水分，为菌种繁殖创造条件，翻堆后仍浇足水，重新封严。

2. "三一"牌有机物料腐熟剂（秸秆专用）

（1）产品简介　"三一"牌有机物料腐熟剂（秸秆专用）是一种能快速分解粗纤维等有机质的微生物活体制剂。腐熟秸秆过程中释放速效养分，产生大量氨基酸、有机酸、维生素、多糖、酶类、植物激素、植物抗生素等多种促进植物生长的物质；腐熟的秸秆还田后能够增加土壤肥力，改良土壤生态环境，增强土壤透气性，缓解土壤板结与盐碱性，利于作物生长；消除土壤中的有害气体；有效杀灭病原菌、杂草种子；抑制土壤中的致病菌，减轻土传病害（如作物真菌、细菌病害等）。具有抗病和无毒、无公害等特点。

（2）产品特点

① 在低温（0℃）或高温下均能快速启动，一年四季均可使用，不受季节限制。

② 菌种复合配比科学，并可根据不同物料的养分调配菌种种类及比例，具有针对性强、腐熟时间短等特点。

③ 有效杀灭病原菌、虫卵、杂草种子，除水、脱臭。

④ 腐熟秸秆过程中释放速效养分，产生大量氨基酸、有机酸、维生素、多糖、酶类、植物激素等多种促进植物生长的物质。

（3）使用方法

① 集中堆沤腐熟。

a. 备料。将麦秸、玉米秸、稻草、各种瓜秧、菜秧、花生秧（壳）

或其他有机废料等集中于田间地头或房前屋后等方便场所。（注：秸秆类有机废弃物最好进行适当破碎，用铡草机将秸秆截成20～30cm长。）

b. 配料。按2%～5%接种量，将本品直接与原料均匀混合，含水率控制在50%～60%。纯秸秆类物料发酵，在秸秆中加入0.5%尿素或10%腐熟的禽畜粪便、人粪尿等。

c. 堆制与发酵。按照2～3m宽、1.2～1.5m高的规格进行制堆。制堆完毕，最好用塑料布进行封堆，保温保水。堆腐发酵，直到使用。

② 秸秆直接还田。将作物秸秆粉碎至2cm左右，将本品均匀地撒在秸秆表面，进行翻耕。果树可在条状开沟施肥时使用（与高氮肥料配合使用更佳）。

(4) 注意事项

① 有机物料腐熟剂在储存、运输过程中应避免雨水浸淋和长时间阳光直晒。

② 工厂化发酵有机肥料时，严禁雨水浸泡物料。

3. 瑞莱特微生物催腐剂

(1) 产品简介　瑞莱特微生物催腐剂是一种生物催腐剂。它是依据土壤腐殖质、腐殖酸形成因子配置不同兼性微生物种群及种群数量，以枯草芽孢杆菌、乳糖红酵母、扣囊复膜孢酵母、异常汉逊酵母、汉逊德巴利酵母、黏性丝孢酵母等菌种优化组合而成的新型科技产品。瑞莱特微生物催腐剂每克含≥5亿株活细胞休眠态兼性菌，兼性菌与扩繁菌相比较，具有较强的抗逆性和对环境的适应性，在土壤中主要表现为四个时期：①定植适应期。兼性菌激活后，施于秸秆上经过5～7d适应期，开始进行无序自由的繁殖、生长。主要表现为土壤与秸秆交接处有大量菌丝、菌落出现，接触耕地面的秸秆出现水浸状。②繁殖生长期。定植完成后，微生物大量繁殖生长，微生物种群数量迅速扩大，开始依赖于处理对象秸秆韧皮部，蜡质层脱落，纤维素表面积增大。③生长繁殖期。此期主要以微生物个体细胞生长为主、繁殖为辅，纤维分解菌的大量生长产生足够的纤维分解菌的分解酶，可使秸秆纤维素松软，机械搓揉秸秆碎裂呈小块，即营养源大量消耗，转变成代谢产物，此期维系时间相对较长。④衰老期。随着营养源物质的充分性和完整性的破坏，代谢产物的堆积，碳氮比的下降，微生物的生长进入死亡或衰退期，微生物的繁殖基本处于停滞状态，秸秆基本处理完毕。4个时期共经历28d左右，处理对象不同、环境不同，经历的时间周期也有一定差异。

（2）使用方法

① 水田。在小麦收获后，将小麦、油菜秸秆平铺在田间，将5g催腐剂用100～500mL水浸泡24h后，用100L水稀释，搅匀喷施或浇施于小麦、油菜秸秆上，整地或不整地均可，然后放水插秧（或抛秧），施肥水平按常规进行。若返青出现夺氮争磷现象，补施5kg尿素，2kg磷酸二氢铵。

② 旱地。每667m²用10g催腐剂，将催腐剂用100～500mL水浸泡24h后，用100L水稀释，加入1kg尿素溶解、搅匀，喷施或浇施于拔离耕地倒置于耕地中的秸秆上，施肥水平按常规进行，经40～50d秸秆基本腐烂。注意：旱地水分稀少，注意秸秆保湿，湿度不低于70％。为保持水分，可以适当增加用水量或在秸秆上覆盖少量土壤。

③ 其他。将其他如多年生植物枯枝落叶、干杂草置于耕地中，按比例（500kg秸秆＋100L水＋5kg尿素＋10g催腐剂）施用，将10g催腐剂用100～500mL水浸泡24h后，用100L水稀释，搅匀喷施或浇施于植物枯叶、干杂草上，湿度≥70％。按以上方法施用后，经过微生物40～50d作用，腐熟即告完成。

（3）秸秆腐熟的特征

① 秸秆颜色。腐熟后秸秆变成深褐色或黑褐色。

② 秸秆硬度。用手搓揉微生物发酵后的秸秆，极易呈碎片。

③ 秸秆浸出液。取腐熟后秸秆少量，加清水搅拌后［肥水比一般为1∶（5～10）］放置3～5min，浸出液呈淡黄色。

（4）注意事项

① 勿与杀菌农药混用。

② 置于阴凉、干燥处保存。

4. 阿姆斯有机物料腐熟剂

（1）产品简介　阿姆斯有机物料腐熟剂是专门用于生产高品质有机肥和生物有机肥的一种高效生物发酵剂。因其内含多种具有特殊功能的细菌、真菌、放线菌和酵母菌等，这些菌经专门工艺发酵并复合在一起，互不拮抗，相互协同，所以又是一种复合生物制剂，有其独特的优势。

（2）产品特点

① 有效活菌数稳定超过1亿个每克，最高可达2亿个每克。

② 功能强大。畜禽粪便加入本品，可在常温（20℃）条件下迅速升温、脱臭、脱水，一周左右完全腐熟。

③多菌复合。主要由真菌、酵母菌、放线菌和细菌等复合而成，互不拮抗，协同作用。

④ 功能多、效果好。不仅对有机物料有强大腐熟作用，而且在发酵过程中还繁殖大量功能细菌并产生多种特效代谢产物（如激素、抗生素等），从而刺激作物生长发育，提高作物抗病、抗旱、抗寒能力，功能细菌进入土壤后，可固氮、解磷、解钾，增加土壤养分，改良土壤结构，提高化肥利用率。

⑤ 用途广、使用安全。可处理多种有机物料，无毒、无害、无污染。

⑥ 促进有机物料矿质化和腐殖化。物料经过矿质化，养分由无效态和缓效态变为有效态和速效态；有机物料经过腐殖化，产生大量的腐殖酸，刺激作物生长。

（3）用法用量

① 一般用量为0.2%～0.3%。

② 原辅料及要求。主要物料：畜禽粪便、果渣、蘑菇渣、酒糟、糠醛渣等大宗物料，水分控制在50%～65%。果渣、糠醛渣等酸度高，应提前用生石灰将pH值调至8左右。辅料：米糠、锯末、饼粕粉、秸秆粉等，辅料干燥、呈粉状、富含碳即可。主辅料配比为主料∶辅料＝（3～5）∶1。

③ 使用方法。

a. 按要求将本品、主料和辅料全部混合均匀。

b. 一次堆料不少于4m³，高度1m以上，环境温度20℃以上。

c. 堆温升至50℃时开始翻倒，每天一次，如堆温超过65℃，则增加翻倒次数。

d. 腐熟标志：堆温降低，物料疏松，无物料原臭味，稍有氨味，堆内布满白色菌丝。

（4）注意事项

① 存放于阴凉干燥处，禁止强光暴晒。

② 避免与强酸、强碱、易挥发性化学品及杀菌剂混放、混用。

③ 根据不同物料、环境温度、水分含量等条件，可酌情调整用量。

5. "圃园牌"秸秆腐熟剂

（1）产品简介　"圃园牌"秸秆腐熟剂是一种有机物料腐熟剂。该产品由好氧及兼性厌氧的细菌、酵母菌、霉菌和真菌四大类菌属中的多个菌种复合培养而成，对有机废物中的纤维素、半纤维素、木质素等有机成分有很强的分解能力，是秸秆还田、秸秆堆腐技术所需的高效优质菌种。

（2）产品特点

① 复合菌群，腐熟速度快。本品选用优良的菌种，采用现代先进生物技术使得其微生物各种群能够和谐共处、相互促进，达到优势互补的效果，一般10d左右就可完成腐熟。

② 腐熟充分，质量好。本品腐熟的秸秆等有机废物养分释放充分，极易被植物吸收利用，同时可提高土壤有机质含量。

③ 提高土壤活性。本品在秸秆腐熟过程中会繁殖出大量有益微生物，并产生大量代谢物，能够改良土壤的理化性质，刺激植物生长。

④ 提高肥料利用率，减少肥料用量。本品中含有固氮、解磷、解钾等功能菌，能促进土壤中缓效磷钾的释放和游离氮的转化。

（3）使用方法

① 用量。秸秆总量的0.2%，即每1000kg秸秆使用本品2kg。

② 秸秆还田。将秸秆平铺，大约5～10cm厚，以地不露白为宜；将菌种均匀撒在秸秆上；灌水量以秸秆不浮起为宜。

③ 秸秆堆腐。根据堆放要求，将秸秆铺成15～20cm厚一层，将菌种撒上，连续堆放6层；灌水量以湿透秸秆，但又不流出为宜。

④ 无论是秸秆还田还是堆腐，均需按0.5%的量添加尿素或按15%的量添加农家肥来调节碳氮比。

（4）注意事项

① 禁止与杀菌类农药混用。

② 使用时避免长时间阳光暴晒。

③ 避光通风处保存。

6. "满园春"生物发酵剂

（1）产品简介

"满园春"生物发酵剂是一种采用独特的生物发酵工程技术研制开发的新型有机物料腐熟剂。内含具有特殊功能的芽孢杆菌、丝状真菌、放线菌和酵母菌，能够促使畜禽粪便、农作物秸秆、农产品加工下脚料和各类糟粕物料快速腐熟并消除异味。腐熟后的产品可满足生态农业的需要，是有机物料变废为宝、农业生态环境建设和绿色食品生产理想的生物制剂。

（2）产品特点

① 菌种全。选用芽孢杆菌、放线菌、丝状真菌和酵母菌等，各菌种之间互不拮抗，互惠共生。

② 功效强。一般畜禽粪便在 20℃条件下，2d 升温，4d 除臭，8d 完全腐熟。

③ 功能多。腐熟过程能分泌多种代谢产物，刺激植物生长，调节新陈代谢，提高植物的综合抗御能力。

④ 应用广。能应用于畜禽粪便、农作物秸秆、农产品加工下脚料和各类糟粕物料快速腐熟并消除异味。

（3）使用方法

① 选择阴凉、通风的场地或连续发酵池作为处理场所。

② 使用时，"满园春"生物发酵剂按 0.3%～0.5%的添加量与原料和辅料混匀堆放。辅料与原料占物料总量的比例分别为 10%～25%和 75%～90%。辅料一般选择干燥、无霉变、颗粒适宜的高含碳化合物，果渣、糠醛渣等。

③ 每次物料量不低于 2t，料堆高度 80cm 以上，环境温度在 20℃以上为宜，料堆过小或环境温度低于 15℃，不利于温度升高和微生物生长繁殖。

④ 堆放第三天开始翻倒，每天 1 次，料堆温度超过 65℃，则增加翻倒次数。翻倒应里外、上下翻匀。

⑤ 物料疏松，料堆温度下降，无明显的异臭气味逸出，并布满大量

白色菌丝即表明发酵结束。

⑥ 发酵结束后，将料堆摊薄至 20～30cm，每天翻倒 2 次，调节物料通透性，促使水分蒸发。当物料水分下降到 25% 以下时，即可装袋或加工制粒。

（4）注意事项

① 本产品是有益微生物的活性制剂，避免阳光暴晒，应保存在阴凉干燥处。避免与强酸、强碱及其他易挥发化学品、杀菌剂混放。

② 根据各种物料特性和环境温度，可酌情调整添加量。本产品按处理成品添加量不得低于 0.3%，添加量不足将会影响物料腐熟程度和除臭效果。

7. RW 促腐剂

（1）产品简介　RW 促腐剂由能够强烈分解纤维素、半纤维素、木质素的嗜热细菌、耐热细菌、真菌、放线菌和生物酶组成。在适宜的条件下，能迅速将秸秆堆料中的含碳、氮、磷、钾、硫等大分子有机物分解矿化，形成简单有机物，从而进一步分解为作物可吸收的营养成分。同时，一定程度上消灭了秸秆堆料中的病虫害、杂草种子等有害物质。本品无污染，其中所含的一些功能微生物兼有生物菌肥的作用，对作物生长十分有利。

（2）产品特点

① 适用对象。干、鲜玉米秸秆，麦秆，稻秆，谷秆，红薯藤，蚕豆秸，油菜秆，杂草，树叶，纤维物质含量高的生活垃圾等。

② 与传统秸秆堆肥相比，使用 RW 促腐剂堆肥时间短，不受季节限制，劳动强度低，堆肥肥力高，成本低，容易操作。

③ 腐熟快。通常情况下，秸秆 15～20d 即可腐熟，变成褐色或黑褐色。

④ 灭杀病虫。堆肥过程中的堆温较高，能杀灭秸秆堆料中的病菌、虫卵及杂草种子，减轻病虫草害及污染。RW 促腐剂中的高效有益微生物，能在堆制过程中和施入土壤后大量繁殖，抑制甚至杀灭土壤中的致病真菌，减轻作物病害。

⑤ 肥分高。使用 RW 促腐剂生产的秸秆堆肥能增加土壤中的有机质含量，改善土壤营养状况，提高化肥的利用率，增强作物的抗病能力，

促进氮、磷、钾及微量元素的吸收，刺激作物快速生长。

（3）使用方法

① 将秸秆用粉碎机粉碎或用铡草机切断，长度小于 5cm 为宜（麦秸、稻草、树叶、杂草、花生秧、豆秸等可直接用于发酵，但粉碎后发酵效果更佳）。

② 把粉碎或切断后的秸秆用水浇湿、渗透，浇水时加入 2%～5% 的磷酸二铵（以秸秆干重计，不同材料加入量不同）与秸秆混合均匀，秸秆含水量掌握在 60%～70%。也可用 10%～15% 的粪便代替磷酸二铵。

③ 以秸秆干重的万分之一比例将 RW 促腐剂加入秸秆中，采用逐级混合法（先将 100g RW 促腐剂与 500g 玉米面均匀混合，再与秸秆堆料混合）。

④ 起堆，用塑料薄膜封严，以保温、防止水分蒸发和养分损失。

（4）注意事项

① 勿与杀菌农药混用。

② 置于阴凉、干燥处保存。

8. 一特牌有机物料腐熟剂

（1）产品简介　一特牌有机物料腐熟剂是一种专门用于秸秆、畜禽粪便处理的微生物发酵菌剂。该产品由几个发酵罐同时进行液体发酵，加工出霉菌、细菌、酵母菌、放线菌，然后用草炭吸附，复配而成。可根据发酵原料的不同，调整菌剂微生物的种类。

（2）产品特点　该有机物料腐熟剂是一种复合微生物制剂产品，该菌剂是由霉菌、细菌、酵母菌、放线菌等多种菌组成的复合菌剂，对畜禽粪便、作物秸秆等有机废物有较强分解能力，能快速消除生粪中的低级脂肪酸达到除臭效果。

（3）使用方法

① 以禽畜粪便为主要原料的菌剂使用方法。以禽畜粪便为发酵底物，适当加入农作物秸秆、木屑或含氮肥料调节碳氮比，降低含水量，增加通透性。将禽畜粪便与秸秆层层堆置，每吨底物使用本菌剂 2kg 隔层撒匀，堆高 1m 左右，在其上打孔，用草帘或塑料薄膜覆盖保温，启动发酵。发酵 2d 后，堆内温度达到 60℃ 左右，翻堆，将周围及底层料

和块状物倒至中央。以后隔天翻堆一次，三次翻堆后物料上布满白色菌丝，无大颗粒，整个物料臭味明显减轻，有氨味逸出。在 60～65℃条件下 4～5d 后氨味慢慢变淡，无粪便臭味。

② 以作物秸秆为主要原料的菌剂使用方法。1000kg 作物秸秆，加入 300kg 鸡粪或 20kg 尿素混合均匀，5kg 作物秸秆发酵菌剂溶解到 100L 水中，均匀撒在作物秸秆上，同时喷水使作物秸秆湿透。

第七章

有机肥料产品的质量控制

一、原料质量控制

　　有机肥料原料的好坏，直接影响产品的质量。不同原料中有机质和其他养分的含量差别很大，例如同样是鸡粪，蛋鸡粪便的养分含量远高于肉鸡，这是由于蛋鸡和肉鸡的养殖方式不同。畜禽粪便中，猪粪的养分含量高于牛粪，鸡粪的养分含量高于猪粪。不同的有机肥原料的形成过程决定了其养分含量的差异，如作物秸秆有机质含量丰富，但氮、磷、钾含量相对较低；人的粪便氮含量较高，且容易分解；鸡、猪、牛粪便的养分含量一方面受畜禽吸收的影响，另一方面受饲料成分的影响。在收购有机肥料原料时，尽量收购氮、磷、钾养分含量高的原料。

　　在有机肥料原料产生和收购过程中容易混入各种杂质，如鸡粪在堆积过程中不可避免地混入土，垫圈过程中各自垫圈料也会对其产生影响，这些在一定程度上降低了粪便的养分含量。因此，在收购原料时尽量选杂质少的原料，并引导养殖户改加对粪便养分含量影响较小的垫料，如草炭、稻壳粉、过磷酸钙等，尽量少加垫料。

　　由于垃圾、污泥等城市废物中含有较高的有机质和氮、磷、钾等养分，所以也可用于加工有机肥料，只是需要监控这些有机废物含有的有害物质。随着肥料法规的健全，国家也加强了对肥料产品中重金属、放射性、微生物病菌等有害物质的检查。

二、生产过程质量控制

　　有机肥料的质量除与加工原料有关外，生产过程中许多环节也较大地影响其质量。提高产品的质量应注意以下环节。

1. 减少养分损失

有机肥料生产过程中很多环节会造成养分损失，一是发酵造成养分的损失，有机肥料中的有机态氮在发酵过程中被分解成无机态氮，以氨气形式挥发损失，可加入一些强吸附性物质于有机肥料原料中，如沸石、粉末状过磷酸钙、草炭等，减少发酵过程中的养分损失。很多有机肥料厂露天堆放有机肥料原料如畜禽粪，降雨时有机肥料原料中的速效养分，尤其是钾，容易随着雨水淋失。

2. 防止肥料产品养分含量的降低

在发酵前的原料混料时加入各种辅料，可以保证有机肥料发酵腐熟，保证水分、通气、碳氮比等微生物活动必需的条件。但加入辅料会导致肥料的养分含量降低，在有机肥料生产过程中辅料的数量与种类要多加注意。在保证发酵所需的条件下，尽量加入养分含量高的辅料，减少辅料的用量。此外，有机肥料厂的加工条件要得以改造，减少用土质地面堆放加工原料，尽量避免土混入肥料中去。

3. 控制有机肥料的发酵过程

发酵不充分的有机肥料，施到土壤中容易传染病虫害和烧苗；而发酵过度的有机肥料，肥料中养分严重损失。因此，要恰到好处地控制发酵。

三、产品质量管理

1. 制订企业内部质量管理体系

要制订产品质量管理体系，使生产过程中的产品质量得到控制。

2. 制订企业产品的质量标准

由于我国目前没有关于有机肥料产品的国家标准，产品生产主要依据各企业自己的企业标准。作为一个企业，必须制订自己产品的企业标准，并到所在地区的质量技术监督局备案，否则不准销售无标产品。企业标准要遵守技术部门的标准制订。

下篇
有机肥料科学使用

第八章

粮食作物需肥特性及有机肥施用技术

第一节　水稻需肥特性及有机肥施用技术

水稻（*Oryza sativa* L.）为一年生禾本科植物，原产于中国（图8-1）。世界上近一半人口以大米为主食。水稻除食用外，还可以酿酒、制糖、作工业原料，稻壳、稻秆可以作为饲料。水稻是世界主要粮食作物之一。我国水稻主产区主要有东北地区、长江流域、珠江流域。

一、水稻对养分需求的特性和需肥规律

（一）水稻对养分需求的特性

水稻是喜铵态氮作物，氮素供应充足时，水稻新根才能长出，分蘖才能正常进行，叶片才能伸长。但大量施用氮肥常导致叶片过于繁茂，下层叶光照不足，易引发病虫滋生，引起后期倒伏；过量施用铵态氮易引起氨中毒，尤其是在低光照和高温度条件下。氮肥能提高根系活力，氮肥表施能提高上位根氧化力而促进分蘖，氮肥深施则能提高下位根活力而增加每穗颖花数。

磷能促进水稻植株体内糖的运输和淀粉合成，加速灌浆结实，有利于提高千粒重和籽粒结实率。水稻幼苗期和分蘖期磷的供应非常重要，此时缺磷会对以后产生明显的不良影响。从蘖开始分化到抽穗期，以茎的伸长、穗的形成为生长发育的中心，此阶段的营养特点是前期碳、氮代谢旺盛，后期碳的代谢逐渐占优势，既吸收较多的氮肥长叶、长茎和幼穗分化，又要积累大量的碳水化合物，供出穗后向穗部转运，所以对

图 8-1　水稻

氮、磷、钾吸收都较多。因此，磷肥必须早施，在水稻开花以后追施磷肥会抑制体内淀粉的合成而阻碍籽粒灌浆。

　　抽穗后，茎叶和根的生长基本停止，植株生长中心转向籽粒的形成，其营养特点是以碳素代谢为主，制造积累大量的碳水化合物，向籽粒中转运贮藏，所以对磷、钾的吸收较多。钾能提高水稻对恶劣环境条件的抵抗力并减少病虫害发生，所以有人称钾肥为"有机农药"。钾通过促进碳、氮代谢，减少病原菌所需的碳源和氮源，提高植株ATP酶的活力，促进酚类物质的合成，从而提高作物抗病能力。钾能增加植株根、茎、叶中硅（Si）的含量，增加单位面积叶片上硅质化细胞的数量，茎秆硬度、厚度和木质素含量均随施钾量增加而增加，并最终提高水稻对病原菌侵染的抵抗能力。

　　水稻是代表性的喜硅作物，吸硅量在各种作物中最多，有"硅酸植物"之称。硅是水稻的必需营养元素。硅在水稻茎、叶中的含量为 0～20%，高的可达 30%，约为含氮量的 10 倍，主要存在于茎、叶表皮角质层中。足量的硅能增强水稻对病虫害的抗性，提高根系活力而减轻

Fe^{2+}、Mn^{2+}的毒害作用，改善磷素营养吸收和促进光合作用及其他代谢过程。硅能增强根吸氧能力，减少二价铁或二价锰过量吸收对根系的毒害，并促进磷向穗转移。缺硅时，水稻体内可溶性氮和糖含量增加，抗病性减弱，穗粒数和结实率降低，严重时变为白穗。

锌对水稻的生长发育有重要作用。锌能促进生长素的合成。水稻锌含量是营养器官大于繁殖器官，苗期和穗期尤其是苗期是水稻的吸锌高峰，水稻苗期吸收的锌占水稻整个生育期锌吸收量的84.6%～96.1%。缺锌是水稻生产上较为普遍的问题。缺锌会影响蛋白质合成和植株的正常发育。缺锌最明显的症状是植株矮小、叶片中脉变白、分蘖受阻、出叶速度慢，严重影响产量。因此，有人将锌列入仅次于氮、磷、钾的水稻"第四要素"。

镁是叶绿素的重要组成部分，水稻植株缺镁时不能合成叶绿素，叶脉出现绿色，而叶脉之间的叶肉变黄或呈红紫色，严重缺镁的植株则形成褐斑坏死。

水稻分蘖期对缺硫最敏感，缺硫植株明显变矮，同时缺硫影响水稻吸收磷素营养及磷素转化。

钙以果胶酸钙形式出现，它是植株细胞壁的重要组成部分，缺钙会引起水稻植株蛋白质含量下降，非蛋白质含量增加，而全氮含量则比正常植株少；缺钙会导致茎、根分生组织的早期死亡，嫩叶畸形，叶尖钩状向后弯曲。

缺锰严重影响水稻的光合作用及水稻的呼吸作用。

缺铜会使叶片失绿和影响光合作用强度，直接影响水稻的呼吸作用。

缺铁会降低水稻的光合作用强度并且影响呼吸作用。

硼会直接影响水稻植株分生组织中细胞的正常生长和分化以及细胞伸长。

钼主要以钼酸盐形式出现在土壤中，钼对氮的固定和硝酸盐的同化是必要的。

（二）水稻需肥规律

水稻的整个生育过程分为营养生长期和生殖生长期，营养生长期包括秧苗期和分蘖期，生殖生长期包括长穗期和结实期，整个生育期在90～

180d。水稻是喜肥作物，水稻生长发育所需的各类营养元素，主要依赖其根系从土壤中吸收。一般来说，每生产100kg稻谷，需从土壤中吸收氮（N）1.6~2.5kg、磷（P_2O_5）0.6~1.3kg、钾（K_2O）1.4~3.8kg，氮、磷、钾的比例为1：0.5：1.3。但由于栽培地区、品种类型、土壤肥力、施肥和产量水平等不同，水稻对氮、磷、钾的吸收量会发生一些变化。

1. 水稻不同时期对养分的吸收

水稻自返青至孕穗期，各种元素吸收总量增加较快。自孕穗期以后，各种元素增加的幅度有所不同。对氮素来说，至孕穗期已吸收生长全过程总量的80%，而磷为60%，钾为82%。

植株吸收氮量有分蘖期和孕穗期2个高峰，吸收磷量在分蘖期至拔节期是高峰，约占总量的50%，抽穗期吸收量也较高。钾的吸收集中在分蘖期至孕穗期，自抽穗期后氮、磷、钾的吸收量都已微弱。因此在灌浆期所需养分，大部分是抽穗期以前植株体内所储藏的。

根据杂交水稻各个时期的吸肥状况研究结果，氮的吸收在生育前期和中期与常规稻基本相同，所不同的是在齐穗和成熟阶段杂交水稻还吸收24.6%的氮素，这一特性使植株在后期仍保持较高的氮素浓度和较高的光合效率，有利于青穗黄熟，防止早衰。杂交水稻在齐穗后还要吸收19.2%的钾素，这有利于加强光合作用和光合产物的转运，提高结实率和千粒重。

2. 不同类型水稻对养分的吸收

双季稻是我国长江以南普遍栽培的水稻类型，分早稻和晚稻。它们有共同的特点：生育期短、养分吸收强度大、需肥集中且需肥量大。但由于生长季节的不同，养分吸收上也有一定的差别。一般从移栽到分蘖终期，早稻吸收的氮、磷、钾量占一生中总吸收量的百分数比晚稻高，早稻吸收氮、磷、钾量分别占总量的36%、18%、22%，而晚稻分别占23%、16%、20%，早稻的吸收量高于晚稻，尤其是氮。晚稻氮的吸收量增加很快。从出穗至结实成熟期，早稻吸收氮、磷、钾量有所下降，分别是16%、24%、16%，而晚稻为19%、36%、27%，可见晚稻后期对养分的吸收量高于早稻。中稻从移栽到分蘖停止时，氮、磷、钾吸收量均已接近总吸收量的 50％，整个生育期中平均每日吸收三要素的数量最多时期为幼穗分化至抽穗期，其次是分蘖期。不论何种类型的水稻，在抽穗前吸收的三要素数量已占总吸收量的大部分，所以各类肥料均早施为好。

二、水稻有机肥施用技术

（一）施用基肥和追肥

1. 基肥

播种前或栽秧前结合整地施入的肥料称为基肥。一般以一级、二级有机肥为主，每 $667m^2$ 施入 $2\sim3t$，配合适量化肥，其中磷、钾肥多为一次施入。水稻一生中吸收养分量最多的时期在出穗以前，故基肥中除氮外（基肥中的氮肥宜占总施氮量的 50％左右），磷钾肥宜占磷钾总施用量的 80％以上，以满足水稻前期营养器官迅速增大对养分的需要；另外，结合耕作整地施入基肥，能使土肥充分融合，为水稻生长发育创造一个深厚、松软、肥沃的土壤环境。

2. 追肥

① 分蘖肥。移栽水稻返青后或直播水稻 3 叶期至分蘖期间追施的肥料称为分蘖肥。其目的在于弥补稻田前期土壤速效养分的不足，促进分蘖早生快发，为水稻后期生长发育奠定基础。为保证肥效，分蘖肥要求施用特级或一级有机肥。

② 穗肥。在水稻幼穗开始分化至穗粒形成期追施的肥料称为穗肥，要求施用特级或一级有机肥。此时，水稻营养生长与生殖生长并进。在幼穗分化初期追肥，有巩固有效分蘖和增加颖花数的作用，但应注意避免最后 3 片叶和基部 3 个伸长节间过分伸长，否则会导致群体冠层结构郁闭，结实率降低。孕穗期追肥，可减少颖花的退化，对提高结实率和促进籽粒灌浆有一定的作用。

③ 粒肥。在水稻齐穗前后追施的肥料称为粒肥，要求施用特级或一级有机肥。此期施肥可防止根系早衰，减缓水稻群体后期绿色叶面积衰减速度，延长叶片功能期，提高光合生产能力，从而增加结实粒数并提高粒重。此时，水稻根部吸收能力减弱，根外追肥不失为一种经济有效的追肥方式。

（二）施肥方法

高产水稻栽培在肥料运筹上，应根据土壤肥力状况、种植制度、生产水平和品种特性进行配方施肥，注重有机肥、无机肥的配合和氮、磷、钾及其他元素的配合施用。南方稻区因各地条件差异较大，在施肥方式上也存在较大差异，主要表现在基肥、追肥的比重及其追肥时期、数量配置上。

1. 基肥"一道清"施肥法

基肥"一道清"施肥法是将全部肥料于整田时一次施下，使土肥充分混合的全层施肥法。适用于黏土、重壤土等保肥力强的稻田。

2. "前促"施肥法

"前促"施肥法是在施足基肥的基础上，早施、重施分蘖肥，使稻田在水稻生长前期有丰富的速效养分，以促进分蘖早生快发，确保增蘖增穗。尤其在基本苗较少的情况下更为重要。一般基肥占总施肥量的70%～80%，其余肥料在返青后全部施用。此施肥法多用于栽培生育期短的品种，施肥水平不高或前期温度较低、肥效发挥慢的稻田。

3. "前促、中控、后保"施肥法

水稻，尤其是双季稻，其吸肥高峰期在移栽后2～3周，必须在移栽期施用大量速效性肥料，才能使供肥高峰提前，以适应双季稻"前促"的要求。此法通常要求把肥料的70%～80%集中施用于前期。当分蘖达到预期的目标后，再采用搁田或烤田的方法，控制氮素的吸收。后期复水后，对叶色褪淡严重的稻株，于孕穗期酌施保花肥，以提高根系活力，减少颖花退化，提高结实率，增加千粒重。此方法适用于本田生育期短的双季稻，以及供氮能力低的土壤。对这种施肥方法，群众的评价是：前期攻得起，攻而不过头，早发争多穗；中期控得住，控而不脱肥，壮秆攻大穗；后期保得住，活熟争粒重。

4. "前稳、中攻、后补"施肥法

这种施肥方法，前期栽培着眼于促根、控叶、壮秆，当进入穗分化期，重施促花肥，以增加颖花分化数，减少颖花退化。抽穗以后，可看

苗补施粒肥。这种施肥方法，在中、迟熟品种，保肥性差的稻田，以及施肥量较低的情况下采用较为经济有效。

第二节　小麦需肥特性及有机肥施用技术

小麦（*Triticum aestivum* L.）是三大谷物之一（图 8-2）。两河流域是世界上最早栽培小麦的地区，中国是世界较早种植小麦的国家之一。小麦富含淀粉、蛋白质、脂肪、矿物质、钙、铁、硫胺素、核黄素、烟酸、维生素 A 等。小麦磨成面粉后可制作面包、馒头、饼干、面条等食物；发酵后可制成酒精、白酒（如伏特加）等。

图 8-2　小麦

一、小麦对养分的需求特性和需肥规律

（一）小麦对养分的需求特性

氮是小麦营养中最为重要的元素之一，影响小麦的生长发育和产量形成，分蘖期植株含氮量小于 4% 时，分蘖发生困难，同时也严重影响籽粒及面粉的品质。

　　磷以多种方式参与小麦的生长发育，是细胞中的结构成分。小麦缺磷，常引起根系发育受阻、分蘖减少、叶片呈暗绿色而无光泽、成熟延迟、粒轻、品质差。磷肥可显著增加分蘖与次生根数及根系的吸收能力，提高小麦苗期的抗寒性，因此磷肥要早施。

　　小麦缺钾症状在拔节孕穗期最为明显，表现为植株矮化、拔节迟缓、植株散生、茎秆机械组织发育不良、抽穗推迟、开花后叶片易出现枯黄早衰。高氮更易促发小麦缺钾，钾能促进氮代谢。

　　钙作为植物细胞壁的组成成分以及细胞分裂、细胞延伸、染色体和细胞膜的稳定剂，对于小麦的生长发育有重大的影响。小麦缺钙，叶片呈灰色，心叶变白，叶尖枯萎，尤其是根系对缺钙十分敏感，常引起根尖死亡及根毛发育不良，严重影响根系的吸收功能。

　　镁不仅是叶绿素分子中的关键元素，影响叶片的光合作用，也是重要的活化剂，它可以活化多种酶，在蛋白质、核酸和碳水化合物代谢中起重要作用。小麦缺镁常表现为植株矮小，呈缺绿症。

　　硼对小麦的开花结实有较大的影响。在土壤缺硼的情况下，小麦雄性器官发育受阻，花粉败育，造成不结实，而施硼后开花和结实正常。小麦对硼的反应不像双子叶植物如油菜、棉花那样敏感，一般不会呈缺素症。

　　锰能促进小麦的光合作用和呼吸作用，促进生长发育。缺锰的小麦植株发育不全，叶片细长，有不规则的斑点，老叶上斑点呈灰色、浅黄色或亮褐色。

　　铜能影响呼吸作用中的氧化还原过程。缺铜的小麦叶片呈针状卷曲，在严重缺乏的情况下，影响穗的正常发育。此外，铜对小麦的抗寒越冬性有很大的影响。

　　由于铁与叶绿体和叶绿素的形成有关，缺铁会引起小麦叶脉间的组织黄化，呈明显的条纹，幼叶丧失形成叶绿素的能力。

　　缺锌小麦由于体内的生长素合成受阻，从而引起小叶丛生、植株矮化、缺绿、花叶等症状。有研究表明，冬小麦吸收锌的高峰在分蘖至越冬、起身至挑旗2个时期，苗期和起身期是冬小麦锌营养吸收的关键时期。

　　施钼肥冬小麦具有出苗整齐、麦苗健壮、叶色深绿、叶挺、抗寒性强、分蘖早而多、穗多粒多、早熟等特点，小麦施钼肥已成为湖北省提高冬小麦产量的一项措施。王运华等（1996）提出冬小麦施钼肥有效的4个条件：土壤pH值低、土壤有效钼含量低、越冬期气温低和氮肥用量高。

（二）小麦的需肥规律

我国栽培的小麦 80％以上是冬小麦，一般在秋末冬初播种，翌年夏初前后收获，生长期较长，从播种到成熟，在江南需要 120～130d，黄河流域则需要 220～250d。小麦一生需经历出苗、分蘖、拔节、孕穗、抽穗、开花、灌浆、成熟几个明显的生育时期，是一种需肥较多的作物。据分析，在一般栽培条件下，每生产 100kg 小麦，需从土壤中吸收氮素 2.6kg，五氧化二磷 0.96kg，氧化钾 2.9kg，氮、磷、钾三者的比例大约为 2.7：1：3.1。但是，小麦对氮、磷、钾的吸收量随着品种特性、栽培技术、土壤、气候等而有所变化，小麦在不同生育期，对养分的吸收量和比例是不同的。对氮的吸收有两个高峰：一是在出苗到拔节阶段，氮吸收量占总吸收量的 40％；二是拔节到孕穗开花阶段，氮吸收量占总吸收量的 30％～40％，在开花以后仍有少量吸收。对磷、钾的吸收量在分蘖期占总吸收量的 30％左右，拔节以后吸收率急剧增长。磷的吸收量以孕穗到成熟期最多，约占总吸收量的 40％；钾的吸收量以拔节到孕穗开花期最多，占总吸收量的 60％左右，到开花时对钾的吸收已达最大量。因此，在小麦苗期，应有适量的氮素营养和一定的磷、钾肥，促使幼苗早分蘖、早发根，培育壮苗。拔节到开花是小麦一生吸收养分最多的时期，需要较多的氮、钾营养，以巩固分蘖成穗，促进壮秆、增粒。抽穗扬花以后应保持良好的氮、磷营养，以防脱肥早衰，促进光合产物的转化和运输，促进麦粒灌浆饱满，增加粒重。总体来讲，小麦的施肥原则是：基肥为主，追肥为辅。

小麦虽然吸收锌、硼、锰、铜、钼等微量元素的绝对数量少，但微量元素对小麦的生长发育却起着十分重要的作用。据试验资料，每生产 100kg 小麦，需吸收约 9g 锌。在不同的生育期，吸收的大致趋势是：越冬前较多，返青、拔节期吸收量缓慢上升，抽穗、成熟期吸收量达到最高，占整个生育期吸收量的 43％。

二、小麦有机肥施用技术

（一）施用时期

1. 基肥

高产小麦基本苗较少，要求分蘖成穗率高，这就要求土壤能为小麦的前期生长提供足够的营养。同时，小麦又是生育期较长的作物，要求土壤持续不断地供给养料，一般强调基肥要足。基肥一方面能够提高土壤养分的供应水平，使植株的氮素水平提高，增强分蘖能力；另一方面，能够调节整个生长发育过程中的养分供应状况，使土壤在小麦生长各个生育阶段都能提供各种养料，尤其是在促进小麦后期稳长、不早衰上有特殊作用。高产条件下，基肥用量一般应占总施肥量的40%～60%，一般以一级、二级有机肥为主，每$667m^2$施入2～3t，同时配施少量化肥。

2. 种肥

种肥由于集中而又接近种子，对培育壮苗有显著作用，一般以一级有机肥为主。种肥的作用因土壤肥力、栽培季节等条件而异，对于基肥少的瘠薄地以及晚茬麦或春小麦，增产作用较大；而对于肥力条件好或基肥用量多以及早播冬小麦，往往无明显的增产效果。小麦苗期根系吸收磷的能力弱，而苗期又是磷素反应的敏感期，所以磷肥作种肥对促进小麦吸收磷素、提高磷肥的利用率有很大的意义。种肥可采用沟施或拌种。

3. 苗肥

苗肥的作用是促进冬前分蘖和巩固早期分蘖。小麦播种后15～30d进入分蘖期，此时要求有充足的养分供应，尤其是氮素，否则分蘖发生延缓甚至不发生。施用苗肥，还能促进植株的光合作用，从而促进碳水化合物在体内的积累，提高抗寒力。一般在小麦播种后15～30d或3叶期以前施用，用量为总施肥量的20%左右，一般以一级、二级有机肥为主。

4. 腊肥

腊肥能提高冬小麦冬后拔节期至孕穗期、抽穗期的土壤养分供应水平，促进物质积累和呼吸作用，一般以一级、二级有机肥为主。

5. 拔节肥

拔节肥可以增加小花分化强度，增加结实率，改善弱小分蘖营养条件，巩固分蘖成穗，增加穗数，延长上部功能叶的功能期，减少败育小花数，提高粒重，因而具有非常重要的作用。但要防止过肥倒伏，一般以一级或特级有机肥为主。

6. 根外喷肥

根外喷肥是补充小麦后期营养不足的一种有效施肥方法，一般以叶面肥或特级有机肥浸出液为主。由于麦田后期不便追肥，且根系的吸收能力随着生育期的推进日趋降低。因此，若小麦生育后期必须追施肥料，可采用叶面喷施的方法，这也是小麦增产的一项应急措施。

（二）不同类型小麦的有机肥施用技术

1. 冬小麦施肥技术

冬小麦在年前播种，经过冬天后，在翌年成熟收获。其营养生长阶段（出苗、分蘖、越冬、返青、起身、拔节）的施肥，主攻目标是促分蘖和增穗，而在生殖生长阶段（孕穗、抽穗、开花、灌浆、成熟），则以增粒增重为主。根据冬小麦的生长发育规律和营养特点，应重视基肥和早施追肥。基肥一般以一级、二级有机肥为主，用量一般应占总施肥量的 $60\%\sim80\%$，每 $667m^2$ 施入 $2\sim3t$；追肥一般以一级或特级有机肥为主，用量占总施肥量的 $20\%\sim40\%$ 为宜。要根据小麦返青时期的分蘖情况，对不同麦苗实行分类管理，促控结合。对于 $667m^2$ 总数小于 45 万株的麦田，肥水管理应以促为主，以增加单位面积穗数；$667m^2$ 总数为 45 万～60 万株的麦田，肥水管理应促控结合，以提高分蘖成穗率；$667m^2$ 总数为 60 万～80 万株的壮苗麦田，肥水管理应控促结合，以提高分蘖成穗率，促穗大粒多；$667m^2$ 总数为 80 万～120 万株的旺苗麦田，肥水管理应以控为主，否则拔节期以后易造成田间郁闭和倒伏。

2. 春小麦施肥技术

春小麦主要分布在东北、西北等地。春小麦和冬小麦在生长发育方面有很大区别，其特点是早春播种，生长期短，从播种至成熟仅需 $100\sim120d$。

根据春小麦生长发育规律和营养特点，应重施基肥和早施追肥。近年来，有些春小麦产区采用一次施肥法，全部肥料均作基肥和种肥，以后不再施追肥。一般做法是在施足一级、二级有机肥的基础上，每 $667m^2$ 施碳酸氢铵 40kg 左右，施过磷酸钙 50kg。这个方法适合于旱地春小麦，对于有灌溉条件的麦田，还是应考虑配合浇水分期施肥。

由于春小麦在早春土壤刚化冻 $5\sim7cm$ 时，顶凌播种，地温很低，应特别重施基肥。基肥每 $667m^2$ 施用一级、二级有机肥 $1\sim2t$，根据地力情况，也可以在播种时加一些种肥，由于肥料集中在种子附近，小麦发芽长根后即可利用。春小麦属于"胎里富"的作物，发育较早，多数品种在 3 叶期就开始生长锥的伸长并进行穗轴分化。因此，第一次追肥应在 3 叶期或 3 叶 1 心时进行，并要重施，大约占追肥量的 2/3，每 $667m^2$ 施尿素 $15\sim20kg$，主要是提高分蘖成穗率，促壮苗早发，为穗大粒多奠定基础。追肥量的 1/3 用于拔节期，此为第二次追肥，每 $667m^2$ 施尿素 $7\sim10kg$。

3. 强筋小麦施肥技术

生育后期强筋小麦比一般小麦吸氮力强，因而施足有机肥就显得更为重要。要达到每 $667m^2$ 产量 $450\sim500kg$，应在耕地前每 $667m^2$ 施一级、二级有机肥 $3\sim4t$。基肥应采用分层施肥的方法，把有机肥、磷肥、钾肥、锌和氮肥总施用量中 70% 的施肥量结合深耕施入底层作基肥，以充分发挥肥效，供给小麦中后期生长需要，提高肥料利用率。

4. 弱筋小麦施肥技术

每 $667m^2$ 产量 $300\sim350kg$ 的弱筋小麦田在施足一级、二级有机肥的基础上，一般每 $667m^2$ 施尿素 $20kg$ 左右，过磷酸钙 $40\sim50kg$。磷肥施入土壤后，移动性小，不易流失，肥效较慢，只有被土壤中的酸和作物根系分泌的有机酸分解后，才能被作物吸收，所以不宜作追肥，应作基肥一次性施入。为了提高肥效，可预先将磷肥与有机肥混合和共同堆沤后施用。速效钾含量在 $80mg/kg$ 以下的缺钾田块，可施入 $10kg$ 左右的硫酸钾或氯化钾作基肥，以补充钾素的不足。

第三节　玉米需肥特性及有机肥施用技术

玉米（*Zea mays* L.）是重要的粮食作物和饲料作物，也是全世界总产量最高的农作物（图 8-3）。玉米含有丰富的蛋白质、脂肪、维生素、微量元素、纤维素等，一直都被誉为"长寿"食品。玉米原产于中美洲和南美洲，现在世界各地均有栽培，主要分布在 $30°\sim50°$ 的纬度之间。栽培面

积最多的是美国、中国、巴西、墨西哥、南非、印度和罗马尼亚。我国的
玉米主产区是东北、华北和西南山区。

图 8-3　玉米

一、玉米对养分的需求特性和需肥规律

（一）玉米对养分的需求特性

玉米吸收的矿物质元素多达 20 余种，主要有氮、磷、钾 3 种大量元
素，硫、钙、镁等中量元素，铁、锰、硼、铜、锌、钼等微量元素。

氮在玉米营养中占有突出地位。氮是构成植物细胞原生质、叶绿素
以及各种酶的必需元素，因而氮对玉米根、茎、叶、花等器官的生长发
育和体内的新陈代谢活动都会产生明显的影响。玉米缺氮的特征是株形
细瘦、叶色黄绿。首先是下部老叶从叶尖开始变黄，然后沿中脉伸展呈
楔形（V），叶边缘仍呈绿色，最后整个叶片变黄干枯。缺氮还会引起雌
穗形成延迟，甚至不能发育，或穗小、粒少、产量降低。

磷在玉米营养中也占有重要地位。磷是核酸、核蛋白的必要成分，
而核蛋白又是植物细胞原生质、细胞核和染色体的重要组成部分。此外，

磷对玉米体内碳水化合物代谢有很大作用。磷直接参与光合作用过程，有助于合成双糖、多糖和单糖。磷促进蔗糖在植株体内运输。磷又是三磷酸腺苷（ATP）和二磷酸腺苷（ADP）的组成成分。因此，磷对于能量传递和储藏都起着重要作用。良好的磷素营养，可以培育壮苗，促进根系生长，这对养分、水分的吸收，抗寒、抗旱特性都有实际意义。在生长后期，磷对植株体内营养物质的运输、转化及再分配、再利用都有促进作用。磷由茎、叶转移到果穗中，参与籽粒中的淀粉合成，使籽粒积累养分顺利进行。玉米缺磷，幼苗根系发育差，生长缓慢，叶色紫红；开花期缺磷，抽丝延迟，雌穗受精不完全，发育不良，粒行不整齐；后期缺磷，果穗成熟推迟。

钾对维持玉米植株的新陈代谢和其他功能的顺利进行起着重要作用。因为钾能促进胶体膨胀，提高水合度，使细胞质和细胞壁维持正常状态，由此保证玉米植株多种生命活动的进行。此外，钾还是某些酶系统的活化剂，因此钾在碳水化合物代谢中起着重要作用。总之，钾对玉米生长发育以及代谢活动的影响是多方面的。如对根系的发育特别是须根形成，体内淀粉合成、糖分运输，抗倒伏、抗病虫害都起着重要作用。玉米缺钾，生长缓慢，叶片呈黄绿色或黄色。首先是老叶边缘及叶尖干枯呈灼烧状，这是其突出的标志。缺钾严重时，生长停滞，节间缩短，植株矮小，果穗发育不正常，秃顶率高，籽粒淀粉含量降低，千粒重降低，容易倒伏。

硼能促进花粉健全发育，有利于授粉、受精，结实饱满。硼还能调节与多酚氧化酶有关的氧化作用。玉米缺硼时，在早期生长和后期开花阶段植株矮小，生殖器官发育不良，易造成空秆或败育，导致减产。缺硼植株新叶狭长，叶脉间出现透明条纹，稍后变白变干，缺硼严重时，生长点死亡。

锌是对玉米生长发育影响比较大的微量元素。锌的作用在于影响生长素的合成，并在光合作用和蛋白质合成过程中起促进作用。缺锌时，因生长素不足而导致细胞壁不能伸长，玉米植株发育缓慢，节间变短。幼苗期和生长中期缺锌，新生叶片下半部分呈淡黄色，甚至白色。叶片成长后，叶脉之间出现淡黄色斑点或缺绿条纹，有时中脉和边缘之间出现白色或黄色组织条带，或是坏死斑点，此时叶面呈现透明白色，风吹易折。严重缺锌时，开始时叶尖呈淡白色病斑，之后叶片突然变黑，几天后植株死亡。玉米生长中后期缺锌，使抽雄期与雌穗吐丝期相隔日期加长，不利于授粉。

玉米对锰较为敏感。锰与植物的光合作用关系密切，能提高叶绿素的氧化还原电位，促进碳水化合物的同化和叶绿素的形成。锰对玉米的氮素营养也有影响。玉米缺锰，其症状是顺着叶片长出黄色斑点和条纹，最后黄色斑点穿孔，表示这部分组织被破坏而死亡。

钼是硝酸还原酶的组成成分，缺钼将降低硝酸还原酶的活性，妨碍氨基酸、蛋白质的合成，影响氮正常代谢。玉米缺钼症状是玉米幼嫩叶首先枯萎，随后沿其边缘枯死；有些老叶顶端枯死，继而叶边和叶脉之间出现枯斑，甚至坏死。

铜是玉米植株内抗坏血酸氧化酶、多酚氧化酶等的成分，因而能促进代谢活动。铜与光合作用也有关系，它又存在于叶绿体的质体蓝素中，是光合作用电子传递体系的一员。玉米缺铜时，叶片缺绿，叶顶干枯，叶片弯曲、失去膨压，叶片向外翻卷。严重缺铜时，正在生长的新叶死亡。泥炭土易缺有效铜，原因是铜与有机质形成稳定性强的螯合物。

（二）不同类型玉米对养分的吸收

研究表明，春玉米苗期至拔节期吸收氮占总氮量的 9%，日吸收量 0.2%；拔节期至授粉期吸收氮占总量的 64%，日吸收量 2%；授粉期至成熟期，吸收氮占总量的 25%，日吸收量 0.7%。夏玉米苗期至拔节期氮吸收量占总量的 10%～12%，拔节期至抽丝初期氮吸收量占总量的 66%～73%，籽粒形成期至成熟期氮的吸收量占总量的 13%～23%。秋玉米苗期对氮的吸收量只占总氮量的 2%；拔节孕穗期占总量的 32%；抽穗开花期占总量的 19%；籽粒形成阶段占总量的 46%。

春玉米苗期至拔节期吸收磷占总量的 4.3%，日吸收量 0.1%；拔节期至授粉期吸收磷占总量的 48%，日吸收量 1.5%；授粉期至成熟期，吸收磷占总量的 47%，日吸收量 1.3%。夏玉米苗期吸磷少，约占总磷量的 1%，但相对含量高，是玉米需磷的敏感时期；抽雄期吸收磷达高峰，占总磷量的 38%～46%；籽粒形成期吸收速度加快，乳熟期至蜡熟期达最大值；成熟期吸收速度下降。秋玉米对磷的吸收，苗期吸收量占总量的 1%，拔节孕穗期吸收量占总量的 45%，抽穗受精和籽粒形成的阶段，吸收量占总量的 53%。

春玉米体内钾的累积量随生育期的进展而不同，苗期吸收积累速度慢，数量少，拔节前钾的累积量仅占总量的 10.9％，日累积量 0.2％；拔节后吸收量急剧上升，拔节期至授粉期累积量占总量的 85％，日累积量达 2.6％。夏玉米钾素的吸收累积量似春玉米，展 3 叶时累积量仅占 2％，拔节后增至 40％～50％，抽雄吐丝期累积量达总量的 80％～90％，籽粒形成期钾的吸收处于停滞状态，由于钾的外渗、淋失，成熟期钾的总量有降低。秋玉米在抽穗前钾有 70％以上被吸收，抽穗受精时吸收 30％。玉米对氮、磷、钾三要素的吸收量都表现为苗期少、拔节期显著增加、孕穗至抽穗期达到最高峰的需肥特点。

二、玉米有机肥施用技术

（一）玉米高产对土壤条件的要求

玉米适应性较强，对土壤的要求不太严格，玉米植株高大，根系发达，吸收力强，在整个生育过程中需要从土壤中吸收较多的养分和水分，但耐涝性较弱。因此，要使玉米高产稳产，对土壤的要求有：一是土层深厚，有机质和速效养分含量高（据高产玉米土壤分析结果，一般耕层土壤中有机质含量达 1.5％～2％，含氮 0.08％以上，速效磷 60mg/kg 以上，速效钾 80mg/kg）；二是土壤结构良好，土质疏松，保水、保肥能力强，渗水、透气性能好；三是土壤酸碱度适宜于玉米生长，pH 值为 5～8，但 pH 值以 6.5～7 最为适宜。

（二）有机肥施用原则

1. 基肥

基肥有机肥占总施肥量的 50％左右，一般以一级、二级有机肥为主，每 667m² 施入 2～3t，过磷酸钙或其他磷肥应与有机肥堆沤后施用。基肥一般采用条施或穴施。

2. 追肥

① 苗肥。主要作用是促进发根壮苗，奠定良好的生育基础。苗肥一般在幼苗 4～5 叶期施用，或结合间苗（定苗）中耕除草施用，应早施、轻施和偏施，一般以一级有机肥为主，每 667m² 施有机肥 700kg。整地

不良、基肥不足、幼苗生长细弱的应及早追施苗肥；反之，则可不追或少追苗肥。对于套种的玉米，在前作物收获后立即追肥，或在前作物收获前行间施肥，以促进苗壮。

② 拔节肥。是指拔节前后 7～9 叶期的追肥，生产上又称攻秆肥。这次施肥是为了满足拔节期间植株快速生长，对营养需要日益增多的要求，达到茎秆粗壮的目的。但又要注意不要使玉米营养生长过旺、基部节间过分伸长，易造成倒伏。所以，要稳施拔节肥。施肥量一般占追肥量的 20%～30%。肥料一般以一级有机肥为主，一般每 667m^2 施有机肥 1000kg，应注意弱小苗多施，以促进全田平衡生长。

③ 穗肥。是指雄穗发育至四分体期，正值雌穗进入小花分化期的追肥。这一时期是决定雌穗粒数的关键时期，距抽雄 10～15d，一般中熟品种展开叶 9～12 片，可见叶数 14 片左右，此时植株叶呈现大喇叭的形状。因此，此次追肥可促进雌穗小花分化，达到穗大、粒多、增产的目的，所以生产上也称攻穗肥。穗肥一般应重施，施肥量占总追肥量的 60%～80%，并以一级或特级有机肥为宜。但必须根据具体情况合理运筹拔节肥和穗肥的比重。一般土壤肥力较高、基肥足、苗势较好的，可以稳施拔节肥，重施穗肥；反之，可以重施拔节肥，少施穗肥。

（三）春夏玉米有机肥施用技术

1. 春玉米有机肥施用技术

以北京地区为例，春玉米生长期长，植株高大，对土壤养分的消耗较多，而且多种植在山区或耕作条件较差的平原地区，而这些地区土壤养分含量较低。生长前期又低温少雨，土壤养分的有效性比较低，因此对春玉米来说更应注意合理施肥。又因春玉米生长期长，光热资源充足，增产潜力大，为了获得高产并保持土壤肥力，应注意施用有机肥。一般每 667m^2 施一级或二级有机肥 3000kg。没有灌溉条件的地区，为了蓄墒保墒，可在冬前把有机肥送到地中，均匀撒开翻到地下；有灌溉条件的地区既可冬前施入有机肥，也可在春耕时施入有机肥。春玉米对养分的需求量较大，还要大量补充化肥。由于早春土壤温度低，干旱多风，磷、钾肥在土壤中的移动性差，一般全部用作基肥。玉米对锌比较敏感，北京地区土壤缺锌比较普遍，因此要注意补充锌。

可在有机肥中掺入硫酸锌，一般每 $667m^2$ 用量为 1kg；也可以在苗期喷 1～2 次浓度为 2% 的硫酸锌溶液。

2. 夏玉米有机肥施用技术

由于夏玉米播种时农时紧，有许多地方无法给玉米整地和施入基肥，大都采用免耕直接播种，但夏玉米幼苗需要从土壤中吸收大量的养分，所以夏玉米追肥十分重要，一般每 $667m^2$ 施一级有机肥 2500kg。追肥时还应考虑施用时期和追肥量在不同时期的分配。只有选择最佳的施用时期和用量，才会获得最好的增产效果。追肥宜采用"前重后轻"的方式，根据中国农业科学院作物研究所试验证明："前重后轻"的追肥方式比"前轻后重"的追肥方式增产 12.8%。追肥总量的 2/3 在拔节前期施入，大喇叭口期施入 1/3，着重满足玉米雌穗分化所需要的养分。

第四节　甘薯需肥特性及有机肥施用技术

甘薯 [*Dioscorea esculenta*（Lour.）Burkill］又名甜薯，由地下块茎顶分枝末端膨大成卵球形的块茎（图 8-4）。中国是世界上最大的甘薯生产国，种植面积占世界甘薯种植面积的 60% 左右，产量占世界甘薯总产量的 80% 左右。甘薯在中国分布很广，以淮海平原、长江流域和东南沿海各省最多，种植面积较大的有四川、河南、山东、重庆、广东、安徽等省（直辖市）。

一、甘薯的生长发育特点和需肥规律

（一）甘薯对主要元素的吸收特性

氮对甘薯根部生长、叶面积和光合效能以及植株碳氮代谢和干物质分配的关系都有很大影响。植株中缺氮甘薯各部分的生长明显受阻，如叶片数、分枝数减少，叶片缩小，节间缩短，叶片容易早衰发黄等。在水培条件下，缺氮时表现为植株生长严重受阻、节间变短、叶柄短而呈灰黄色。在氮素供应不足情况下，老叶首先呈现缺绿的症状，以后幼叶也同样呈现缺绿的症状。在茎、叶柄、叶缘以及叶背的主脉和

图 8-4　甘薯

侧脉间出现明显的紫色素，症状进一步发展为老叶脱落，接近生长点部位的茎叶和叶柄出现大量的细茸毛。

　　磷是甘薯细胞的重要组成部分，诸如 DNA、RNA、核蛋白、磷脂、酶和某些维生素等重要物质中都有磷的存在。磷对甘薯各器官的生长发育有显著作用，能促使根系发达，增强光合作用，促进碳水化合物的合成、运输和贮存，增加薯块的淀粉含量，提高产量。甘薯缺磷，外部表现一般为叶片变小，呈暗绿色，失去光泽，茎蔓的伸长受阻。之后老叶出现大片黄斑，后变为紫色，不久即脱落。

　　钾是对甘薯产量和品质影响最大的元素。它能延长叶片功能期，使茎叶和叶柄保持幼嫩，加强薯块形成层活动，促进薯块膨大，加速光合产物的运输，促进淀粉的合成和积累，提高净光合效率和经济产量系数。此外，钾还能提高甘薯的抗病性能和贮存性能。甘薯在缺钾时则表现为叶小、节间和叶柄变短、叶色暗绿，叶片边缘更为明显。靠近生长点的叶片凹凸不平，略呈灰白色。后期老叶和叶脉严重缺绿，叶背面有坏死褐色斑点，叶片正面出现缺绿斑。在这些小斑点表皮下的细胞会破裂。在田间如发现叶色暗绿和叶背面出现褐色斑点，则可认定作物缺钾。

　　锌与叶绿素、生长素的合成有关。缺锌时，甘薯秧苗缓苗时间长，不定根生长迟缓，幼苗成活后节间短，叶片丛生、叶少，叶色暗，呈青铜色，叶面皱缩，叶缘向叶背反卷，叶片革质化且易断裂。

　　甘薯缺锰时，新叶叶脉间叶绿素浓度变低，随后出现枯死斑点，致使叶片残缺不全。土壤中 Mn^{2+} 的浓度主要受土壤 pH 值和氧分压的影响，在通气性良好的强石灰性土壤中，有效锰常常不足，易引起甘薯缺锰。

甘薯缺钙时表现为幼芽生长点死亡，大叶有褪色斑点，薯块小而软。镁不仅是叶绿素的组成成分，而且能促使 CO_2 同化。甘薯缺镁时，表现为叶小、向上翻卷，老叶叶脉间出现典型的失绿现象，叶片呈红紫色或带有黄色。

（二）甘薯各生育期的营养特点

甘薯以地下块根作为经济产品，其养分需要和比例与粮食作物相比有些不同，据研究，每生产 1000kg 鲜薯，需氮（N）3.5～4.2kg、磷（P_2O_5）1.5～1.8kg、钾（K_2O）5.5～6.2kg，氮、磷、钾之比为1：0.4：1.5，甘薯需钾比例大，是一种喜钾作物。

甘薯不同生育期对所需养分的吸收有明显的差异。在生育前期，即发根缓苗期和分枝结薯期，这一时期的生长中心由发根转为茎叶和块根，应争取早分枝、早结薯、多结薯。前期氮、磷、钾的吸收量分别是全生育期吸收总量的 37.7%、26.9%、39.3%。进入生育中期，即从封垄开始到茎叶生长最高峰时，是茎叶旺长、块根膨大的时期，生育前期形成的块根在此期迅速膨大，养分吸收量迅速增加，此期氮、磷、钾吸收量分别占全生育期吸收总量的 41.5%、61.8%、55.4%，尤其是磷、钾的吸收增幅较大。充足的磷、钾对促进薯块膨大和加速物质积累有重要作用。到生育后期，氮、磷、钾的吸收量分别占全生育期吸收总量的 20.7%、11.3%、5.3%，这一时期块根盛长，茎叶生长渐衰，养分吸收下降，并向块根转移。

总体看来，甘薯对三要素的吸收以茎叶生长盛期至薯块膨大后期为主，其中对钾的吸收以茎叶生长期至回秧期较多，对氮的吸收以茎叶生长盛期较多，磷在整个生长过程中吸收比较均衡，但在回秧前略有增加。

二、甘薯有机肥施用技术

甘薯高产、稳产的一条最基本的要求是：根据当地的自然土壤条件，采取有利措施，促进前期早发，控制中期徒长，防止后期早衰。因此，在甘薯栽培措施中，既要结合深耕改土，创造一个水、肥、气、热等条件良好的土壤环境，又要从施肥措施中，特别是将肥料种类、数量，基肥、追肥比例，施肥时期、方法等进行合理安排，以保证这一基本要求的实现。

（一）甘薯对土壤条件的要求

甘薯对各种土壤都有较强的适应能力，但要获得高产必须具备土层深厚、土质疏松、通气性好、保肥保水力强和富含有机质等良好的土壤条件。甘薯对土壤酸碱性要求不很严格，在 pH 值 4.5～8.5 范围均能生长，但以 pH 值为 5～7 的微酸性到中性土壤最为适宜。甘薯根系和块根多分布在 30cm 的土层内。因此，薯地耕翻深度以 25～30cm 为宜。

（二）有机肥施肥方法

甘薯施肥要有机肥、无机肥相配合，磷肥、钾肥宜与有机肥料混合沤制后作基肥施用，同时按生育特点和要求作追肥施用。其基肥与追肥的比例因地区气候和栽培条件而异。

1. 苗床施肥

甘薯苗床土常用疏松、无病的肥沃沙壤土。育苗时一般每 $667m^2$ 苗床地施过磷酸钙 25kg，一级有机肥 700～1000kg，碳酸氢铵 15～20kg，混合均匀后施于窝底，再施 2500～3000L 水肥浸泡窝子，收干后即可播种。苗床追肥根据苗的具体情况而定。火炕和温床育苗，排种较密，采苗较多，在基肥不足的情况下，采 1～2 次苗就可能缺肥，因此采苗后要适当追肥。露地育苗和采苗圃也要分次追肥。追肥一般以一级或特级有机肥为主，撒施或兑水浇施。要注意的是剪苗前 3～4d 停止追肥，剪苗后的当天不宜浇水施肥，等 1～2d 伤口愈合后再施肥浇水，以免引起种薯腐烂。

2. 大田施肥

① 基肥。基肥应施足，以满足甘薯生长期长、需肥量大的特点。基肥以一级或二级有机肥为主，无机肥为辅。有机肥料是一种完全肥料，施用后逐渐分解，不断发挥肥效，符合甘薯生长期长的特点。甘薯栽插后，很快就会发根缓苗和分枝结薯，需要吸收较多的养分。故有"地瓜喜上隔年粪"的农谚，说的就是甘薯有机肥要长期堆积腐熟

充分发酵，这样效果才会好。

基肥有机肥用量一般占总施肥量的 60%～80%。具体施肥量：每 667m² 产 4000kg 以上的地块，一般施一级或二级有机肥 3000～4000kg；每 667m² 产 2500～4000kg 的地块，一般施一级或二级有机肥 2000～3000kg。同时，可配合施入过磷酸钙 15～25kg、草木灰 100～150kg、碳酸氢铵 7～10kg 等。

采用集中深施、粗细肥分层结合的施肥方法。半数以上的基肥在深耕时施入底层，其余基肥可在起垄时集中施在垄底或在栽插时进行穴施。在肥料不足的情况下，这种方法更能发挥肥料的作用。基肥中的速效氮、速效钾肥料，应集中穴施在上层，以便薯苗成活后即可吸收。

② 追肥。追肥需因地制宜，根据不同生长时期的长相和需要确定追肥时期、种类、数量和方法，做到合理追肥。追肥的原则是"前轻、中重、后补"。具体有以下几种：

提苗肥，这是保证全苗、促进早发、加速薯苗生长的一种有效施肥技术。提苗肥能够克服基肥不足和基肥作用缓慢的缺点，一般追施特级有机肥。普遍追施提苗肥在栽后 15d 内、团棵期前后进行，注意小株多施、大株少施，干旱条件下不要追肥。

壮株结薯肥，这是"分枝结薯"阶段及"茎叶盛长"期以前采用的一种施肥方法。其目的是促进薯块形成和茎叶盛长。所以，老百姓称之为"壮株肥"或"结薯肥"。因在分枝结薯期，地下根网形成，薯块开始膨大，吸肥力强，为加大叶面积、提高光合生产效率，需要及早追肥，以达到壮株催薯、快长稳长的目的。追肥时间在栽后 30～40d，一般追施一级有机肥。施肥量因薯地、苗势而异，长势差的多施，长势较好的，用量可减少一半。基肥用量多的高产田可以不追肥，结薯开始时是调节肥、水、气 3 个环境因素最合适的时机，施肥同时结合浇水，施后及时中耕，用工经济，收效也大。

催薯肥，又称为长薯肥，在甘薯生长中期施用，能促使薯块持续膨大增重。一般以一级有机肥为主，施肥时期一般在栽后 90～100d。催薯肥如用硫酸钾，每 667m² 施 10kg，如用草木灰则施 100～150kg。草木灰不能和氮、磷肥料混合，要分别施用。施肥时加水，可尽快发挥其肥效。甘薯生长后期，根部的吸收能力减弱，可采用根外追肥，一般田块可喷施 0.2% 的磷酸二氢钾溶液或 2%～3% 的特级有机肥浸出液，每隔 7～10d 喷施 1

次，共喷 2 次，每次每 667m² 喷施肥液 70～100kg，喷施时间以晴天傍晚为宜。

第五节　马铃薯需肥特性及有机肥施用技术

马铃薯（*Solanum tuberosum* L.）又称地蛋、土豆、洋山芋等，属于茄科植物，块茎可供食用，是全球第四大重要的粮食作物，仅次于小麦、稻谷和玉米（图 8-5）。与小麦、稻谷、玉米、高粱并称为世界五大作物。马铃薯原产于南美洲安第斯山区，人工栽培历史最早可追溯到公元前 8000 年到公元前 5000 年的秘鲁南部地区。马铃薯主要生产国有中国、俄罗斯、印度、乌克兰、美国等。中国是世界马铃薯总产量最多的国家。

图 8-5　马铃薯

一、马铃薯对养分的需求特性和需肥规律

（一）马铃薯对养分的需求特性

氮使马铃薯茎、叶生长繁茂，叶色浓绿，光合作用旺盛，有机物质积累增加，蛋白质含量提高。在幼苗期和发棵期供给充足的氮素，对保证前期根、茎、叶的健壮生长有重要作用。若氮肥过多，特别是在生产

后期过多，则植株徒长、组织柔嫩、块茎成熟推迟、产量降低。

磷能促进马铃薯植株生育健壮，提高块茎品质和耐贮性，增加淀粉含量和产量。若磷不足则植株矮和叶片小，光合作用减弱，产量降低，薯块易发生空心、锈斑、硬化、不易煮烂，影响食用品质。

钾能增进马铃薯植株抗病和耐寒能力，加速养分转运，增加块茎中淀粉和维生素含量。若钾不足则生长受抑制，地上部分矮化，节间变短，株丛密集，叶小，呈暗绿色，渐转变为古铜色，叶缘变褐枯死，薯块多呈长形或纺锤形，食用部分呈灰黑色。因此，充足的钾营养能促进淀粉合成，对块茎膨大有明显的效果。

硼有利于薯块增大，也能防止龟裂，对提高植株净光合生产率有特殊作用。缺硼则薯块变小，并发生龟裂。

铜能提高蛋白质含量，对增强植株呼吸作用、增加叶绿素含量、延缓叶片衰老和增强抗旱能力都有良好作用。同时，也有提高植株净光合生产率的作用。

（二）马铃薯各生育期需肥规律

马铃薯，属高淀粉块茎作物，是一种粮菜兼用作物，高产喜肥，生长适应性较强，在我国广泛种植，一般生育期为 90～110d。生育期分苗期、块茎形成与增长期、淀粉积累期。马铃薯在不同生育时期吸收养分种类和数量不同。苗期，由于块茎含有丰富的营养物质故需要养分较少，大约占全生育期的 1/4。块茎形成与增长期，地上部茎叶生长与块茎的膨大同时进行，需肥较多，约占总需肥量的 1/2。淀粉积累期，需要养分较少，约占全生育期的 1/4。可见，块茎形成与增长期的养分供应充足，对提高马铃薯的产量和淀粉含量起重要作用。马铃薯需肥量较大，据测算，每生产 1000kg 马铃薯，需吸收氮（N）3.5～6kg，磷（P_2O_5）2～3kg，钾（K_2O）10.6～13.0kg，N：P_2O_5：K_2O 为 4.5：2.1：11.3 或 1：0.5：2。

各元素的吸收规律是：氮素是从萌芽出苗后吸收量直线增加，到出苗 45d 前后吸收量到最大值，这时是植株和块茎生长最迅速的时期。磷的含量随着植株生长期的延长而降低。其吸收趋势与氮相似，不同的是吸收高峰比氮晚，出现在出苗后 60d 前后，80d 后吸收量急剧下降。马铃薯对钾的吸收有两个高峰期，分别是块茎增长初期和淀粉积累初期。

二、马铃薯有机肥施用技术

（一）施肥量

我国南、北地区都有种植马铃薯，土壤肥力很不一致。南方土壤缺钾多，应增施钾肥，北方土壤缺磷多，对钾素需求大，应增施磷肥、钾肥。试验表明，马铃薯在生产中氮、磷、钾化肥的适宜比例为北方地区 $N:P_2O_5:K_2O$ 平均为 $1:0.5:0.5$；南方地区平均为 $1:0.3:0.9$。

在有条件的地方，应积极推广测土配方施肥，通过取样及土样分析，针对性地提出合理的氮、磷、钾配比，同时配合适量的中、微量元素，生产或配制成马铃薯专用配方有机肥，直接用于马铃薯生产，促进马铃薯增产增收。

（二）基肥和追肥

1. 重施基肥

基肥用量一般占总施肥量的 2/3 以上，基肥以一级或二级有机肥为主，增施一定量化肥。根据确定的总体施肥量，在每 $667m^2$ 产量 1500kg 左右的地块，基肥每 $667m^2$ 可施一级或二级有机肥 1500～2500kg、尿素 20kg、普钙 20～30kg、钾肥 10～12kg，将肥施于离种薯 2～3cm 处，避免与种薯直接接触，施肥后覆土。

2. 及早追肥

追肥分 2 次，分别为保苗肥和促薯肥。幼苗期（齐苗后）追施氮肥，结合中耕培土每 $667m^2$ 用尿素 5～8kg 兑水浇施。马铃薯开花后，一般不进行根际追肥，特别是不能在根际追施氮肥，否则施肥不当造成茎叶徒长，阻碍块茎的形成，延迟发育，易产生小薯和畸形薯，干物质含量降低，易感晚疫病和疮痂病。

第九章

经济作物的需肥特性及
有机肥施用技术

第一节　油菜需肥特性及有机肥施用技术

油菜是十字花科（Cruciferae）、芸薹属（*Brassica*）植物，是人们食用植物油的主要来源之一。目前，主要有三种栽培类型，白菜型［*Brassica rapa*（*campestris*）L.］（图9-1）、甘蓝型（*Brassica napus* L.）（图9-2）和芥菜型（*Brassica juncea* L.）（图9-3）。甘蓝型角果较长，种子较大，种皮呈黑褐色，种子含油量 35%～40%，高的达 50% 以上；

图 9-1　白菜型油菜

白菜型种子大小不一，种皮颜色有褐色、黄色或黄褐色等，种子含油量35％～40％，高的达50％左右；芥菜型角果较短小，种子较小、辛辣味强或较强，种皮颜色有黄、红、褐等色，种子含油量30％～35％，高的也达50％。

图 9-2　甘蓝型油菜

图 9-3　芥菜型油菜

一、油菜需肥特性

油菜是我国主要的油料作物之一，与其他作物相比，有需肥量大、耐肥性强的特点。油菜必需的营养元素有 16 种，需施肥补充的有 N、P、K、B、S 等，尤其是氮（N）、磷（P）肥，对 B、S 较为敏感。据有关研究报道，油菜对 N 的需求量是禾谷类作物的 2～3 倍，对 P 的需求量是水稻、小麦、玉米的 3 倍以上，对 K 的需求量是水稻、小麦、玉米的 2～3 倍。不同品种的油菜全生育期长短不同，春油菜生育期最短的不足 100d，晚熟冬油菜生育期最长可达 270d 左右，各生育阶段对 N、P、K 等营养元素的需求和比例不同。油菜苗期相对较长，是侧枝生长和花芽分化的关键时期，故虽养分需求量少，但对养分物质特别敏感；薹花期是油菜生长最旺盛的时期，养分吸收量大，也是决定产量的关键时期；薹花期后养分需求量下降，肥料过量反而会造成贪青晚熟。油菜各生育阶段的 N、P、K 营养元素吸收比例如表 9-1 所示。

表 9-1　油菜各生育阶段的 N、P、K 营养元素吸收比例

营养元素	生育期	苗期	薹期	开花—成熟期	合计
N	吸收量/(kg/hm^2)	62.0	63.2	17.1	142.3
	占总量比/%	43.6	44.4	12.0	100.0
P$_2$O$_5$	吸收量/(kg/hm^2)	12.8	16.7	24.8	54.3
	占总量比/%	23.6	30.7	45.7	100.0
K$_2$O	吸收量/(kg/hm^2)	39.8	63.5	30.2	133.5
	占总量比/%	29.8	47.6	22.6	100.0
N：P$_2$O$_5$：K$_2$O		1：0.21：0.64	1：0.26：1	1：1.45：1.76	1：0.38：0.94

甘蓝型油菜和白菜型油菜对 N、P、K 的吸收比例不同，一般甘蓝型为 1：0.4：1.4，白菜型为 1：0.4：1.1，甘蓝型吸肥量一般比白菜型高 30％以上，产量高 50％以上，甘蓝型需钾量也明显比白菜型高。甘蓝型油菜在不同生育期对 N、P、K 的吸收有很大的差异，播种至苗期分别占总吸收量的 13％、6％、12％，苗期至抽薹期分别占总吸收量的 34％、28％、37％，抽薹期至初荚期分别占总吸收量的 27％、24％、28％，初

荚期至成熟期分别占总吸收量的 25％、40％、21％。

油菜对氮肥的利用效率低，是需 N 较多的作物。氮肥充足，不仅可以保证油菜的正常发育，还能使有效花芽分化期相应加长，为增加油菜结荚数、粒数和粒重打下基础。N 元素随着油菜生长发育进程不断向各器官的新生部分分配。苗期吸收的 83.5％的 N 和蕾薹期吸收的 66.3％的 N 分布在叶片中；开花期吸收的 79.1％的 N 分布在叶片和茎中；角果发育期吸收的 42.4％的 N 直接分配到角果中，此时角果已成为 N 的最大分配器官。苗期、蕾薹期、开花期和角果发育期吸收的 N 从营养器官向生殖器官的转运比例分别为 34.4％、44.3％、41.2％和 31.7％。氮肥对油菜的增产作用受土壤 N、P 水平的影响，其增产效果随土壤碱解氮含量的增加而降低。油菜缺 N，新生叶生长慢，叶片少，叶色明显发黄，叶片变薄，心叶呈黄绿色，老叶呈黄红色，植株矮小，长势较弱，根茎发红变老。

油菜是对磷素非常敏感的作物，根系分泌物能提高土壤 P 有效性。植株吸收 P 素主要在盛花期以前，吸收量为总量的 79％。油菜体内的 P 与 N 一样总是向生命活动最活跃的新生器官分配，具有明显的顶端优势。施用磷肥可以促进油菜根系发育，增强抗逆能力，促进早熟，提高种子含油量。油菜缺 P，生长缓慢，叶片明显变小，颜色深暗，叶肉增厚，呈暗绿色或绿色；真叶发生延迟，叶小，叶脉边缘有紫红色斑块出现。

高产油菜对钾肥需求量大，吸收旺盛期也是在盛花期前，占总吸收量的 89％左右。K 能增强光合作用，提高油菜的抗寒性，降低菌核病的发生率；促进维管束发育，增强厚角组织的强度，提高抗倒伏能力；促进形成有效分枝，增加单株产量。植株缺 K，一般从下部老叶开始发黄，逐渐向上部心叶发展，初期呈黄色斑状，随后叶尖出现焦边和淡褐色枯斑，整张叶片增厚、变硬。

硼是油菜最关键的营养元素，油菜对硼的需求量大，是容易缺 B 的作物之一。B 是油菜输导系统和受精作用中必不可少的微量元素，促进开花结实、荚大粒多、籽粒饱满。硼肥充足可提高油菜的氨基酸含量、酶的活性，促进其他微量元素的吸收。缺 B 在苗期、蕾薹期、开花期表现最为明显：幼苗移栽前缺硼，根系发育不良、生长慢、须根少，根茎膨大，根尖有小型瘤状物，移栽后缺硼，返青迟缓，不长新叶，叶片畸形、小而肥厚；蕾薹期缺硼，根茎膨大，根部出现空心，根表皮呈黄褐色，叶厚而脆，叶缘倒卷，叶面隆起，凹凸不平；开花期缺硼，主花序生长缓慢、矮化，顶端萎缩，导致"花而不实"、产量下降，严重缺乏时，甚至颗粒无收。

硫是油菜体内蛋白质和酶的组成成分，参与 N 代谢和叶绿素的合成，促进养分的吸收。施硫肥可以提高种子的含油率。缺 S 症状与缺 N 症状基本相似，幼苗叶片窄小黄化，叶脉缺绿，后期逐渐遍布全叶、茎和花序；花色由淡黄色变成白色，开花延续不断，成熟期的植株上仍存有花和花蕾。角果尖端干瘪，一半种子发育不良。植株矮小，茎木质化、易折断。

油菜缺 Mg，叶面出现黄紫色与绿紫色相间的花斑。缺 Mn，植株矮小，出现失绿症，幼叶黄白，叶脉仍保持绿色，茎生长衰弱，多木质，开花、结荚数少。缺 Zn，从叶缘开始褪绿，变为灰白色，逐渐向中间发展，叶肉呈黄色斑块；病叶叶缘不皱缩，中下部白化叶片叶缘向外翻卷、叶尖下垂。缺 Mo，叶片焦枯，呈螺旋状扭曲，老叶变厚，植株丛生。

二、油菜有机肥施用技术

油菜施用有机肥增产作用明显，施用生物有机肥，增产率在 8% 以上；有机肥与无机肥配施，可显著提高单株分枝数、有效角果数、角果长度、角果粒数和千粒重，提高种子含油量、蛋白质含量和产量。长江流域油菜目标产量 $150\sim200kg/667m^2$ 时，每 $667m^2$ 施肥总量为 N $9\sim12kg$、P_2O_5 $4\sim6kg$、K_2O $6\sim10kg$。由于油菜对硼、硫敏感，施肥时每 $667m^2$ 用硼砂 $0.5\sim1.0kg$ 作基肥，蕾薹期叶面喷施七水硫酸锌 $2.0\sim3.0kg/667m^2$。

1. 苗床施肥

油菜育苗期，施足苗床基肥对苗齐、苗壮来说非常必要。施肥方法是：播种前，每 $66.7m^2$ 苗床施用一级或二级有机肥 $200\sim300kg$、尿素 $2kg$、过磷酸钙 $5kg$、氯化钾 $1kg$，将肥料与土壤（$10\sim15cm$ 厚）混匀后播种。结合间苗、定苗，追施特级或一级有机肥 $1\sim2$ 次，注意肥水结合，以保证壮苗移栽。移栽前，喷施浓度为 0.2% 的硼肥 1 次。

2. 大田施肥

从油菜移栽到收获，大田所需投入养分总量为：纯氮 9～12kg/667m²、纯磷 4～6kg/667m²、纯钾 6～10kg/667m²、硼砂 0.5～1.0kg/667m²（基肥）、七水硫酸锌 2.0～3.0kg/667m²。

（1）基肥　油菜植株高大、分枝多、吸肥力强，移栽前应施足基肥。油菜移栽前 0.5～1d 穴施基肥，施肥深度为 10～15cm。基肥有机肥占肥料总量的 80% 左右，一般 667m² 施一级或二级有机肥 1500～2300kg、碳酸氢铵 20～25kg、过磷酸钙 25kg、氯化钾 10～15kg。施肥采取分层施入的方法，旋耕机旋地后将有机肥均匀撒施在地面，随拖拉机耙地时翻入地下；浅耕时将氮、磷、钾肥施入浅土层。如不喷施叶面硼肥，可基施硼砂 0.5～1.0kg/667m²。基肥施好后即可进行移栽，移栽时，油菜根系不能直接接触肥料，以免肥料浓度过高造成烧苗。

（2）追肥　移栽后 50d 左右即油菜进入越冬期前进行第一次追肥，一般施用一级有机肥，此次追肥施用量为剩余有机肥的 1/2，追施氮肥宜用尿素，用量为 3.2～4.3kg/667m²。可结合中耕土施，如不进行中耕，可在行间开 10cm 深小沟，将两种肥料混匀后施入，施肥后覆土。第二次追肥在开春后抽薹期进行，选择下雨前每 667m² 均匀撒施尿素 4～6kg、氯化钾 4～5kg。盛花期及时喷施叶面肥，可以促进功能叶的光合作用。每隔 7d 喷施一次 0.2% 的磷酸二氢钾和 1%～2% 尿素溶液，共 2 次；对基肥没有施用硼肥和硫肥的田块，应结合叶面肥，用 0.2% 硼砂和 0.2% 七水硫酸锌溶液一起喷施。

第二节　花生需肥特性及有机肥施用技术

花生（*Arachis hypogaea* L.）是我国主要的油料作物、经济作物和创汇作物，其产品富含不饱和脂肪酸和蛋白质，营养保健价值高，加工利用增值显著（图 9-4）。我国花生生产规模大，占全球花生总产量的 40%，单位面积种植效益居大宗粮、棉、油作物首位，产油效率高，产油量居油料作物首位。

图 9-4　花生

一、花生需肥特性

花生是含油和蛋白质较多的作物，吸肥能力很强，除根系外，叶子、果针、幼果都能直接吸收养分，其需肥特性主要是：需大量元素、中量元素和微量元素配合施用；花生与豆科作物类似，可以固氮，但根瘤菌形成前需施足氮；对钙、镁、硫、钼、硼等元素十分敏感。在花生的整个生育期中，氮肥的作用主要在前期、磷肥在中后期、钾肥前后期比较一致，对 N、P、K 的吸收特性是"两头少、中间多"，即幼苗期、饱果期、成熟期少，开花下针期、结荚期多。苗期、饱果期和成熟期的 N、P、K 需求量分别占总需求量的 33%、27% 和 12%，而开花下针期和结荚期分别为 59%、68.6% 和 82.3%。花生增施氮、磷、钾肥，可增加籽仁的赖氨酸、蛋氨酸和油酸、亚油酸含量，提高油酸/亚油酸（O/L）比值，从而改善花生营养品质，延长花生制品的货价期。在花生需求的大量元素和微量元素中，以氮、磷、钾、钙 4 种元素的量较多，被称为花生的四大营养元素。据有关研究发现，每生产 100kg 荚果需要吸收纯 N（5.54±0.68）kg、纯 P（1.0±0.18）kg、纯 K（2.65±0.55）kg、CaO 1.5～3.5kg，N∶P∶K 需肥比例约为 5.5∶1.5∶2.6。每 667m² 产

350kg 花生果荚，需施 N 19.3kg、P_2O_5 5.3kg、K_2O 9.1kg。

氮素主要参与花生蛋白质、叶绿素和磷脂等含 N 物质的合成，促进花生枝多叶茂、多开花、多结果和荚果饱满。花生需 N 最多，约 70% 来自于根瘤菌的固 N 作用，固 N 高峰是开花末期和结荚初期。苗期根瘤形成以前不能固 N，需供应充足的氮肥促进幼苗生长。花生在一定范围内增施氮肥，可增加根瘤菌数目，提高单株主茎高度、分枝长度和分枝数，提高单株结果率和产量。花生前期施用有机肥少、土壤含 N 量低、降雨多 N 被淋失或砂土、砂壤土阴离子交换少而易导致花生出现缺 N 症状。花生缺 N，营养生长缓慢，叶色浅黄发白，叶片小，影响果针形成，荚果少、小且不饱满；植株生长不良，分枝少，茎部发红，影响根瘤形成。氮肥过量，根瘤菌固 N 量减少，从而降低荚果产量。

花生施用磷肥可提高根系干重和根系活力，增加根瘤数；优化各项农艺性状指标，促进植株主茎生长，提高分枝数和干物质积累量；提高叶面积指数，增加叶片叶绿素和可溶性蛋白含量，提高光合速率；促进荚果成熟、籽粒饱满，提高结荚率，增加产量。增施磷肥，可显著提高花生籽粒蛋白质和脂肪含量，降低花生 MDA 含量，提高 SOD、POD（过氧化物酶）活性，降低 CAT（过氧化氢酶）活性。田间施用有机肥不足，或地温低影响 P 吸收时花生出现缺 P 症状。花生缺 P，根系不发达，根瘤少，固氮能力下降，贪青晚熟；叶色暗绿，茎秆细弱，颜色发紫，花少且分化受阻，秕荚多；荚果发育不良，单株果数、百果重、双仁饱果数和产量显著降低。

花生钾肥的增产作用大于氮肥、磷肥，钾肥的充足与否影响叶片光合产物向荚和籽粒的运输速率；K 对茎的生长、果壳和果仁的发育具有促进作用。增施钾肥，能显著提高单株果数、百果重、单株产量和出仁率，改善品质，提高可溶性糖含量和产量。当花生田间土壤速效 K_2O 含量 <90mg/kg 时，出现缺 K 症状。缺 K，叶色开始变暗，逐渐叶尖出现黄斑，叶缘出现浅棕色黑斑，致使叶缘组织焦枯，叶脉仍保持绿色，叶片易失水卷曲，严重时植株顶部枯萎；荚果少、畸形。

花生是喜钙作物，需 Ca 量是大豆的 2 倍、玉米的 3 倍、大麦的 7 倍多。钙肥可促进花生的根系生长，增强根系活力，防止花生早衰；增强果针下扎入土能力，增加果荚数；增加花生籽仁中的脂肪和蛋白质含量，提高脂肪中油酸/亚油酸比值，增加蛋白质中的赖氨酸和甲硫氨酸含量，减少空秕率，增加荚果饱满度。缺 Ca，苗期叶面失绿，叶柄断落或生长点萎蔫死亡，根不分化；荚果发育差，影响籽仁发育，形成空果；常形成"黑胚芽"；果胶物质少，果壳发育不致密，易烂果。

硫是花生蛋白质合成的主要营养元素，对叶绿素的形成有重要作用；缺 S 症状与缺 N 类似，顶部叶片黄化、失绿，籽粒蛋白质含量下降。Mg 参与花生植株体内 P 的转化作用和油脂的形成，对提高花生籽粒含油量有良好作用；缺 Mg，叶绿素不能正常合成，变成白化苗，成熟植株顶部叶片叶脉间失绿，茎秆矮化，严重时造成植株死亡。花生对 B、Mo、Fe 比较敏感，B 能促进 Ca 的吸收和根瘤活性，Mo 能促进 N 代谢过程、促进开花结果、促进养分运输，Fe 参与植株体内氧化还原反应。缺 B，主茎和分枝粗短，植株变矮，呈丛生状，严重时生长点枯死，开花进程延迟，荚果发育受抑，造成果仁"空心"，影响品质；缺 Mo，根瘤数目减少，单株分枝数减少，叶绿素老化；缺 Fe，上部新叶失绿，下部老叶和叶脉仍呈绿色，严重时失绿黄化向下蔓延，下部新叶全部变白。Cu 能增强花生茎叶抗真菌病害的能力，活跃氧化过程；缺 Cu，花生生长延缓，叶片枯萎、易脱落。Zn 可促进生长素形成，促进细胞的呼吸作用，对花生籽实的形成有重要作用；缺 Zn，影响花生碳水化合物的代谢和对 N 的吸收作用，阻碍受精和结荚。

二、花生有机肥施用技术

花生施用有机肥，可促进生长发育和根瘤形成，显著提高产量；显著改善植株农艺性状，提高主茎高度、侧茎长度、单株分枝数和叶面积指数；显著改善经济性状，提高单株结果数、单株果重、百果重和产量；改善花生品质，增加花生蛋白质含量，促进可溶性糖向粗脂肪转化，提高花生粗脂肪含量，增加出油率。花生需要有机肥与无机肥配合施用，有机肥肥效长，可增加土壤有机质含量，提高土壤肥力状况，但肥效慢，难以满足花生不同生育阶段的需肥要求；无机肥养分含量高、肥效快，施用后对花生的生长发育有明显的促进效果。因此，只有有机肥和无机肥配合施用，才能取长补短、缓急相济，提高肥料利用率，增进肥效，节约生产成本，满足花生对各种养分的需要，使花生持续获得高产。

1. 基肥

种植花生应根据土壤肥力状况施用有机肥作基肥，肥力差，有机肥增产效果明显；肥力中、上等，有机肥增产效果不明显。因此，在肥力低下的田块需增施有机肥。花生苗期根瘤菌固氮能力弱，中、后期果针已入土，肥料很难施入，故应施足基肥以满足全生育期对养分的供应。基肥应占总肥料的 80％以上，以有机肥料为主，配合施氮、磷等肥料。一般每 $667m^2$ 施腐熟粪肥 $1000\sim2000kg$、饼肥 $80kg$ 或商品有机肥约 $1500kg$、磷酸二铵 $15\sim20kg$ 或过磷酸钙 $40\sim60kg$、氯化钾 $5\sim6kg$、尿素 $4\sim5kg$。要想获得 $400\sim500kg/667m^2$ 的高产花生果，要求每 $667m^2$ 达到施用有机肥 $3000\sim5000kg$、花生专用复合肥 $60\sim70kg$、尿素 $5\sim6kg$。施肥方式为垄作开沟，将基肥均匀施于沟内；作畦结合整地进行，均匀撒施，耙细后播种。

2. 追肥

现蕾期每 $667m^2$ 追施有机肥 $500\sim1000kg$、尿素 $4\sim5kg$、过磷酸钙 $10kg$，可结合中耕进行；开花期可每 $667m^2$ 追施尿素 $8\sim11kg$、氯化钾 $7\sim8kg$；花针期需肥较多，每 $667m^2$ 追施尿素 $5\sim6kg$、磷酸二铵 $6\sim8kg$、硫酸钾 $5\sim6kg$ 或草木灰 $50kg$；结荚期叶面喷施 $0.2\%\sim0.3\%$ 磷酸二氢钾和 1% 尿素溶液。苗期和花期用 $0.1\%\sim0.2\%$ 钼酸铵溶液叶面喷施，可增产 10% 左右。苗期、初花期和盛花期用 0.2% 硼砂溶液喷施 1 次，可促进开花下针，可增产 $8\%\sim15\%$。

第三节　大豆需肥特性及有机肥施用技术

大豆 [*Glycine max*（L.）Merr] 是高蛋白、高脂肪油料作物（图 9-5），在现有农作物中蛋白质含量最高、质量最好。大豆中还含有大量人体所需的营养元素。据分析，每 $100g$ 大豆中含 K $1660mg$、P $532mg$、Ca $426mg$、Mg $180mg$、Fe $11mg$、Zn $5.07mg$、Na $4.8mg$、Mn $2.37mg$、Cu $1.14mg$、Se $4.22mg$ 及多种维生素。

图 9-5　大豆

一、大豆需肥特性

大豆中 N、K 含量是小麦的 2 倍多，是水稻的 4 倍多，磷含量比小麦多 30%，比水稻多 40%。因此，大豆是需肥较多的作物之一。据有关报道，每生产 100kg 大豆，需吸收氮（N）5.3～7.2kg、磷（P_2O_5）1.0～1.8kg、钾（K_2O）1.3～4.0kg，三者大致的比例为 4：1：2，比水稻、小麦、玉米都高。

大豆的全生育期为 90～130d，不同生育阶段需肥量不同，开花期至鼓粒期是干物质积累的高峰期，吸收养分最多，开花前和鼓粒后吸收养分较少。

大豆在生长过程中，通过根瘤菌，能从空气中固定本身所需氮素的 1/3～1/2。大豆的固氮能力由弱到强，种子出苗后靠子叶中贮藏的养分生长，第一复叶期子叶养分消耗殆尽，但根瘤刚刚形成，固 N 能力较弱，这段时期被称为大豆的"N 元素饥饿期"。氮肥可以促进幼苗生长，但过多会抑制根瘤产生，造成固氮率下降，因此大豆氮肥的增施量需控制在一定范围内。幼苗期是需 N 的关键期，苗期的需 N 量占总需 N 量的 28%，分枝期占 12%，开花期占 26.8%，鼓粒期占 24%，成熟期占

2.1%，开花期至鼓粒期是吸 N 的高峰期。大豆缺 N，植株矮小，生长缓慢，先表现为真叶发黄，从下向上黄化，在复叶上沿叶脉有平行的连续或不连续铁色斑块，褪绿从叶尖向基部扩展，以致全叶呈浅黄色，叶脉失绿；叶小而薄，容易脱落，茎细长；新生组织得不到充足的 N 素供应，老叶蛋白质开始分解为 N 和氨基酸向新叶转移，N 被二次利用，老叶蛋白质被分解又得不到 N 素供应发生死亡、脱落；籽粒发育不良，多瘪粒。

大豆是喜磷（P）作物，生长发育需要较多的 P 元素营养。P 可以提高大豆的抗逆性，促进根瘤发育，有"以磷增氮"的作用。当土壤有效 P 含量≤15mg/kg 时，增施 P 肥有显著的增产作用。P 苗期促进根系生长，开花前促进分枝，开花时促进生殖器官形成，充足的 P 还可以避免落花落荚。大豆生长中期需 P 较多，初花期之前占总需 P 量的 17%，初花期至鼓粒期占 70%，鼓粒期至成熟期占 13%。缺 P 时，植株矮小，根少，根瘤少，茎细长、硬，早期下部叶色深绿，叶小而薄、凹凸不平、狭长；严重时，叶脉呈黄褐色，后全叶呈黄色。

钾（K）是大豆所需的主要营养元素之一，有提高抗逆性、防止早衰的作用。大豆开花前的需 K 量占总需 K 量的 43%，开花期至鼓粒期占 39.5%，鼓粒期至成熟期占 17.2%。K 可以促进幼苗生长，使植株茎秆粗壮不易倒伏，增加单株结荚数。K 在大豆体内移动性较大，再利用程度高，缺 K 症状比缺 N、P 出现晚。缺 K，植株瘦弱，根短，根瘤少，抗旱、抗病、抗倒性差；老叶黄化，尖端和叶缘开始产生失绿斑点，扩大成块，斑块相连，向叶中心蔓延，最后仅叶脉周围呈绿色；黄化叶难以恢复，叶薄，易脱落；严重时，叶面出现斑点状坏死组织，最后呈干枯火烧焦状。

大豆是需钙（Ca）较多的作物，Ca 能活化某些酶类，提高膜的稳定性和根瘤固氮能力，促进 N、P、K 和 Mg 的吸收，提高大豆产量。酸性土壤中，大豆往往需要施用石灰等来补充 Ca 元素，提高土壤 pH 值，校正土壤酸性，使土壤有利于根瘤菌活动，增加其他营养元素的有效性，如 Mo。Ca 对根瘤菌形成十分重要，增加土壤中 Ca 含量，能使大豆根瘤数增多。大豆缺 Ca，根呈暗褐色，根瘤少；叶黄化并有棕色小点，先从叶中部和叶尖开始，叶缘仍为绿色，叶缘下垂、卷曲，叶小、狭长，叶尖呈钩状，叶脉呈棕色，叶柄软弱、下垂，不久枯萎、脱落，新叶不能伸展，易枯死；茎顶端呈弯钩状卷曲；膜透性增大，K^+ 大量外渗，导致根系腐烂。石灰施用量一般每 $667m^2$ 不超过 30kg，生产上施用过磷酸钙可以满足大豆对 Ca 的需求。

大豆需要的微量元素有 Fe、Cu、Mn、Zn、B、Mo 和 S，在偏酸性土壤中，除 Mo 外，其余元素均可以从土壤中吸收。大豆缺 Fe，植株顶部功能叶和分枝上的嫩叶易发病，早期上部叶片发黄，呈微卷曲状，叶脉仍保持绿色；叶柄、茎呈黄色，比缺 Cu 颜色深；缺 Fe 严重时，新生叶变成白色，靠近叶缘部位出现棕色斑点，老叶枯黄、脱落。缺 Mo，叶厚而皱，叶边缘向上卷曲呈杯状，上部叶色浅，叶脉颜色更浅，支脉间出现连片黄斑，后黄斑颜色加深至浅棕色，叶尖易失绿；有的叶片凹凸不平且扭曲，有的主叶脉上出现白色线条；根瘤小，有效根瘤数少，生长发育不良。缺 B，在 4 片复叶后开始发病，花期进入高发期；新叶失绿，叶肉出现深浅相间斑块，上部叶较下部叶色淡，叶小、厚、脆；严重时，顶部新叶皱缩扭曲，个别呈筒状，有时叶背面出现红褐色；发育受阻，停滞在蕾期，晚熟。缺 Cu，植株生长瘦弱，上部叶浅黄色、叶脉绿色，呈凋萎干枯状，叶尖发白卷曲，有时出现坏死斑点；侧芽增多，新叶呈丛生小叶状；严重时，叶片两侧、叶尖等处有黄斑，斑块部位易卷曲呈筒状，花荚发育受阻，不能结实。缺 S，症状与缺 N 相似，叶片较小，老叶有棕色斑块，新叶呈淡黄色，全株变黄；植株节间变短，根瘤发育差。

二、大豆有机肥施用技术

大豆施用腐殖酸、猪粪、鸡粪、羊粪等有机肥的增产作用显著。施用有机肥不仅能增产，还能显著改善大豆品质，生物有机肥和有机无机复混肥均能显著增加大豆蛋白质、脂肪含量；生物有机肥可提高大豆茎粗、单株粒数、百粒重和产量，提早成熟；有机无机复混肥不仅能明显提高大豆的株高、茎粗、分枝数以及延长生育期，还能提高大豆的单株荚数、单株粒数、百粒重、单株粒重和产量。因此，对大豆施用有机肥既能显著增产，还能提高大豆品质，有机肥与无机肥混施效果最为理想。

1. 底肥

底肥是大豆高产的基础，施用有机肥是大豆增产的主要措施。底肥以一级或二级有机肥为主，施肥量一般为每 $667m^2$ $300\sim500kg$，折合纯 N $4kg/667m^2$、纯 P $6\sim8kg/667m^2$、纯 K $3\sim8kg/667m^2$。在轮作中前茬作物施用一级或二级有机肥，大豆可以利用其后效，有利于结瘤固氮，提高大豆产量。在肥力低下的田块，底肥中可每 $667m^2$ 增施过磷酸钙、氯化钾各 10kg。

2. 种肥

大豆苗期根少、根小，养分吸收能力弱，供应充足的种肥尤为重要，一般用有机肥、无机肥配合中、微量元素作种肥。播种前每 5kg 种子称取钼酸铵 5g、硼砂 10g 和硫酸锌 5g，用 $400\sim500g$ 温水充分溶解后拌种，种子阴干后随即播种；播种时每 $667m^2$ 用 $800\sim900kg$ 一级有机肥或 $10\sim15kg$ 过磷酸钙作种肥，注意种、肥隔开，且用少量细土覆盖。为了促进根瘤菌的形成，还可每 $667m^2$ 播种量用 $200\sim250g$ 根瘤菌剂拌种，提高根瘤菌数量，早固氮、多固氮。

3. 追肥

在大豆幼苗期，根部还未形成根瘤或根瘤活动较弱时，每 $667m^2$ 适量追施 $600\sim800kg$ 一级有机肥或 $7.5\sim10kg$ 尿素可使植株生长健壮。开花结荚期，养分需求量大，喷施 $0.2\%\sim0.3\%$ 磷酸二氢钾水溶液或 $2\%\sim3\%$ 有机肥浸出液对增花保荚、提高产量有明显的作用；喷施 0.1% 硼砂、硫酸铜、硫酸锰水溶液可促进籽粒饱满，增加大豆含油量；喷施 $1.0\%\sim3.0\%$ 过磷酸钙或 0.15% 钼酸铵溶液可改善大豆品质，促进大豆早熟。结荚鼓粒期，叶面喷施磷酸二铵 $1kg/667m^2$、尿素 $0.5\sim1kg/667m^2$、过磷酸钙 $1.5\sim2kg/667m^2$，或磷酸二氢钾 $0.2\sim0.3kg/667m^2$ 加硼砂 $0.1kg/667m^2$，兑水 $50\sim60kg/667m^2$ 于晴天傍晚喷施于叶片背后，结荚开始每隔 $7\sim10d$ 喷施 1 次，连续喷 $2\sim3$ 次，可使大豆增产 $10\%\sim20\%$。

第四节　棉花需肥特性及有机肥施用技术

棉花（*Gossypium hirsutum* L.）是我国重要的经济作物，年产量占世界年总产量的 1/4（图 9-6）。棉花是喜温、喜光、生育期长的纤维作物，一般陆地棉生育期在 145～175d 之间。根据形态指标，可将棉花的生育期分为苗期、蕾期、花铃期和吐絮期，苗期 40～45d、蕾期 25～30d、花铃期 50～60d、吐絮期 30～70d。棉花在现蕾以前为营养生长，现蕾以后的整个生长发育阶段均为营养生长和生殖生长同时进行。营养生长和生殖生长协同发展的持续时间长，既相互依存又相互制约，因此营养器官和生殖器官合理均衡地生长和发育是获得高产的关键。

图 9-6 棉花

一、棉花需肥特性

棉花需要养分较多，每 667m² 棉田产 75～100kg 皮棉，需要从土壤中吸收 N 10～17.5kg，P_2O_5 5～6kg，K_2O 12～15kg。棉花苗期吸收养分较少，占总养分吸收量的 1%，到现蕾时占 3% 左右，现蕾到开花期占 27%，开花至成铃后期约占 60%，这时棉植株茎、枝和叶都长到最大，同时大量开花结铃，积累干物质最多，对养分的吸收急剧增加，因此花铃期是追肥的关键期，进入吐絮期后，吸收养分占 9% 左右。不同生育阶段所吸收 N、P、K 的量分别为：苗期 5%、3%、3%，现蕾至始花期 11%、7%、9%，初花至盛花结铃期 56%、24%、42%，吐絮后 5%、

14％、11％。不同地区、不同产量水平的棉花每生产100kg皮棉所需的 N、P、K数量和比例均有不同，长江中下游棉区棉花所需N、P_2O_5、K_2O比例为1∶0.31∶0.28，黄淮海棉区所需N、P_2O_5、K_2O比例为1∶0.35∶0.85，新疆棉区所需N、P_2O_5、K_2O比例为1∶0.29∶1.05，棉花各阶段总的趋势是随着产量的提高，所需N、P比例减少，K比例增加。产量越高，单位产量的养分吸收量越低，养分的利用率越高。

氮素对棉花的生长发育有着决定性作用，参与棉株体内的各种代谢过程，使棉花植株健壮，蕾铃多，不早衰、稳长，产量高、品质好。施用氮肥是提高棉花产量的重要措施之一，在一定范围内增施氮肥，可增加棉花叶面积，提高叶片的光合速率、可溶性糖含量，使"叶-蕾铃系统"更协调，提高单株结铃量。在棉花的整个生育期中，植株的N素积累量随生育进程呈增加趋势，相对含量呈下降趋势。棉花缺N，生长发育失调，植株矮小，叶色淡，呈浅绿或黄绿色，叶片从下往上变黄；株型瘦小，茎秆细弱，早衰，籽棉品质低。氮肥过量，造成植株徒长，过早封行、田间荫蔽，蕾铃脱落，贪青迟熟，产量和棉纤维品质下降。

P促进棉花光合产物的转运，有利于纤维素的积累和种子含油量的增加。生育前期P促进根系发育，使植株早现蕾、早开花，主要积累中心是茎、叶。花期至吐絮成熟期积累中心转移至花、铃，促进棉花成熟，增加铃重。增施磷肥可以促进N、K的吸收，提高棉花的产量和品质。缺P，棉花叶色暗绿，蕾、铃易脱落，严重时下部叶片出现紫红色斑块，棉铃开裂，吐絮不良。

棉花是需K较多的作物之一，K是影响棉纤维品质的重要元素。K能健枝壮秆，增强棉花抗逆性，提高叶面积和叶绿素含量，增加光合速率，增加单株花、铃数和每铃皮棉重，从而增加单株产量。棉花苗期缺K，叶片出现黄斑，叶缘翻卷至焦枯坏死，呈缺刻状；蕾期缺K，植株长势弱，棉铃萎缩，成熟推迟；花铃期缺K，棉株中上部叶片从叶尖、叶缘开始，叶肉失绿而变白、变黄、变褐，继而呈现褐色、红色、橘红色坏死斑块，并发展到全叶，通常称之为"红叶茎枯病"。

B有利于棉花生根壮苗，增强植株的吸肥、吸水能力，增加株高和单株分枝数。B形成的过氧化物使植株顺利度过高温干旱期。在有机质含量少、砂性、保肥保水性差、长期持续干旱或雨水过多的棉田容易缺B。棉花缺B症状最早出现在叶上，叶片增厚、大而脆，叶色暗绿无光泽,上部叶片萎缩,主茎生长受阻,腋芽丛生,蕾、铃脱落严重,蕾而不花,开花难成桃。

棉田磷肥、钾肥施用过量,会导致土壤有效 Zn 的不足,使植株出现缺 Zn 症状,新叶呈现青铜色,叶脉间明显失绿,叶片厚且脆,叶缘上卷,节间缩短,植株矮小丛生,结铃推迟,蕾、铃易脱落。碱性土壤、砂性大、有机质含量低的棉田有效 Mn 含量低,雨水过多诱发缺 Mn,使新叶叶脉间出现浓绿、淡绿相间条纹,叶尖初呈淡绿色,在淡色条纹中同时出现一些小块枯斑,后连接成条,使叶片纵裂。大量施用磷肥、硫肥可能诱发棉田缺 Mo,导致植株矮小,老叶失绿,叶缘卷曲,叶片变形至干枯、脱落,蕾、花脱落,早衰。棉田缺 Fe 表现为"失绿症",开始幼叶叶脉间失绿,叶脉仍保持绿色,之后完全失绿,或开始整个叶片即呈黄白色;茎秆短而细弱,多新叶失绿,老叶仍可保持绿色。

二、棉花有机肥施用技术

施用一定量的生物有机肥,能增加棉花干物质和养分积累量,从而提高产量;在一定范围内,棉花干物质和养分积累量与有机肥施用量成正比。有机肥、无机肥配施,不仅能提高盐渍化棉田的棉花干物质和 N、P、K 吸收积累量,还能改良土壤。大量田间试验和生产实践的结果表明,棉花高产施肥原则为:施足基肥,轻施苗肥,稳施蕾肥,重施花铃肥,补施壮桃肥。根据棉花生长发育和养分需求规律,蕾期、花铃期和吐絮期是养分需求量最大的时期,80%以上的养分都是在这 3 个时期吸收的,故这 3 个时期是棉花施肥调控的关键期。棉花施肥以有机肥为主(应占总施肥量的 60%左右),无机肥为辅。

1. 基肥

棉花以基肥为主,占总施肥量的 60%~70%。一般施用一级或二级有机肥 1.5~2.0t/667m²,也可以每 667m² 用土渣肥 2500kg 或猪粪便、酒糟 2800kg 或绿肥 800~1500kg 配施过磷酸钙 25kg。施用方法是在翻土整地后穴施,浅土覆盖后播种。有机肥肥效平稳,持效期长,能在保证棉花高产、优质的同时改良土壤、培肥地力。

2. 种肥

在直播和地膜覆盖的棉田内，播种时需用少量的磷肥（过磷酸钙、重过磷酸钙、磷酸二铵，$5kg/667m^2$ 左右），使幼苗生长所需的养分在种子贮藏的养分耗尽后得到及时补充。种肥用量不宜过多，施用深度宜浅，可以条施或穴施，也可以播种时用种子重量 30% 的过磷酸钙拌种。

3. 追肥

追肥是促进棉花多结铃、结大铃、减少脱落、提高产量的重要措施。棉花追肥要结合需肥规律、土壤墒情来进行。如果棉花基肥充足并拌有种肥，苗期和吐絮期就不用追肥。蕾期是营养生长和生殖生长均旺盛的时期，植株吸肥力强，花铃期是增蕾保桃，防早衰，早熟，保高产、优质的关键时期，故追肥一般在蕾期和花铃期进行，每 $667m^2$ 用一级有机肥 $0.5\sim1t$，两个时期各施总追肥量的 50%。当土壤有效硼含量<$0.4mg/kg$ 时，苗期每 $667m^2$ 追施 0.2% 硼砂 $0.4\sim0.8kg$，花铃期以 0.02% 硼砂溶液喷施为宜。

第五节 甘蔗需肥特性及有机肥施用技术

甘蔗（*Saccharum officinarum*）是我国重要经济作物之一，占我国食糖原料的 80% 以上，其副产品可作肥料、饲料、医药及化工产品的原料。甘蔗是一年生或多年生植物（图 9-7），栽培时有新种蔗和宿根蔗之分，新种蔗从萌芽至工艺成熟的生长期需要 1 年左右。甘蔗根系发达，茎秆粗壮，茎高 $3\sim5m$，直径 $2\sim5cm$，一般每 $667m^2$ 产 $5\sim8t$，高的可达 10t。

一、甘蔗需肥特性

甘蔗是高产作物，整个生育期吸收养分较多，需肥量大，需要吸收养分的量依次为 K>N>P。有研究表明，每 $667m^2$ 产 $5\sim7t$ 的情况下，每生产 1t 甘蔗，需吸收 N $1.6\sim2.2kg$、P_2O_5 $0.27\sim0.7kg$、K_2O $1.9\sim$

图 9-7　甘蔗

2.6kg、CaO 0.95～1.1kg、Mg 0.5～0.75kg，N：P_2O_5：K_2O 比例为 1：0.2：1.3。

　　甘蔗的整个生育期可分为苗期、分蘖期、伸长初期、伸长末期、工艺成熟期。苗期需要 N 较多，N、P、K 的吸收量分别占全生育期总吸收量的 8%、7%、4%；分蘖期需要较多的 P，N、P、K 的吸收量分别占全生育期总吸收量的 16%、18%、14%；伸长期需要较多的 K，N、P、K 的吸收量分别占全生育期总吸收量的 66%、68%、74%；工艺成熟期 N、P、K 的吸收量分别占全生育期总吸收量的 10%、6%、8%（全生育期各阶段 N、P、K 的吸收比例详见表 9-2）。苗期养分吸收量虽少，但充足的养分能促进根系发育，促使早分蘖、多分蘖，提高有效茎数。伸长初期至伸长末期是需肥高峰期，是影响蔗茎产量的关键时期。工艺成熟期养分不足，也会影响蔗茎产量和品质。

表 9-2　甘蔗全生育期各阶段 N、P、K 的吸收比例　　　　单位：%

生育阶段	N	P_2O_5	K_2O
苗期	7.9	7.1	4.2
分蘖期	16.1	18.5	13.7
伸长初期	31.0	31.6	32.8

续表

生育阶段	N	P_2O_5	K_2O
伸长末期	35.3	36.7	41.2
工艺成熟期	9.7	6.1	8.1

N 是甘蔗结构组分元素，对生长发育至关重要，可以增强甘蔗分蘖能力，提高生长速度，促使甘蔗早拔节、早生长，提高活苗数和单茎重。有研究表明，在甘蔗生长中前期施用氮肥有利于提高产量和品质。甘蔗根系可以吸收铵态氮和硝态氮，幼苗期主要吸收铵态氮，其余生育阶段以吸收硝态氮为主，甘蔗对氮肥的利用率只有约 30%。在一定范围内，氮肥的施用量与产量，蔗茎含水量、含糖量成正比。甘蔗缺 N 初期，叶片呈黄绿色，叶硬而直，老叶叶尖和叶缘呈棕色或干枯状，茎秆瘦弱，呈浅红色。N 过量，叶色浓绿，节间长，腋芽生长旺盛，易倒伏、贪青、徒长、晚熟，含糖量下降，抗逆性差，造成减产。

甘蔗对 P 的需求量大，由于铁铝氧化物对 P 的固定造成土壤有效 P 缺乏、磷肥的利用率低，故 P 的吸收量远小于 K、N。一定范围内，P 能促进根系发育、植株生长、分蘖、蔗茎成熟，促进 N、K 的吸收。磷肥不足，影响甘蔗生长发育，但施 P 过量，往往使根系过分发育造成地上、地下比例失调。甘蔗缺 P 时症状表现为根系发育不良，生长缓慢，呈红褐色，易感染根腐病；分蘖减少，节间短，蔗茎细，糖分降低；新叶窄、短，呈黄绿色，老叶尖端呈干枯状；严重缺 P 时，叶片很窄，产生大量白色叶脉和深褐色斑块。

K 是甘蔗生理活动中最重要的元素之一，主要集中在茎、叶中，在碳水化合物代谢过程中起重要作用，能保持植株含水量，控制叶片蒸腾速率，提高抗旱性；促进植株机械组织发育，增加角质层厚度，提高抗倒性和抗病、虫性；与糖分共同作用，增强植株耐寒性；协调 N、P 吸收，使植株生长健壮。甘蔗缺 K，光合强度降低，生长减弱，成茎率低，植株下部叶片首先出现症状，叶片褪色，叶尖和叶缘出现一条窄的黄色条纹，再逐渐扩散至叶片中部；新叶浓绿，逐渐转变成灰黄色，老叶叶面有棕色条纹和白斑；蔗茎较短，韧皮部硬化，分蘖较小；生长势弱，易风折、倒伏和发生病、虫危害，产量和糖分含量均下降。

Ca 对碳水化合物和蛋白质合成、调节体内生理活动平衡起重要作用。Ca 主要分布在甘蔗新生组织的细胞壁中，促进原生质胶体凝聚，降低水合度，使原生质黏度增大，增强植株抗旱、抗热能力；促进植株挺立，增加茎秆硬度，抑制真菌侵染，提高植株抗倒、抗病性。在酸性土壤中施用含钙的生石灰，可以提高甘蔗单株绿叶数、伸长速度、株高、单茎重、有效茎数、蔗茎产量和含糖量。缺 Ca，植株生长缓慢，新生叶片柔弱、失绿、变形，严重时生长点很快死亡；老叶褪绿后出现红棕色斑点，斑点中出现枯腐区并逐渐扩展至整片叶枯腐死亡；顶芽、根系顶端不发育，呈"断脖"状。

Mg 是甘蔗叶片顺利进行光合作用、积累营养物质必不可少的元素，Mg 能提高叶片光合能力，提高干物质积累量。缺 Mg 时嫩叶呈淡绿色，老叶呈黄绿色，中下部老叶首先出现症状，叶脉仍为绿色，叶脉间出现褪绿斑，后为棕褐色，在叶面均匀分布，后融合为大块锈斑，以致整个叶片呈现锈棕色，茎细瘦。

甘蔗是喜 Si 作物之一，植株体内含量较多，主要集中在叶片和茎秆的表皮和维管束中。Si 能增强茎秆强度，提高抗倒伏能力；减少水分损失，防止病原菌侵染，增强植株抗病性。增施 Si 肥，能明显增加株高，促进地上部和根系生长，能增加叶片 N、K 养分含量，改善 P 养分状况，增加产量和含糖量。缺 Si，叶片出现点状坏死斑。

缺 Mn，幼叶叶脉间出现绿色浓淡相间的条纹，叶片中部比尖端更明显，叶尖初呈浅绿色，后为白色，在白色条纹中同时出现小枯斑，后联合成长条干枯组织，沿叶片纵断面裂开。缺 B，幼叶出现小而长的水渍状斑点，方向与叶脉平行，后成条状，叶背面还常出现一些瘤状突起体，后期叶片病痕中部呈深红色，叶片锯齿的内缘开裂，茎内出现狭窄的棕色条斑。缺 S，幼叶失绿，呈浅黄绿色，后变为淡柠檬黄色，略带淡紫色，老叶紫色浓，植株根系发育不良。缺 Fe，甘蔗病叶上产生黄白与青绿相间的条纹，植株根系不发达，分枝减少，从而导致减产。

二、甘蔗有机肥施用技术

宿根蔗比新种蔗早萌发 1 月左右，应及时供给肥料，施肥量也应多于新种蔗。施用有机肥，不仅能提高甘蔗含糖量、改善品质，减轻病害、增强甘蔗抗逆性，提高甘蔗产量、增加经济效益，还能改善和修复土壤，提高肥料利用率，增加土壤肥力，促进甘蔗生产可持续、健康发展。甘蔗施肥需根据土壤墒情、肥力状况及苗情适当调整不同时期施肥量，施足埋垄肥（基肥），早施追肥，齐苗后重施攻蘖肥、攻茎肥，适施壮尾肥。甘蔗的施肥原则是"两头轻、中间重"，即苗期和伸长后期施肥量少，伸长初期施肥量多。追肥时注意结合中耕培土，施肥覆盖，防止肥料流失。另外，选择雨后追肥，效果更好。甘蔗用肥主要是有机肥与无机肥配合，重施有机肥。

1. 施足底肥

甘蔗种植前，每 $667m^2$ 用 $1\sim2t$ 腐熟农家肥于蔗田内，随着整地翻入深层土壤。栽种时，每 $667m^2$ 施用一级或二级有机肥 3500kg，或商品有机肥 1000kg 配合 100kg 复混肥，或生物有机肥 $150\sim200kg$，均匀施于种苗两侧，注意不能让肥料直接接触种芽，以免烧芽。另外，也可以用堆厩肥、沤熟的滤泥等有机肥，用法、用量与农家肥相当。建议有条件的蔗区积极与豆科作物间种套作，减少肥料施用量和病虫害发生指数。甘蔗栽培时还需要磷肥、钾肥和少量氮肥，磷肥吸收主要在前中期，故作为基肥一次施入；钾肥需求量少时可作为基肥一次施入，量多时，一半作基肥，一半在伸长初期施用。

2. 重施追肥

甘蔗齐苗后重施攻蘖肥、攻茎肥，促进单株分蘖、茎秆伸长。基肥若用迟效有机肥，攻蘖肥、攻茎肥最好选用速效无机肥。当甘蔗长出 6 片真叶时施用攻蘖肥，结合中耕培土进行。每 $667m^2$ 施用尿素 $40\sim50kg$、过磷酸钙 $15\sim20kg$、硫酸钾（氯化钾）$5\sim10kg$ 或复混肥 20kg、尿素 10kg，施肥后培土覆盖。在甘蔗的伸长初期施用攻茎肥，每 $667m^2$ 用 30kg 复混肥或甘蔗专用肥。

3. 适施壮尾肥

视土壤墒情和植株长势，在甘蔗伸长末期适量施用壮尾肥。每 $667m^2$ 将 N：P：K 比例为 1：1：1 的复合肥 $50\sim60kg$、硫酸钾 $15\sim20kg$ 均匀撒施于植株根部周围，也可以用水溶性复合肥 $35\sim40kg$、硝酸钾 $25\sim30kg$ 进行叶面喷施。

第六节　烟草需肥特性及有机肥施用技术

烟草（*Nicotiana tabacum* L.）是我国的主要经济作物之一，栽培面积大、产量高（图 9-8）。烟草全生育期 160～180d，其中苗床期 60d 左右，移栽后大田阶段 100～120d，分为缓苗期、生根期、旺长期、成熟期。

图 9-8　烟草

一、烟草需肥特性

烟草苗床期，移栽前 15d 需肥量最大，N、P、K 吸收量分别占苗床期总吸收量的 68.4%、72.7%和 76.7%。大田阶段，移栽 30d 内需肥较少，N、P、K 吸收量分别占全生育期总吸收量的 6.6%、5.0%和 5.6%；移栽后 45～75d 是吸肥高峰期，这时的 N、P、K 吸收量分别占总吸收量的 44.1%、50.7%和 59.2%。一般生产 1000kg 烤烟叶，需要 N 22kg、P_2O_5 11.6kg、K_2O 48kg，N:P:K 为 1:0.5:2。据有关研究报道，烟草氮、磷、钾（N:P_2O_5:K_2O）的合适比例，北方地区为

$1:1:1$、南方地区为 $1:0.75:1.5$，即每 $667m^2$ 若产烟叶 150kg，一般需要氮肥 $6\sim9$kg，北方 N、P_2O_5、K_2O 的平均施肥量分别为 7kg、7kg、7kg，南方为 8kg、6kg 和 12kg。

N 对烤烟的产量和品质影响最大，在我国，不同产烟区的施 N 量基本上是由南往北逐渐减少，南方每 $667m^2$ 施 N $7\sim10$kg，西南区 $5\sim8$kg/$667m^2$，黄淮区 $3\sim5$kg/$667m^2$，东北区 $4\sim7$kg/$667m^2$。缺 N 时，烟草植株瘦弱矮小，下部叶片黄化并逐渐向中上部叶片扩展，烟叶厚度变薄，早花、早衰，烟叶产量降低；所产烟叶色淡、平滑，香气不足，品质差。N 肥过量，烟叶贪青、晚熟，烘烤难度加大，容易感染病虫害；所产烟叶烟碱含量过高，刺激性过大，油分较少，蛋白质含量增加，影响烟叶燃烧性；铵态氮过量，基部和中部叶片除叶脉保持绿色外，其余组织失绿黄化，进而枯焦凋落，叶片向背面翻卷。

P 是烟草必需的营养元素，以多种方式参与生物遗传信息和能量传递，促进烟草的生长发育和新陈代谢，促进烤烟成熟，对烟叶的色泽和香味有改善作用。烟草的产量和品质均与 P 营养状况密切相关，烟叶中 P 含量过高，叶片变厚变粗，组织粗糙，缺乏弹性和油分，易破碎；烟叶中 P 含量过低，调制后的叶片呈深棕色或青色，缺乏光泽，品质低劣。P 在烟草体内易于移动，P 不足时，衰老组织中的 P 向新生组织中转移，使下部叶片首先出现缺 P 症状，叶面发生褐色斑点，而上部叶仍能正常生长；生育前期缺 P，植株生育不良，抗病力与抗逆力明显降低，烤烟出现不正常成熟；生育后期缺 P，表现为晚熟。

K 是影响烤烟品质最重要的营养元素之一，烟草对 K 的需求量大于N、P。K 可使烟叶弹性适中、柔软性增加，提高烟草的燃烧能力和持火能力；可降低吸食时由 N 和烟碱含量过高造成的刺激性，使吸味醇厚，提高烟草的吸食品质；可降低烟叶的燃烧温度，降低烟气中 CO、焦油含量，提高吸食安全性，故烟草含 K 量被视为烟草品质的重要指标之一。适当增施钾肥，不仅在一定范围内可以提高烟叶的含 K 量，改进烟叶品质，还能显著降低植株对 Ca、Mg 的吸收，使烟叶 Ca、Mg 含量降至适宜范围。增施钾肥会显著降低植株的含 B 量，对酸性土壤的烟区要注意配施硼肥。

Mg 在烟草植株体内易于移动，缺 Mg 时衰老部位的 Mg 向新生部位移动。故烟株缺 Mg 时，下部叶片失绿发黄，叶边缘及叶尖开始发黄并向上扩展；严重时，除叶脉仍然保持绿色、黄绿色外，叶片将全部变白，叶尖出现褐色坏死。植株缺 Mg 主要发生在大量降雨期间的砂质土壤上，在任何一个生长阶段都可能会出现缺 Mg 症状。一般正常叶含 Mg 量为其干重的 0.4%～1.5%，当低于 0.2% 就会出现缺 Mg 症状；在 0.2%～0.4% 时，会出现轻度缺 Mg 症状。吸 Mg 过多时，有延迟成熟的趋势。

烟叶中 Ca 的含量很高，正常情况下，烤烟灰分中 Ca 的含量仅次于K。但由于受土壤条件的影响，许多产区烟叶中的 Ca 含量都超过了钾。Ca 在烟叶体内是不能再利用的营养元素，缺 Ca 时淀粉、蔗糖、还原性糖在叶片中大量积累，叶片变得特别肥厚，顶端不能伸长，植株发育不良，根变黑，须根生长停滞。缺 Ca 症状首先出现在上部嫩叶、幼芽上，叶尖边缘向叶背卷曲，叶片变厚似唇形花瓣，叶色呈深绿；严重时顶端和叶缘开始折断死亡，如继续发展，由于尖端和叶缘脱落，叶片呈扇贝状，叶缘不规则。

烟草是"忌氯植物"，氯化铵、氯化钾等含 Cl 肥料不宜用在烟田上。Cl⁻ 在植株体内积累过多，烟叶厚而脆，淀粉积累过多，叶缘卷曲；烟叶燃烧性变差，烘烤后色味欠佳，贮藏期间易吸收水分而霉烂。虽然Cl⁻ 对烟草的品质有影响，但适量的 Cl 能提高烟株抗旱能力。

烟草缺 S 与缺 N 类似，植株黄化。当含 S 量小于 0.1% 时，植株生长缓慢，全株呈现浅绿色，幼叶颜色最浅，老叶不干枯。缺 Fe，幼叶首先失绿，顶部嫩叶叶脉间呈浅绿色至近白色，严重时叶脉褪绿，至全叶呈白色。缺 B，顶端生长点异常，幼叶呈浅绿色，基部变为灰白色，至生长点枯死，即使还能生长，新长出的幼叶多为畸形或耳状叶；留种植株花期花芽枯萎脱落，影响种子的质量和产量。

二、烟草有机肥施用技术

烟草的施肥量应以保证获得最佳品质和适宜产量为标准，根据确定的适宜产量指标所吸收的养分数量，再根据土壤肥力状况来设计施肥方案。有机肥既含有一定数量的速效养分，又具有较高的持续供肥能力，施用过量时容易造成肥后劲过长、过大，使烟叶成熟期供 N 水平过高，影响落黄成熟，尤其是有机质含量高、土壤速效氮释放迟的黏质土壤。尽量避免掺混过多的含氮粪尿，否则烟株吸氮过多，造成烟叶黑灰熄火、品质低劣。有机肥主要作为基肥施用，在春季翻耕和起垄时将全部有机肥一次性施完，也有少数地区作追肥施用。我国烟草产区主要分布在有机质含量低、土壤理化性状不良的贫瘠土地上，施用有机肥可有效提高烟株根系活力，提高烟株对养分和水分的吸收能力，改善烟株田间长势，促进各项农艺指标的发育；施用有机肥可平衡烟株体内化学成分，改善吸味，减少杂质，提高香气；故施用有机肥对提高和稳定烤烟产量和品质具有十分重要的意义。一般每 $667m^2$ 施专用肥 $40\sim50kg$、磷肥 $30\sim40kg$、钾肥 $10kg$。总施肥量的 70% 作基肥，30% 作追肥。移栽后烟苗长势较强，需肥、需水量大，移栽后 $30d$ 内应完成追肥和浇灌。

1. 苗床施肥

（1）基肥 用充分腐熟的农家肥，施用时将肥料与土壤混合均匀。每 $667m^2$ 可施优质厩肥或猪粪 $6\sim10t$，硫酸钾复合肥 $0.5\sim1kg$，有条件的还可以施饼肥和干鸡粪。

（2）追肥 苗床追肥要少追、勤追，用量由少到多，浓度由低到高。一般在大十字后期开始追肥，共追肥 2 次。可以将有机肥在水中充分腐解后，用上清液进行叶面喷施，首次浓度为 $0.1\%\sim0.5\%$，后次浓度为 $0.5\%\sim1.0\%$。每 $667m^2$ 苗床共施猪粪尿 $1500kg$ 左右，腐熟饼肥 $0.1kg$ 或硫酸铵、过磷酸钙、硫酸钾各 $0.1kg$。

2. 大田施肥

（1）基肥 移栽前开沟条施或起垄条施，一般每 $667m^2$ 施用一级或二级有机肥 $3500kg$，也可将全部有机肥用全层施肥的方法，均匀撒施于田面，然后浅耕整地、移栽。一般结合耕地起垄每 $667m^2$ 施堆厩肥 $3000\sim4000kg$、饼肥 $100\sim150kg$、51% 纯硫基复合肥 $30\sim40kg$。

（2）追肥 有机肥、无机肥搭配，有机肥为迟效肥，宜作基肥。一般追肥 $1\sim2$ 次，一次性追肥可在 $5\sim6$ 片叶时，每 $667m^2$ 追施 45% 高氮、高钾复合肥（硫酸钾型） $15\sim20kg$。分两次追肥的地块，每次每 $667m^2$ 追施高氮、高钾复合肥 $10\sim15kg$，第一次在栽后 $10d$，第二次在栽后 $20\sim25d$，不应迟于栽后 $30d$。追肥可穴施或沟施，施肥深度 $10\sim20cm$，过深、过浅都不利于烟株吸收利用。

第七节　茶树需肥特性及有机肥施用技术

茶树 [*Camellia sinensis* （L.）O. Ktze] 是多年生、一年多次采收幼嫩芽、叶的经济作物（图 9-9），每年要多次从茶树上采摘新生的绿色营养嫩芽，这对茶树的营养耗损极大。同时，茶树本身还需要不断地建造根、茎、叶等营养器官，以维持树体的繁茂和继续扩大再生长，以及开花、结实、繁衍后代等，都要消耗大量养分。因此，必须适时地给予合理的养分补充，以满足茶树健壮生长，使之优质、稳产、高产。

图 9-9　茶树

一、茶树需肥特性

茶树必需的矿质元素有 N、P、K、Ca、Mg、Fe、S、Mn、Zn、Cu、B、Mo、Cl 和 F 等。N、P、K 消耗最大，需要作为肥料补给，被称为肥料三要素。茶树消耗 N 最多，P、K 次之。幼龄茶树对 N、P、K 的吸收比例为 3∶1∶2，成年茶树生长较稳定，对 N 素吸收量较多，N、P、K 的吸收比例为 5∶1∶2，一般生产鲜叶 100kg，需消耗氮（N）1.2～1.4kg、磷（P_2O_5）0.25～0.28kg、钾（K_2O）0.45～0.75kg。据中国农业科学院茶叶研究所调查，茶树芽叶对氮（N）、磷（P_2O_5）、钾（K_2O）的吸收比例约为 1∶0.16∶0.42，而花蕾的 N、P、K 含量的比例为 1∶0.33∶0.83。可见，茶树的营养生长需要较多的 N，而生殖生长还需要较多的 P 和 K。有研究表明：在大部分茶区，茶树对 N 的吸收以 4～6 月、7～8 月、9～11 月为多，其中前两期的吸收量占总吸收量的一半以上，而且吸收的 N 素在茶树体内的分布也有所不同，在 3～4 月和 6～9 月期间主要提供给新梢生长，对根系的分配相应减少；到了地上部停止生长至第二年 2 月，N 素主要分配到根系中。P 的吸收集中于 4～6 月和 9 月，一年中茶树营养生长最旺盛的是春季，以形成芽叶为主，对 P 的需求比较大；生殖生长最旺盛的是夏、秋季，特别是 6 月以后花芽开始分化并在秋季进入开花期，在夏、秋季茶子的生长进入旺盛期，对 P 的需求比较迫切。据中国农业科学院茶叶研究所试验（1963—1964），在夏、秋期间单独用磷肥进行根外追肥，可以大量增加茶树花果，降低茶叶产量。K 的吸收可在整个生长季节发生，相对以 12 月至第二年 3 月最少。

N 可以促进茶树根系生长，使枝繁叶茂，促进对其他元素的吸收，提高光合效率等。施 N，能提早顶芽和侧芽的萌发时间，增加侧芽的萌发数量，提高正常芽叶的数量和比例。增加 N 肥施用量能提高茶叶的游离氨基酸含量，对改进绿茶的鲜爽度有良好作用。N 供应充足时，发芽多，新梢生长快，节间长，叶片多，叶面积大，持嫩期延长，并能抑制生殖生长，从而提高鲜叶的产量和质量。茶树缺 N 时，生长缓慢，新梢萌发轮次减少，新叶变小，对夹叶增加；如果缺 N 加重，叶绿素含量显著减少，叶片呈黄色或淡黄色，叶脉和叶柄逐渐呈现棕色，纤维素含量增加，蛋白质含量明显降低，叶片 C/N 比值上升，寿命缩短。正常茶树鲜叶含 N 量为 4%～5%，老叶为 3%～4%，若嫩叶含 N 量下降到 4% 以下，成熟老叶下降到 3% 以下，则表明氮肥严重不足。

P 肥主要能促进茶树根系发育，增强茶树对养分的吸收，促进淀粉合成和提高叶绿素的生理功能，从而提高茶叶中茶多酚、儿茶素、蛋白质和水浸出物的含量，较全面地提高茶叶品质。有研究表明，施磷肥能提高绿茶的氨基酸和水浸出物等含量，改善茶汤浓度和滋味，提高绿茶品质；P 还能增加鲜叶的多酚类含量，特别是没食子儿茶素（复杂儿茶素）的增加，对红茶色、香、味有良好影响。茶树缺 P 往往在短时间内不易发现，有时要几年后才表现出来。缺 P 初期，根系生长不良，吸收根提早木质化，吸收能力明显减退。地上部生长缓慢，叶片中的花青素含量增高，颜色变紫，制成的茶叶颜色发暗，滋味苦涩，品质低劣；进一步发展，成熟叶失去光泽，由绿色逐步变为暗绿或暗红色，每到冬天危害加重，严重缺 P 的茶树嫩叶由暗红色转为黄白色，茶树花果少或没有花果，生育处于停滞状态。

K 对碳水化合物的形成、转化和储藏有积极作用，它能补充日照不足，在弱光下促进光合同化，促进根系发育，调节水代谢，增强对冻害和病虫害的抵抗力。K 能促进茶树对 N 素的吸收，增强茶树硝酸还原酶活性，K 还在氨基酸代谢中发挥作用，在茶树根系中能提高茶氨酸合成酶的稳定性。研究表明，增施钾肥能提高茶叶的氨基酸特别是茶氨酸的含量，有利于提高绿茶的品质；使红茶中茶黄素和茶红素的含量分别增加 47% 和 26%；能增强茶树抗旱、抗寒和抗病的能力；降低病虫害的发生率和危害，从而有望减少农药的使用，提高茶叶的卫生品质。缺 K 时，茶树下部叶片早期变老，提前脱落，茶树分枝稀疏、纤弱，树冠不开展，嫩叶焦边并伴有不规则的缺绿，使茶树抵抗病虫和其他自然灾害的能力下降；缺 K 严重的茶树顶芽停止生长，新梢嫩叶褪绿并逐步变成淡黄色，叶片变薄、变小，节间缩短，对夹叶大量增多，叶脉和叶柄逐步出现粉红色。

Ca 是茶树体内植素、果胶质等有机物的组成元素。进入茶树体内的 Ca，大部分与细胞壁中的果胶质结合，维持细胞壁结构，调节细胞膜渗透性和生理生化过程，中和体内有机酸，如草酸与 Ca 作用形成不溶性草酸钙结晶，可免除酸过多而中毒；调节体内的酸度，使同化物质的转化和运输正常进行；调节细胞原生质体的黏性和分散性，使细胞的充水度、弹性及渗透性等维持正常的生理状态。茶树体内的 Ca 含量在 0.2%~1.2% 之间，呈离子态，主要存在于成熟组织中，不同季节茶树新梢中含 Ca 量表现为秋梢＞春梢＞夏梢。茶园土壤过酸时，茶树容易出现缺钙症状。茶树缺钙时会造成植株根系变小，根尖端停止伸长，组织呈半透明状，虽然产生侧根，但很快死去，根毛畸变呈鳞茎状，幼叶发生黄化，叶片顶端及叶缘生长受阻，叶片由于中部继续生长而扭曲，茎生长点死亡，顶芽的生长优势丧失等。

茶树是喜 Mg 植物，需 Mg 量比一般植物要多。据研究，每生产

200kg 新鲜茶叶，需吸收 Mg 1～2kg。茶树缺 Mg 不仅使茶叶减产，同时品质下降，不利于生产名优茶。茶树缺 Mg，首先从下部叶发生症状，多出现在幼叶、嫩叶大量萌发、生长期，表现为老叶暗淡变脆，功能叶片脉间褐色带黄，逐渐变为咖啡色镶嵌在仍保持绿色的主脉之间，叶缘间隙失绿和坏死；幼芽萌发迟缓。

茶树缺 Mn，嫩叶叶缘变黄，逐步向主脉扩展，后出现褐色斑点，病态由上向下发展，严重时顶芽变黑下垂，生长停止。茶树缺 S 症状与缺 N 相似。缺 Zn，叶片小，出现黄斑，叶脉出现波浪状弯曲，节间缩短，严重时叶片变白。缺 Cu，嫩叶叶尖黄化，后扩展到全叶出现黄化症。

二、茶树有机肥施用技术

茶树施肥应掌握"注重基肥，巧施追肥，平衡施肥，适当深施"的技巧。幼龄茶树以培育健壮的植株树冠和根系为主，重施磷、钾肥。生产期的茶树因嫩芽、叶的采摘，养分消耗大，为控制生殖生长的消耗，促进嫩芽萌发，应重施氮肥，配合磷、钾肥。

1. 施肥原则

重施基肥，基肥与追肥配合施；重施春肥，春肥与夏肥、秋肥配合施；重施根部肥，根部施肥与根外追肥配合施；有机肥源不足时要与无机肥配合施。茶园常用的有机肥源有人粪尿、厩肥、饼肥、堆肥和绿肥等，无机肥中氮肥有硫酸铵、碳酸氢铵和尿素，磷肥有过磷酸钙、磷矿粉、骨粉等，钾肥有硫酸钾。

2. 基肥与追肥比例

有机肥作基肥比例为 80%，腐熟水肥作追肥比例为 20%。

3. 施肥数量与种类

茶树专用有机肥于秋、冬季作基肥施入，用量 $75kg/667m^2$。生物有机肥用量 $120kg/667m^2$，腐熟鸡粪用量 $260kg/667m^2$，微生物有机肥用量 $200kg/667m^2$，EM 有机肥用量 $80～120kg/667m^2$，商品微生物有机

肥用量 $100\sim150$kg/667m^2。

4. 施肥数量与时间

施肥数量按每增施 1kg 氮肥，鲜叶增产 $12\sim40$kg 折算。根据中国农业科学院相关数据，茶叶标准园每年需要各种肥料为有机肥 $1500\sim2000$kg/667m^2，尿素（N）$36\sim40$kg/667m^2，过磷酸钙或钙镁磷肥（P）$30\sim40$kg/667m^2，硫酸钾（K）$10\sim15$kg/667m^2。有机肥基肥要深挖 $20\sim25$cm 沟后施入，一般每 667m^2 施用一级或二级有机肥 3200kg。质地黏重的黄泥土，可适当深施以利于改土培肥，使根系深扎；砂质土宜适当浅施，以减少淋溶损失。一般基肥一次性施完，中部茶区一般在 $9\sim11$月施用，南部茶区在 12 月停采后施用；追肥分 $2\sim4$ 次，以"前多后少"为原则，第一次春芽萌动前一周施用 $40\%\sim50\%$ 的"催芽肥"，第二次 $4\sim5$ 月上旬施用 $10\%\sim15\%$，第三次 $6\sim7$ 月上旬施用 15%，第四次 $8\sim9$ 月施用 $20\%\sim30\%$。每年追肥 2 次的方法：春茶前施 60%，夏茶前施 40%；每年追肥 3 次的方法：春茶、夏茶、秋茶前，分别施 40%、30%、30% 或 50%、25%、25%。茶园的追肥次数可适当多些，以保证茶树在生长的各个高峰能吸收到较多养分，从而增加茶叶全年产量。

第十章

蔬菜需肥特性及有机肥施用技术

第一节　叶菜类蔬菜需肥特性及有机肥施用技术

叶菜类蔬菜种类很多，大都以鲜嫩的茎叶供食用，一般生长期短，植株较小，根系较浅，生长迅速，养分、水分消耗量较大，所以必须保证充足的肥水供应。

叶菜类蔬菜可细分为白菜类、甘蓝类和绿叶菜类蔬菜。如：大白菜、芹菜、结球甘蓝、生菜等。

一、大白菜

大白菜（*Brassica rapa* L. ssp. *pekinensis*）又称结球白菜，是十字花科叶用蔬菜（图10-1）。大白菜含有蛋白质、脂肪、多种维生素和钙、磷等矿物质以及大量粗纤维，是非常好的健康蔬菜。

（一）需肥特性

从种植到收获商品蔬菜，大白菜一般都经历发芽期、幼苗期、莲座期、结球期等营养生长阶段。如要采籽还需继续完成抽薹、开花、结实等生殖生长过程。

大白菜根系较浅，而植株生长快、生长量大，需要较多的矿质营养，是养分、水分吸收量较大的蔬菜种类之一。所以，种植大白菜宜选肥沃、疏松、保水、保肥的土壤，以中性、微酸性或微碱性壤质土为佳。

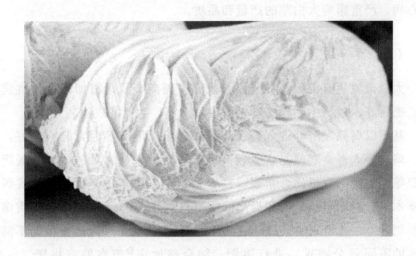

图 10-1　大白菜

大白菜生育期长，产量高，养分需求量极大，对钾的吸收量最多，其次是氮、钙、磷、镁。每生产 1000kg 大白菜约需要消耗氮 2.5kg、五氧化二磷 0.94kg、氧化钾 2.5kg。由于大白菜不同生育时期的生长量和生长速度不同，对营养条件的需求也不相同。苗期吸收养分较少，氮、磷、钾的吸收量不足总吸收量的 10%；莲座期明显增多，占总吸收量的 30% 左右；结球期吸收养分最多，占总吸收量的 60% 左右。

在不同生长时期，大白菜对氮、磷、钾的吸收量以苗期较少，莲座期较多，结球期最多；对不同养分需求的比例变化情况是：苗期需磷最多，需氮较多，需钾较少；莲座期需钾多，氮次之，磷最少。

充足的氮素营养对促进形成肥大的绿叶和提高光合效率有重要意义，如果氮素供应不足，则叶片由外向内逐渐发黄、干枯，植株矮小，组织粗硬，严重减产；如果氮肥过多，易造成叶大而薄、包心不实、品质差、抗病性降低、不耐贮存。磷能促进细胞的分裂和叶原基的分化，加快叶球的形成，促进根系生长发育。磷素缺乏时，植株矮小，叶片暗绿，结球迟缓。钾素能增强光合作用，促进叶片有机物质的制造和运转。钾肥供应充足，可使叶球充实，产量增加；缺钾时，外层叶片边缘呈带状干枯，严重时可向心部叶片发展。

大白菜是喜钙作物，外叶含钙量高达 5%～6%，而心叶中的含钙量仅为 0.4%～0.8%。环境不良、管理不善时，会发生生理缺钙，出现干烧心病，严重影响大白菜的产量和品质。

（二）有机肥施用技术

大白菜施用有机肥能促进生长发育，提高产量，增加植株的抗病能力。肥效好、用量少、投资省，不污染土壤，且经济效益高。

基肥以腐熟发酵好的人粪、鸡粪和厩肥或堆肥等混合肥料最好，人类、鸡粪等人畜禽粪便是含氮较高并有一定磷、钾含量的全肥；厩肥或堆肥等有机肥的有机质含量多。在农家肥中再掺入含钾量较多的炕洞土和草木灰，对增强抗病性和提高品质有良好作用。每 667m² 施优质腐熟有机肥 4000～5000kg，可撒施也可沟施。除施基肥外，还要根据不同生育期的不同养分需求，进行追肥。结合整地亩❶施腐熟有机肥 3～4t，氮、磷、钾肥配施：将 60％的肥料在耕地时深翻入土，剩余肥料随耙地耙入浅土或起垄时包施。

进入团棵期时每 667m² 施腐熟优质有机肥（如饼肥等）600～1500kg。莲座后期追一次肥，此时叶片生长量大，生长速度快，补充营养非常重要。

二、芹菜

芹菜（*Apium graveolens* L.），别名水芹、旱芹、香芹等，为伞形科芹属，一年生或二年生草本植物（图 10-2）。芹菜叶柄柔嫩清甜、美味可口，同时具有较高的营养价值和药用功能，为广大群众喜爱。

（一）需肥特性

芹菜是需肥量大的蔬菜品种之一。根据多方面资料统计，每生产 1000kg 芹菜消耗纯氮（N）1.6～3.6kg、磷（P_2O_5）0.68～1.5kg、钾（K_2O）4～6kg、钙（Ca）1.5kg、镁（Mg）0.8kg。但实际生产中的应施肥量，特别是氮、磷量要比其吸收量高 2～3 倍，这主要是因为芹菜的耐肥力较强而吸肥能力较弱，它需要在土壤养分浓度较高的条件下才能

---

❶　1 亩≈667m²。

图 10-2 芹菜

大量吸收营养，如肥量不足，芹菜不仅难以正常生长发育，而且其品质
也不好。

芹菜在其生长前期以吸收氮、磷养分为主，以促进根系发达和叶片
的生长，到生长中期（4～5 叶到 8～9 叶期）养分吸收由氮、磷为主逐
渐转为以氮、钾为主，以促进心叶发育。随着生育天数的延伸，氮、磷、
钾吸收量迅速增加，在芹菜生长最盛期（8～9 叶到 11～12 叶期）也是
养分吸收最多的时期。

氮主要影响芹菜叶柄的长度和叶数，氮素不足时显著影响叶片的
分化，叶柄老化中空，但如果在其旺盛生长期过量施氮，植株易发生
倒伏。磷使幼苗生长健壮，并能增加叶柄长度，但磷过多会导致叶柄
细长和纤维增多，使品质下降。钾对芹菜的初期生长影响较小，但对
芹菜的后期生长影响较大。钾不仅可以促进养分转运，还能促使叶柄
粗壮而充实且有光泽，有利于提高产量和改善品质。氮、钾过多，土
壤干燥等会影响芹菜对钙的吸收，导致芹菜心叶幼嫩组织变褐、干边，
严重时枯死。

（二）有机肥施用技术

1. 苗床施肥

每 $667m^2$ 苗床一次底施腐熟有机肥 3～5t，在有机肥基础上，施尿素 15kg、过磷酸钙 50kg、氯化钾或硫酸钾 10kg。出苗后根据苗的长势在中、后期追施适量氮肥。

2. 大田施肥

（1）基肥　每 $667m^2$ 施入腐熟的有机肥 4000～5000kg，对于缺硼的土壤每 $667m^2$ 可施入 1～2kg 硼砂。要将所有肥料均匀撒施，然后耕翻入土，不但可增加养分，而且有利于疏松土壤，增加通气性。

（2）追肥　一般在定植后缓苗期不追肥，缓苗后植株生长缓慢，为了促进新根和叶片的生长，可追施一次提苗肥，每 $667m^2$ 随水追施腐熟的人粪尿 500～600kg。当新叶大部分展出后至收获前植株进入旺盛生长期，此期叶面积迅速扩大，叶柄快速伸长，叶柄中薄壁组织增生，芹菜吸肥量大，吸收速度快，要及时追肥。

三、结球甘蓝

结球甘蓝（*Brassica oleracea* L.）又名包心菜、卷心菜、洋白菜、疙瘩白、圆白菜、莲花白等，是十字花科、芸薹属二年生草本植物（图 10-3）。结球甘蓝具有耐寒、抗病、适应性强、易贮耐运、产量高、品质好等特点，在中国各地普遍栽培，是中国东北、西北、华北等地区春、夏、秋季的主要蔬菜之一。

（一）需肥特性

结球甘蓝是喜肥耐肥作物，对土壤养分的吸收量大于一般蔬菜。在幼苗期、莲座期和结球期吸肥动态与大白菜相同。生长前半期，对氮的吸收较多，至莲座期达到高峰。叶球形成对磷、钾、钙的吸收较多。结球期是大量吸收养分的时期，此期吸收氮、磷、钾、钙可占全生育期吸收总量的 80%。定植后 35d 前后，对氮、磷、钙元素的吸收量达到高

图 10-3 结球甘蓝

峰，而 50d 前后，对钾的吸收量达高峰。一般吸收氮、钾、钙较多，磷较少。生产 1000kg 结球甘蓝约需氮 3.0kg、磷 1.0kg、钾 4.0kg，其比例为 3：1：4。因此，在增施氮肥的基础上，应配施磷、钾、钙肥，使其结球紧实、净菜率高。

结球甘蓝对钙、硼等元素供应较敏感；需防止土壤盐渍化；钾肥一次用量不宜过大；始终保持适宜的土壤水分和温度都有利于防止缺钙；结球后期适当喷施钙肥和硼肥可以矫正钙、硼缺乏。

（二）有机肥施用技术

1. 基肥

每 667m² 施入充分腐熟的农家有机肥 3000～4000kg，在土地翻耕时全部撒施，并翻耕于土中。适当补充钙、铁等中、微量元素。农家有机肥以 60% 在作畦时施在地面，40% 在幼苗移栽时再进行穴施或沟施。

2. 追肥

（1）缓苗期 结球甘蓝定植十余天，经过浇水、中耕蹲苗后，开始第一次追肥，每 667m² 施人粪尿 1000kg 左右，为莲座期生长提供充足养分。

（2）莲座初期　此时甘蓝根系活动能力加强，可进行第二次追肥，促进结球。每 667m² 施 30% 以下的稀人粪尿 2000～3000kg，并增施速效氮肥 15～20kg，以加速叶片生长。

（3）莲座盛期　可进行第三次追肥，应在行间开沟或挖穴，追施有机肥，同时增施硫酸铵、过磷酸钙等肥料，施后覆土并浇水。

（4）结球期　进入结球期后，在初期和中期，再分别追肥两次，每次追施磷酸铵 15～20kg。到甘蓝结球后期，一般不再追施有机肥。

四、生菜

生菜（*Lactuca sativa* L.）是叶用莴苣的俗称，属菊科莴苣属，为一年生或二年生草本植物（图 10-4）。生菜以食叶为主，味道鲜美，营养丰富。生菜传入我国的历史较悠久，目前已成为我国发展较快的绿叶蔬菜。

图 10-4　生菜

（一）需肥特性

生菜需水、需肥量大，养分吸收量随着生长速度的加快和生长量的增加而增加，全生育期需要的氮肥最多。

生菜整个生长周期对肥料的要求：苗期对氮肥的需求较多，对磷次之，钾肥的需求较少；到了中期，此时进入生菜生长的旺盛期，对氮肥、钾肥的需求都在不断增大，氮肥的需求量达到整个生菜生长期的高峰，而此时对钾肥的需求量也在不断地增大；到了中后期，也就是生菜开始结球的时期，此时对钾肥的需求达到高峰，氮肥的需求则开始慢慢减少。生菜的生长除了对氮、磷、钾有较大需求外，对其他的微量元素也有很大的需求，如：硼、铁、铜、镁、锌、钼等。如果缺少了必要的微量元素，势必会对生菜的生长、品质和生菜自身的抗病虫害能力造成较大影响。

生菜可分结球生菜和散叶生菜，喜冷凉环境，既不耐寒又不耐热，生长适宜温度为 15～20℃，应选择富含有机质、微酸性（pH 值 5～7）的土壤种植。每生产 1000kg 生菜，需吸收氮 2.5kg、磷 1.2kg、钾 4.5kg。其中结球生菜需钾较多。生菜生长期需要氮、磷、钾肥配合施用。

由于生菜根系分布浅，吸收能力弱，对氧的要求高，因此，以具有保水、保肥、富含有机质的壤土和砂壤土栽培为宜。生菜对土壤的营养要求较高，具体来说生菜需氮量多，钾次之，磷最少。一般认为每生产 1000kg 结球生菜需要消耗氮 3.7kg、磷 1.45kg、钾 3.28kg。结球生菜生长迅速，喜氮肥，生长初期吸肥量较少，在播后 70～80d 进入结球期，养分吸收量急剧增加，在结球期的一个月里，氮的吸收量可以占到全生育期的 80% 以上，磷、钾的吸收与氮相似，尤其是钾的吸收，不仅吸收量大，而且一直持续到收获。幼苗期缺磷对生长影响最大，结球期缺磷会影响生菜结球。结球期缺钾，严重影响叶片重量。

（二）有机肥施用技术

在每 667m² 产结球生菜 2500～3000kg 的地块上，全生育期每 667m² 施肥量为农家有机肥 2500～3000kg。莲座期每 667m² 施尿素 11～14kg、硫酸钾 8～9kg，包心初期施尿素 11～14kg、硫酸钾 8～9kg。莲座期叶面喷施 1.0% 的硝酸钙溶液。

第二节　茄果类蔬菜需肥特性及有机肥施用技术

　　茄果类蔬菜主要包括番茄、茄子、辣椒等。茄果类蔬菜是喜温、喜肥作物，根系比较发达，都以浆果供食用。茄果类蔬菜在整个生育期对各种营养元素非常敏感。因此，为了获得优质高产蔬菜，在每个生物生长发育期间都必须科学合理地施肥，利用施肥作为一个主要调节的手段，以达到营养生长与生殖生长协调进行。

一、番茄

　　番茄（*Lycopersicon esculentum* Mill.），即西红柿，是茄科番茄属一年生或多年生草本植物（图 10-5），番茄的食用部位为多汁的浆果。番茄果实营养丰富，具特殊风味。

图 10-5　番茄

（一）需肥特性

　　番茄是需肥较多、比较耐肥的茄果类蔬菜。它对氮、磷、钾的需求量以钾最多,其次是氮,磷较少。生产 1000kg 樱桃番茄需纯氮 3.85kg、五氧化二磷 1.15kg、氧化钾 4.44kg。定植前,每 667m² 施有机肥 5000kg、生物有机复合肥 200kg、尿素 50kg、过磷酸钙 30～50kg。樱桃番茄对氮、磷、钾的吸收比例为 1.0∶0.3∶(1.2～1.3)。

番茄不同生育期养分吸收量不同,吸收量随着植株的生长发育而增加。在幼苗期以吸收氮素为主,随着茎的增粗和增长对磷、钾的需求量增加。在结果初期,氮吸收量在三种主要营养元素(氮、磷、钾)中占 50%,钾只占 32%。进入结果盛期和开始收获时,则氮占 36%,钾占 50%。番茄整个植株体内氮、磷、钾的比例为 1∶0.4∶2,而番茄对氮和钾的吸收量为施肥量的 40%～50%,对磷的吸收量仅占施肥量的 20%左右,与氮、钾相差 1 倍。所以,番茄氮、磷、钾施肥量的比例应为 1∶1∶2。

(二)有机肥施用技术

1. 基肥

在移栽定植前,每 667m² 施腐熟的农家有机肥 4000～5000kg、草木灰 150kg。一般将其中的 2/3 均匀地撒于地表,结合整地翻入,1/3 施于定植沟内。

2. 追肥

(1)催苗肥 缓苗后应追施一次催苗肥,每 667m² 穴施腐熟的人粪尿 250～500kg、尿素 5kg,对早熟品种追肥量应稍大,以免出现"坠秧"现象,对中晚熟品种要控制追肥量,以防徒长。另外,施肥穴应挖在根系即将延伸到的位置,并且不要离得太近,以免造成烧根。

(2)催果肥 第一穗果开始膨大时,结合浇水每 667m² 施人粪尿肥 500kg、尿素 8～10kg。

(3)盛果肥 当第一穗果发白,第二、三穗果进入迅速膨大期时,肥水需要量达到高峰,应及时追施盛果肥。每 667m² 追施磷酸二铵 25kg、硫酸钾复合肥 25～30kg,盛果肥追施 2～3 次后,秋番茄需要再增加追肥 1～2 次,以确保中后期生长。进入盛果期后,根系吸肥能力下降,需进行根外追肥。

二、茄子

茄子（*Solanummelongena* L.）属茄科，一年生蔬菜。原产印度，我国普遍栽培，是夏季主要蔬菜之一（图10-6）。茄子食用的部位是它的嫩果，按其形状不同可分为圆茄、灯泡茄和线茄三种。茄子是少有的紫色蔬菜，营养价值也是独一无二的。

图10-6　茄子

（一）需肥特性

茄子以采收嫩果为食，氮对产量的影响特别明显。氮充足可以使茎、叶粗大，发育旺盛，形成较多发育良好的花芽，结实率也高。若氮不足，植株矮小，发育不良。从定植到采收结束均需供应氮肥，特别是在生育盛期需要量大。但如果氮素过多，会使养分在花芽中过多地积聚，出现畸形果。

茄子幼苗期需磷较多，磷促进根系发育，使茎叶健壮，提高定植苗的成活率，提早花芽分化；若磷不足，则花芽发育迟缓或不发育，或形成不能结实的花。苗期施磷多，可促进发根和提高定植后的成活率，有利于植株生长和提高产量。进入果实膨大期和生育盛期，营养三要素吸收量增多，但对磷的吸收量较少。施磷过多易使果皮硬化，影响品质。

钾对花芽的发育虽影响不大，但如缺钾或少钾，也会延迟花的形成。在茄子生长发育前期，钾吸收量与氮相似，至果实采收盛期，吸收量明显增多。有关研究人员以沙培法进行缺钾实验，表明不论何时缺钾都会影响产量。所以不要在生长发育期间中断供给钾肥。

茄子叶片主脉附近容易褪绿变黄，这是缺镁的症状。一到采果期，镁吸收量增加，这时如镁不足，常发生落叶而影响产量。土壤过湿或氮、钾、钙过多，会诱发缺镁症。果实或叶片网状叶脉褐变产生铁锈状，是缺钙或肥料过多引起的锰过剩症，或者是亚硝酸气体引起的危害，这些多会影响同化作用而降低产量。茄子对钙的反应不如番茄敏感。

（二）有机肥施用技术

1. 育苗肥

茄子苗期对营养土质量的要求较高，只有在质量高的营养土上才能培养出高质量的壮苗。一般要求在 $11m^2$ 的育苗床上，施入腐熟过筛的有机肥 200kg、过磷酸钙 5kg、硫酸钾 1.5kg，将床土与有机肥和化肥混匀。如果用营养土育苗，可在菜园土中等量加入由 4/5 腐熟马粪与 1/5 腐熟人粪干混合而成的有机肥。要求培育出的幼苗苗壮茎粗、节间短、根系发达、定植时幼苗已现蕾，定植后抗逆性强。

2. 基肥

每 $667m^2$ 施腐熟细碎的农家有机肥 5000～7000kg，并配合适量的过磷酸钙和钾肥。施用方法为均匀地撒在土壤表面，并结合翻地均匀地耙入耕层土壤。在整地时作基肥一次性施入，可以满足营养需求。在温室中栽培茄子，应增施底肥，改善土壤条件，增加地温。因此，在温室中应施腐熟的农家肥人粪尿 8000～10000kg。

3. 追肥

定植缓苗后，结合浇水施一次腐熟的人粪尿。在第一次开花后幼果期结合浇水，每 $667m^2$ 施尿素 10～15kg。门茄膨大、对茄坐稳后，增加追肥次数，10d 左右追肥 1 次，直到四门斗茄子收获完毕。此时期多次追肥可以缩短结实较少的间歇周期，促使多坐果，防落花、长大果。

三、辣椒

　　辣椒（*Capsicum annuum* L.）为茄科、辣椒属一年或有限多年生草本植物（图 10-7），果实通常呈圆锥形或长圆形，未成熟时呈绿色，成熟后变成鲜红色、黄色或紫色，以红色最为常见。辣椒是重要的蔬菜和调味品，种子油可食用，果亦有驱虫和发汗之药效。

图 10-7　辣椒

（一）需肥特性

　　辣椒属无限生长类型作物，生长期长，但根系不发达，根量少，入土浅，不耐旱也不耐涝，其需肥量大于番茄和茄子。甜椒主要收获青果，辣椒主要收获干果，辣椒较甜椒更强调磷肥、钾肥的施用，并要求在后期控制灌水，以促进果实红熟。

　　生产 1000kg 辣椒，约需氮 4.5kg、磷 1kg、钾 6kg、钙 3.5kg、镁 2kg。目标产量在 2000～4000kg/667m² 的地块，每 667m² 施用氮肥 15～

18kg、磷肥 4～5kg、钾肥 10～12kg。

辣椒在不同生育阶段对养分吸收不同，其中氮素的吸收量随生育进程稳步提高，果实产量增加，吸收量增多；磷的吸收量在不同阶段变幅较小；钾的吸收量在生育初期较少，从果实采收初期开始明显增加，一直持续到结束；钙的吸收量也随生长期而增加，若在果实发育期供钙不足，易出现脐腐病；镁的吸收高峰在采果盛期。

（二）有机肥施用技术

1. 基肥

大田基肥以有机肥为主，与化肥配合施用。有机肥可以是土杂肥、鸡粪、饼肥等。一般每 667m² 施腐熟鸡粪 3000～5000kg、饼肥 50～100kg，2/3 作基肥，1/3 施入定植沟内。大棚栽培施基肥量要大，一般每 667m² 施入优质农家有机肥 5000kg、饼肥 200kg、硝酸磷钾肥 60kg。

2. 追肥

追肥包括露地栽培和早春大棚栽培两种类型。

（1）露地栽培追肥　生长前期，每隔 5～6d 浇一次小水，随水冲入少量的粪稀。到 7 月份后，以化肥为主，分 3 次追施化肥。门椒收获后，结合培土进行第一次追肥，每 667m² 施尿素 10～15kg；对椒迅速膨大时进行第二次追肥，每 667m² 施尿素 10～15kg；在第三层果迅速膨大时进行第三次追肥，每 667m² 施尿素 20～25kg。过了 8 月份，可浇水时随水冲施粪稀，追施化肥以穴施为主，将肥料埋入土下，距根际 5～10cm 处，如果施肥时土不是很干，可先不浇水，过两天后再浇水。

（2）早春大棚栽培追肥　定植时控制肥水，防止植株徒长，造成落花、落果。当门椒果实达到 2～3cm 大时，及时浇水追肥，每 667m² 施腐熟人粪尿 500～1000kg；门椒采收、对椒长到 2～3cm 大时，施硫酸铵 10kg、硫酸钾 10kg，也可喷施过磷酸钙浸出液。第三层果实已经膨大、第四层果已经坐住，进入采收高峰时应加大追肥量，每 667m² 施硫酸钾型三元复合肥 25kg，结果后期再追肥浇水 2～3 次。前期追肥可穴施，也可撒施，注意离根系远点。后期追肥随水浇施。

第三节　瓜果类蔬菜需肥特性及有机肥施用技术

瓜果类蔬菜主要包括黄瓜、冬瓜、南瓜、丝瓜、苦瓜、甜瓜、佛手瓜等葫芦科草本植物。瓜果类蔬菜属于营养器官与生殖器官同时发育的蔬菜。除黄瓜外大都具有根系发达、叶面积大、蒸腾系数高的特点。瓜果类蔬菜均以采收嫩果或老熟果为目的，一生中分为发芽期、幼苗期、开花期和结瓜期。瓜果类蔬菜大多适宜在肥沃、深厚的砂壤或黏壤土上生长，同时各生育阶段对各种养分的需求均表现得十分迫切。

一、黄瓜

黄瓜（*Cucumis sativus* L.）为葫芦科一年生蔓生或攀缘草本植物（图 10-8）。我国各地普遍栽培，且许多地区均有温室或塑料大棚栽培。黄瓜为我国各地夏季主要蔬菜之一。

图 10-8　黄瓜

（一）需肥特性

每生产 1000kg 黄瓜需从土壤中吸收氮（N）1.9～2.7kg、磷（P_2O_5）0.8～0.9kg、钾（K_2O）3.5～4.0kg。氮、磷、钾三者的吸收比例为 1:0.4:1.6。黄瓜全生育期需钾最多，其次是氮。黄瓜定植后 30d 内吸氮量直线上升，到生长中期吸氮最多，达到吸收高峰。进入生殖生长阶段，黄瓜对磷的吸收剧增，而对氮的需要量略减。黄瓜全生育期都吸收钾，因此黄瓜生产中要注意施用钾肥。

设施（温室或大棚）黄瓜的全部有机肥和大部分磷肥作基肥施用，初花期施肥以控为主，全部的氮肥和钾肥按生育期的养分需求基施和分 6～11 次定期追施，追肥每次每 667m² 施氮量 3～4kg，施钾量 4～6kg；秋冬茬和冬春茬的氮肥、钾肥分 6～7 次追施，越冬长茬的氮肥、钾肥分 10～11 次追施。如果采用滴灌施肥，可减少 20% 的肥料用量。如果采用大水漫灌，每次施肥则需要增加 10%～20% 的肥料用量。

（二）有机肥施用技术

增施有机肥，提倡施用优质有机堆肥，老菜棚要注意多施含秸秆多的堆肥，少施禽粪肥，实行有机肥与无机肥配合和秸秆还田；并且要注意轮作倒茬，一块地上不应超过两茬，黄瓜最好和葱蒜类作物轮作。

1.基肥

用腐熟的有机肥作基肥，一方面为黄瓜提供全面的营养；另一方面对熟化土壤、改良土性也很有好处。每 667m² 施腐熟好的农家有机肥 4000～5000kg，将其均匀撒施在地面上。在畦内按行距开沟，沟深、沟宽各 30cm，在沟内施入饼肥 100～150kg。同时在沟内加入氮、磷、钾复合肥 40kg，随后覆土至与地面相平，以备栽苗。

2. 追肥

苗期结合浇水用 5%～10% 的腐熟人粪尿进行追肥。一般黄瓜移栽后追肥 2 次，以农家肥为主，包括饼肥、人粪尿，可开沟条施或环施。

并加入过量过磷酸钙，每 667m² 施 10kg 左右。以后的几次追肥以化肥和人粪尿为主，二者交替施用。

移栽后的缓苗肥可结合浇缓苗水，每 667m² 用尿素 1～2kg 或硫酸铵 2～4kg。进入结果期后，每 10d 应追肥一次，每 667m² 施硫酸铵 15～20kg，采瓜盛期，每 667m² 可增加至 20～25kg。为延长采收时间，还可进行叶面喷施，可用 0.5% 尿素和 0.3% 的磷酸二氢钾进行叶面交替喷施 2～3 次。雨季施肥，为避免肥料流失，应采用穴施，随施肥随覆土为佳。

二、丝瓜

丝瓜 [*Luffa cylindrica* (L.) Roem.] 又称吊瓜，为葫芦科攀缘草本植物，营养价值很高，其食用部位为鲜嫩的果实（图 10-9），在我国为人们常吃的蔬菜。

图 10-9 丝瓜

（一）需肥特性

丝瓜生长快、结果多、喜肥，但根系分布浅，吸肥、耐肥力弱，要求土壤疏松肥沃，富含有机质。据测定，每生产 1000kg 丝瓜需从土壤中吸取氮（N）1.9～2.7kg、磷（P_2O_5）0.8～0.9kg、钾（K_2O）3.5～4.0kg。

在育苗期，丝瓜花芽开始分化，植株进行营养生长，因此需要吸收大量的氮素用于合成花芽分化和营养生长所需要的蛋白质，同时也需要吸收少量的磷、钾营养来协调其生物体的生长，促进花芽分化。

在大田生长期，丝瓜的营养生长和生殖生长并进，需要大量的氮、磷、钾营养来维持植株的协调生长，即丝瓜既需要大量的氮素营养以保证营养体的生长，又需要充足的钾素营养以维持果实的生长。因此，在这个时期一定要做到养分的平衡供应。除此之外，丝瓜在生长过程中还需要一定量的微量元素来保证其健康生长。

丝瓜定植后30d内吸氮量呈直线上升趋势，到生长中期吸氮量最多。进入生殖生长期，对磷的需要量剧增，而对氮的需要量略减。结瓜期前植株各器官增重缓慢，营养物质的流向以根、叶为主，并给抽蔓和花芽分化发育提供养分。

进入结瓜期后，植株的生长量显著增加，到结瓜盛期达到最大值。在结瓜盛期内，丝瓜吸收的氮、磷、钾量分别占总吸收量的50%、47%和48%左右。到结瓜后期，生长速度减慢，养分吸收量减少，其中以氮、钾减少得较为明显。

（二）有机肥施用技术

1. 基肥

各地施用基肥的水平差异较大，以厩肥为基肥，每667m² 用量为2000～2800kg；以土杂肥为基肥，每667m² 用量为5000kg，每窝穴施过筛的渣肥10～15kg和人畜粪尿12kg。

2. 追肥

（1）苗肥　定植后，早施2～3次提苗肥，每次每667m² 追施优质腐熟粪尿肥100～150kg，加水浇施，以满足早发的需要。

（2）果肥　结果盛期追肥5～6次，每次每667m² 追施腐熟人粪尿200～300kg。

三、冬瓜

冬瓜 [*Benincasa hispida*（Thunb.）Cogn.]，为葫芦科冬瓜属一年生蔓生或架生草本植物（图 10-10），主要分布于亚洲，其他热带、亚热带地区，我国各地均有栽培。冬瓜果实除作蔬菜外，也可浸渍为各种糖果；果皮和种子药用，有消炎、利尿、消肿的功效。

图 10-10　冬瓜

（一）需肥特性

冬瓜喜温耐热，产量高，耐贮存，果实中含有大量的水分、少量的糖和丰富的维生素 C，有消暑解热的功效，是夏季的重要蔬菜之一。

冬瓜耐肥力强，产量高，需要肥料也多，特别是磷肥的需要量比一般蔬菜多，钾肥需要量相对较少。开花结果及果实膨大期是养分吸收高峰，始瓜期是追肥的重点。每生产 1000kg 果实吸收氮（N）1.3～2.8kg、磷（P_2O_5）0.6～1.2kg、钾（K_2O）1.5～3.0kg，氮、磷、钾养分吸收比例为 1∶0.4∶1.2。

（二）有机肥施用技术

冬瓜生长期较长，根系较多，对肥水反应比较敏感。冬瓜施用猪粪、牛粪等腐熟厩肥，骨粉、人粪尿等有机肥，果实肉厚，味淡，不耐贮存。偏施氮肥，则果肉薄，味淡，不耐贮存。因此冬瓜施肥，应将农家有机肥与化肥配合施用。

1. 基肥

整地时一般每 $667m^2$ 施优质堆厩肥 1000～1500kg。也可将厩肥、磷肥、钾肥混合，在播种前按株距开窝，每窝施 1～1.5kg，然后盖土并混合，再施点清粪水，便可播种。畦中开深沟条施，也可以开穴施入，以沟施为好。基肥较少时可沟施或穴施，较多时最好一半撒施，一半集中施用。

2. 追肥

冬瓜追肥宜前轻后重，先淡后浓。生长前期只施 2～3 次清粪水，蔓长 60～100cm 时再施 2～3 次清粪水，促蔓生长；坐果时也宜少施、淡施、看苗施肥，以免生长过旺而化瓜。坐果前每次施肥可加少量化肥（每50kg加 5～10g 尿素即可），坐果后宜勤施粪水，一般 5d 左右一次，并适当增加浓度。追肥数量的分配，一般在抽蔓期以前约占全量的30%～40%，开花结果期占 60%～70%。开花结果期的肥料应在结果的前期和中期施完。为提高施肥效益，在追肥时，不要在雨前施，也不要在大雨后立即施，并注意不要让化肥弄到瓜上引起烂瓜。

四、西瓜

西瓜 [*Citrullus lanatus* (Thunb.) Matsum. et Nakai] 为一年生蔓生藤本植物（图 10-11），我国各地均有栽培，品种甚多。西瓜果肉味甜，种子含油，可作消遣食品；果皮药用，有清热、利尿、降血压之功效。西瓜堪称"盛夏之王"，是一种营养丰富、纯净、食用安全的食品。

（一）需肥特性

西瓜的茎叶繁茂，生长速度快，瓜果大，产量高，需要肥料较多，而且要求土壤养分全面，如果营养不足或养分比例不当，则会严重影响产量和品质。

图 10-11　西瓜

西瓜吸收的主要营养元素为氮、磷、钾和钙、镁及多种微量元素。氮能促进植株正常生长发育，使叶片葱绿、瓜蔓健壮。氮肥供应不足影响瓜的膨大，用量过多会延迟西瓜开花和影响西瓜品质。

西瓜喜吸收硝态氮肥，土壤中铵态氮过量会影响西瓜对钙、镁的吸收，易发生生理障碍。磷能促进碳水化合物的运输，有利于果实糖分的积累，改善果实的风味，同时对根系生长、种子发育和果实成熟有促进作用。缺磷时西瓜根系发育不良，开花延迟，容易落花落果，降低品质。

钾能促进茎蔓生长健壮和提高茎蔓的韧性，增强抗寒、抗病及防风的能力。缺钾会使西瓜抗逆性降低，特别是在膨瓜期，缺钾会引起疏导组织衰弱，导致养分合成和运输受阻。钙参与植株体内糖和氮的代谢，中和植物体内产生的酸，参与磷酸和糖的运输，促进对磷的吸收，对蛋白质的代谢起重要作用，也能促进营养物质从功能叶片向幼嫩组织输送。

据试验，每生产 1000kg 西瓜果实，需氮（N）2.5～3.2kg、磷（P_2O_5）0.8～1.2kg、钾（K_2O）2.9～3.6kg，三要素的比例约为3∶1∶4。西瓜一生经历发芽期、幼苗期、伸蔓期、开花期和结瓜期。西瓜不同生育期对肥料的吸收量差异较大。幼苗期的氮、磷、钾吸收总量占全生育期吸收总量的 0.18%～0.25%，伸蔓期的氮、磷、钾吸收总量占全生育期吸收总量的 20%～30%，结瓜期占 70%～80%，结瓜期的营养供应是否充足，直接影响西瓜的产量。

（二）有机肥施用技术

1. 基肥

基肥是西瓜优质、高产的基础，生产中要注重施足基肥。具体施肥量可以根据当地土壤肥力和产量水平确定。一般每 667m² 可施腐熟的优质有机肥 3000～4000kg、饼肥 100kg，结合深翻、整地施入。

2. 追肥

西瓜全生育期间要重点施好苗肥、壮蔓肥和果肥。一般施基肥充足的可不施苗肥，但对基肥不足的，每 667m² 要追施尿素 4～5kg，施肥时间掌握在幼苗长出 2 片真叶后进行。壮蔓肥要根据长势进行，一般在瓜蔓长到 40～50cm 时，结合浇水每 667m² 追施尿素 15～20kg、硫酸钾 10～15kg，以促进瓜蔓的生长。当第一批幼瓜长至鸡蛋大小且褪去茸毛时，每 667m² 追施复合肥 25～30kg，结合浇水穴施或条施，施后覆土。

第四节　葱蒜类蔬菜需肥特性及有机肥施用技术

葱蒜类蔬菜为百合科葱属二年生或多年生草本植物，具有特殊的辛辣气味，又称辛类蔬菜。葱蒜类蔬菜是人们喜爱的蔬菜之一，常见的种类有韭菜、大蒜、香葱、洋葱、大葱等。就其生育方式而言，可以分为两种类型：一类以洋葱为代表，它们在生长发育过程中先形成同化器官，然后形成产品器官，如大蒜、洋葱等；另一类以韭菜为代表，它们的同化器官本身就是产品器官，如韭菜、韭葱、香葱等。以上两类的共同特点是根系为弦状根，几乎没有根毛，入土浅，根群小，吸肥力弱，需肥量大，是蔬菜生产上的喜肥和耐肥作物。

一、大葱

大葱（*Allium fistulosum* L.）为百合科葱属二年生草本植物

（图 10-12），我国葱属蔬菜有一百多种，主要分布在西北、东北以及华北等地区。大葱在我国蔬菜生产中占有极其重要的地位，是人们日常生活中常用的调味蔬菜之一。

图 10-12　大葱

（一）需肥特性

大葱是喜肥作物，对氮素营养的反应十分敏感，在氮、磷、钾肥料供应充足的情况下，增施中、微量营养元素对大葱的生长和品质也有一定的作用。大葱叶的生长需要较多的氮肥，如果氮肥供应不足，大葱叶数少，面积小，而且叶身中的营养物质向葱白中运输贮存的也少，缺氮不仅影响大葱的生长，而且也影响葱白的品质。钾肥施用量仅次于氮肥，参与大葱光合作用和促进糖类的运输，特别是在葱白膨大期，钾肥供应不足会严重影响产量和品质。磷能促进新根发生，增强根系活力，扩大根系营养面积和吸收能力，对培育壮苗、提高幼苗抗寒性和产量有重要作用。每生产 1000kg 大葱，需吸收纯氮 2.7～3.0kg、五氧化二磷 0.5～1.2kg、氧化钾 3.3～4.0kg，吸收总量以钾最多，氮次之，磷最少；氮、磷、钾的吸收比例为 1：0.4：1.3。

大葱在不同生育期，由于其生长量不同，对养分的吸收量也不尽相同。大葱的产品器官形成期一般在营养生长期后，产品器官形成期需水、肥较多。越冬大葱在幼苗期，因气温较低，生长量很小，养分需要量也较少。春季返青到定植期为幼苗生长旺盛期，是培育壮苗的关键时期。定植期一般在第二年 6 月份，定植后由于夏季气温高，生长迟缓，养分吸收量很少。随着天气逐渐转凉，昼夜温差加大，植株生长速度加快，葱白开始迅速伸长和加粗，这一时期养分需要量大，是施肥、培土、增加产量的关键时期。进入 11 月份，温度下降，大葱遇霜后，植株生长几乎停止，养分吸收量迅速下降。

（二）有机肥施用技术

1. 苗床施肥

每 667m² 施腐熟有机肥 2000kg，配施过磷酸钙 20kg。随着幼苗生长，分 2～3 次进行追肥，每次每 667m² 施尿素和三元复合肥共 10kg 左右。

2. 基肥

定植前施足基肥，每 667m² 施有机肥 3000～4000kg，结合耙地施三元复合肥 25～30kg，然后精耕细耙。

3. 追肥

（1）发叶盛期　大葱第一次追肥在 8 月上旬缓苗后、即将进入发叶盛期前进行，每 667m² 追施尿素 5～10kg。第二次在 8 月下旬进行，此时正值发叶盛期，每 667m² 施尿素 5～10kg、硫酸钾 15kg。

（2）葱白形成期　在 9 月下旬至 10 月上旬，随培土或浇水每 667m² 施尿素 10～15kg、硫酸钾 15kg。大葱植株进入生长盛期施用钾肥可提高假茎的品质和单位面积产量。

二、大蒜

大蒜（*Allium sativum* L.）又叫蒜头、大蒜头、独蒜、独头蒜等，是蒜类植物的统称（图 10-13）。大蒜为半年生草本植物，百合科葱属，

图 10-13   大蒜

以鳞茎入药。大蒜味辛辣，有刺激性气味，可食用或供调味，亦可入药。大蒜具有抗癌功效，深受大众喜爱。

（一）需肥特性

大蒜是须根系植物，入土浅，吸肥水能力弱，具有喜冷凉怕热、喜湿怕旱怕涝、喜肥耐肥的生态特性。对华北秋种头、薹兼用大蒜，在施用有机肥的基础上，每 $667m^2$ 施氮肥 $12\sim20kg$、磷肥 $6\sim10kg$、钾肥 $8\sim15kg$。全部有机肥、磷肥、1/2 钾肥及 1/3 氮肥作基肥，其余肥料主要在鳞芽花芽分化期和鳞茎膨大期分次施用。

大蒜对氮的吸收主要在中后期，对磷、钾的吸收主要在前期和中期。大蒜根系较浅，吸收力较弱，因此需要施足底肥，特别是腐熟的有机肥。硫是大蒜品质构成元素，适当施用硫（可用硫酸钾），不仅可使蒜头增重，并使畸形蒜减少。

（二）有机肥施用技术

1. 基肥

每 $667m^2$ 施充分腐熟发酵的农家肥 $3000\sim5000kg$，配施尿素 $4\sim$

7kg、磷酸二铵 13～20kg、硫酸钾 8～15kg。

2. 追肥

（1）催苗肥　底肥不足地块，出苗后 15～30d 进行追肥，每 667m² 施尿素或高氮复合肥 10～15kg；肥力较高、底肥较足田块可不施催苗肥。

（2）越冬肥　越冬前（9 月下旬至 12 月上旬），每 667m² 施尿素或高氮复合肥 6～9kg。

（3）返青肥　春季气温回升，大蒜的心叶和根系开始生长时施用，即在春分左右，每 667m² 追施高氮复合肥 8～10kg。

（4）催薹肥　返青期后至刚抽薹时（2 月下旬至 4 月初），每 667m² 施尿素、硫酸钾各 11～17kg。

（5）蒜头膨大肥　蒜薹采收前以追施速效氮肥、钾肥为主，每 667m² 施高浓度硫基复合肥 25～30kg。若单施尿素，5～10kg 即可，不可多施，否则会引起已经形成的蒜瓣幼芽返青，又重新长叶而消耗蒜瓣的养分。

三、韭菜

韭菜（*A. tuberosum* Rottl. ex Spreng.）属百合科多年生草本植物，具特殊强烈气味，叶、花薹和花均作蔬菜食用（图 10-14）；韭菜的主要营养成分有维生素 C、维生素 B₁、维生素 B₂、尼克酸、胡萝卜素、碳水化合物及矿物质。种子等可入药，具有补肾、健胃、提神、止汗固涩等功效。韭菜适应性强，抗寒耐热，全国各地都有栽培。

（一）需肥特性

韭菜是喜肥作物，耐肥力强，其需肥量因年龄不同而不同。当年播种的韭菜，特别是发芽期和幼苗期需肥量少。2～4 年生韭菜，生长量大，需肥较多，幼苗期虽然需肥量小，根系吸收肥料的能力较弱，但如果不施入大量充分腐熟的有机肥，很难满足其生长发育的需要。所以随着植株的生长，要及时观察叶片色泽和长势，结合浇水，进行追肥。韭菜进入收割期以后，因收割次数较多，必须及时进行追肥，补充肥料，

图 10-14　韭菜

满足韭菜正常生长的需要。在养根期间，为了增加地下部养分的积累，也需要增施肥料。

　　韭菜对肥料的要求，以氮肥为主，配合适量的磷、钾肥料。只有氮素肥料充足，叶片才能肥厚、鲜嫩。增施磷、钾肥料，可以促进细胞分裂和膨大，加速糖分的合成和转运。但施钾过多，会使纤维变粗，降低品质。施入足量的磷肥，可促进植株的生长和植株对氮的吸收，提高产品品质。增施有机肥可以改良土壤，提高土壤的通透性，促进根系生长，改善品质。一般每生产 5000kg 韭菜，需从土壤中吸收氮（N）25～30kg、磷（P_2O_5）9～12kg、钾（K_2O）31～39kg。

（二）有机肥施用技术

1. 基肥

　　首先要在苗床或育苗地内育苗，当韭菜苗高长至 18～20cm 时定植。定植前，在定植地内每 $667m^2$ 施入腐熟的有机肥 5000kg，撒施，翻耕入土，整平地后按栽培方式作畦或开定植沟，畦内或沟内再施入腐熟有机肥 2000kg，肥料与土壤混合均匀后即可定植。

2. 追肥

春季管理：返青前清除地面枯萎杂草，并进行中耕培土。每年培土1～2次，培土厚度为2～3cm。早春温度过低，浇水不宜过早，浇水时间和浇水量应根据天气和土壤墒情而定。返青后结合浇水追施一次粪稀水或尿素，之后加强中耕，增加土壤通透性，提高地温。韭菜需要刀刀追肥，每次收割后，待伤口愈合、新叶长出2～3cm时，结合浇水每667m²冲施腐熟人粪尿1500～2000kg。

夏季管理：夏季高温多雨，韭菜生长势减弱而呈现"歇伏"现象，一般不收割，管理上应控水养根，及时清除杂草，并注意排水防涝。防止倒伏烂秧，花薹抽生后及时采摘，减少养分消耗。

秋季管理：入秋后，气候转凉，韭菜生长旺盛，应加强肥水供应。一般每7～10d浇一次水，经常保持地面湿润，结合浇水追2～3次肥。10月下旬以后停止浇水施肥，促使叶部营养向根茎转移，为翌春韭菜的健壮生长奠定物质基础。

四、洋葱

洋葱（*Allium cepa* L.）又名葱头、圆葱，是百合科葱属多年生草本植物（图10-15）。原产亚洲西部，在我国广泛栽培，是我国主栽蔬菜

图10-15　洋葱

之一。洋葱是一种很普通的廉价家常菜，其肉质柔嫩，汁多辣味淡，品质佳，适于生食。洋葱供食用的部位为地下的肥大鳞茎（即葱头）。其风味鲜美，有特殊的芳香味，能增进食欲，帮助消化，具有较高的营养价值和药用价值。

（一）需肥特性

洋葱养分的吸收量以钾最多，其次是氮，而磷最少，洋葱对氮、磷和钾的吸收比例为 $1:0.4:1.9$。洋葱生长的前半期为叶片形成期，所需营养以氮为主，缺氮期出现越早，减产幅度越大；后半期为鳞茎膨大期，对钾的反应敏感，缺钾会严重影响产量和品质。洋葱施氮肥的高效期为叶部生长的旺盛时期。

洋葱是喜硝态氮作物，当铵态氮和硝态氮的比率为 $5:5$ 时叶质量较 $1:9$ 时稍有降低，而当比率为 $9:1$ 时叶质量较 $1:9$ 时降低 60%。洋葱在低温条件下对磷的吸收和转运均受到抑制。磷素对根的伸长生长起重要作用，生长初期缺磷时，洋葱根不生长，尤其幼苗期缺磷则枯死。增施氮肥、磷肥均能提高洋葱鳞茎的干物质量和含糖量。钾对提高洋葱耐藏性有重要作用，生育初期应充分供给氮素和钾素。

（二）有机肥施用技术

1. 基肥

洋葱基肥一般每 $667m^2$ 施充分腐熟的农家有机肥 $800\sim1000kg$、过磷酸钙 $28\sim30kg$、硫酸钾 $14\sim15kg$，将三种肥料充分混匀，结合整地施入基肥，基肥宜撒施在耕地的中上层，以利于根系吸收。整地翻耕，精细耙平耙细，施足底肥，底肥要施匀、施足、施透，避免偏施、少施、漏施。

2. 追肥

（1）苗肥　苗肥可结合浇水同步进行。定植后 $5\sim6d$，每 $667m^2$ 施充分腐熟的农家有机肥人粪尿 $600\sim800kg$，兑水 $800kg$，均匀洒施。如土壤酸性偏大，适量撒施草木灰 $400\sim500kg$，调节土壤性能，以利于洋葱生长。

（2）茎叶肥　缓苗后，为促进茎叶和营养器官的生长，要适时适量地追肥。结合中耕、松土、除草，可每667m² 追施硫酸铵10kg，加水800kg，或施其他氮肥40～50kg。

（3）膨大肥　茎叶膨大期是决定洋葱产量的关键时期，因此要及时追肥补肥。此阶段一般追肥2～3次。可每667m² 施充分腐熟的50％人粪尿800kg，结合中耕、除草施匀。需要注意的是要掌握追肥的最佳时机，追肥过早易造成地上部叶子贪青徒长，影响鳞茎膨大；追肥过晚，则会造成养分不足，影响鳞茎迅速膨大，推迟成熟期，影响产量。

第五节　根茎类蔬菜需肥特性及有机肥施用技术

根茎类蔬菜的食用部分为根或者茎，比如生姜、胡萝卜、白萝卜、马铃薯、莲藕、葛根、魔芋、甘薯、山药、莴笋、茭白等。

一、生姜

生姜（*Zingiber officinale* Roscoe）是姜科多年生草本植物（图10-16），供食用的部位为不规则的块茎，具有辛辣味。生姜是一种极为重要的调味

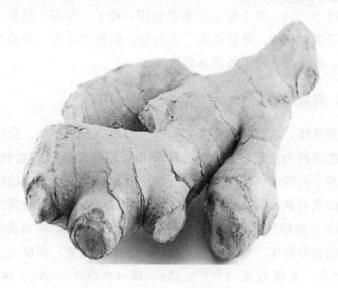

图10-16　生姜

品，同时也可作为蔬菜单独食用，而且还是一味重要的中药材。

（一）需肥特性

每生产 1000kg 鲜姜约吸收氮（N）6.3kg、磷（P_2O_5）1.3kg、钾（K_2O）11.2kg，氮、磷、钾吸收比例为 5∶1∶8。生姜的根茎在幼苗期生长缓慢，生长量小，对氮、磷、钾吸收量较少，旺盛生长期对磷的吸收量缓慢增加，对氮、钾的需求量猛增，尤其在旺盛生长的前期对钾肥的需求量最多，氮肥次之；在旺盛生长期的中、后期吸收氮多于钾，吸收钾多于磷。

（二）有机肥施用技术

有机肥在播种前结合整地撒施，一般每 $667m^2$ 施充分腐熟的农家有机肥 600～2500kg，施后旋耕；播种前将粉碎的饼肥和化肥集中施入播种沟中，一般每 $667m^2$ 施饼肥 75～100kg、纯硫基复合肥 50kg。

二、萝卜

萝卜（*Raphanus sativus* L.）为十字花科萝卜属二年生或一年生草本植物（图 10-17），萝卜根可作蔬菜食用；种子、鲜根、枯根、叶皆可入药，种子消食化痰，鲜根止渴、助消化，枯根利二便，叶治初痢，并预防痢疾，种子榨油可工业用及食用。

（一）需肥特性

萝卜是喜肥、水的速生性蔬菜，以肉质根为食用产品。全生育期分为苗期、莲座期和肉质根膨大期三个阶段。苗期对养分的吸收量较少；莲座期对养分的需求逐渐增多；肉质根膨大期对氮、磷、钾的吸收进入高峰期，此期对氮的吸收量约占总需求量的 75%，磷的吸收量约占总需求量的 90%，钾的吸收量约占总需求量的 85%。因此，在肉质根膨大期保证充足的养分供应，对提高其产量和质量尤为重要。据研究，每生产 1000kg 萝卜，要吸收氮（N）2.3kg、磷（P_2O_5）0.9kg、钾（K_2O）3.1kg，氮、磷、钾养分吸收比例约为 2∶1∶3。另外，萝卜对硼、钙比

图 10-17　萝卜

较敏感，硼有利于肉质根膨大，防止龟裂；钙有利于改善品质，防止糠心。

苗期需要有充足的氮素营养，以促进苗齐、苗壮，但不可过量，以免造成徒长。苗期对磷、钾需要较少。养分吸收量从莲座期开始迅速增加，肉质根膨大期植株地上养分向地下转移。

从肉质根头部开始膨大，俗称"露肩"时起，萝卜对氮、磷、钾，特别是钾的吸收量显著增加，此时是追肥的关键期，但注意氮肥不宜过量；莲座期氮过量会造成茎叶徒长，肉质根膨大盛期氮过量会造成萝卜裂根；注意改进施肥方法，追肥勿离根太近，以免伤根；北方石灰性土壤有效锰、锌、硼、钼等微量元素含量较低，应注意微量元素的补充。

（二）有机肥施用技术

1. 基肥

施足基肥是萝卜丰产的关键，萝卜根系发达，选择土壤 pH 值为 5.3～6.8，土层 30cm 以上，疏松透气、肥沃的砂壤土为宜，黏重土壤仅适于栽培直根入土浅的露身品种，否则，根系和肉质直根容易发生分

叉、畸形，影响产品质量。选择新垦地或酸性土壤种植，每 $667m^2$ 撒施
$1.0\sim1.5kg$ 石灰和硼砂，深耕入土，防止缺硼症。播种前每 $667m^2$ 施用
腐熟农家有机肥 $2500\sim3000kg$、复合肥 $35\sim40kg$。基肥要求全层撒施，
施后深翻入土，耙平作畦。

　　一般畦宽 $1.0\sim1.2m$，畦高 $10\sim15cm$。整畦后每 $667m^2$ 施用腐熟
人粪尿 $1500\sim2000kg$ 于播种沟或播种穴中。每 $667m^2$ 大型萝卜穴播的
需种量为 $0.34\sim0.50kg$，每穴点播 $6\sim7$ 粒，中型品种条播的需种量为
$0.6\sim1.2kg$，小型品种撒播的需种量为 $1.8\sim2.0kg$。大型品种行距 $50\sim$
$60cm$，株距 $25\sim40cm$；中型品种行距 $40\sim50cm$，株距 $15\sim25cm$；小型
品种间距 $10\sim15cm$。播深 $1.5cm$，播后覆土 $2cm$ 左右，这样可使幼苗生
长健壮、肉质根发育良好。

2. 追肥

　　追肥以速效氮、钾化肥为主。土壤瘠薄、基肥不足或基肥深翻的要
早施追肥，施用过迟会使肉质根黑箍、破裂，甚至产生苦味，品质变劣。
在肉质根膨大期，忌偏施氮肥，否则会使肉质根中的氮碱含量增多，萝
卜味道变苦。追肥忌浓度过高或离根部太近，以免烧根。一般生长期短
的中、小型萝卜需追肥 $1\sim2$ 次，大型萝卜和生长期长的品种需追肥 $3\sim$
4 次。追肥时期不同，其作用亦不同。

　　（1）早施提苗肥　在萝卜子叶充分展开时，结合间苗进行轻度松土，
每 $667m^2$ 施 20% 人粪尿 $500\sim800kg$，点播或条播的萝卜可点根浇施，撒
播的全面浇施。

　　（2）适施壮苗肥　在萝卜第 $2\sim3$ 片真叶展开时进行第 2 次间苗，此
时由于幼苗需要养分较少，要求轻施追肥，每 $667m^2$ 施用稀薄的人粪尿
$800\sim1000kg$。

　　（3）重施团棵肥　在萝卜进入莲座期"见破肚"时（$5\sim6$ 片真叶
时）进行定苗，即距上次施肥 $15d$ 左右，结合中耕，每 $667m^2$ 施用 30%
人粪尿约 $1000kg$，兑水至 5% 肥液浇施。

　　（4）酌施膨大肥　土壤贫瘠、植株长势较弱、叶片发黄的萝卜田块，
在肉质根膨大前期每 $667m^2$ 施尿素 $10\sim12kg$、硫酸钾 $8\sim10kg$；大型萝
卜和生长期长的品种，在萝卜露肩时或露肩后的肉质根生长盛期，隔
$10\sim15d$ 再施 1 次，每 $667m^2$ 施用 20% 人粪尿约 $1000kg$，兑成 0.5% 水

溶液浇施，也可施用草木灰150～200kg。收获前15～20d不能追施人粪尿，否则会使叶片徒长，肉质根开裂，品质变劣。

三、马铃薯

马铃薯（*Solanum tuberosum* L.）又称土豆，是茄科茄属一年生草本植物（图10-18）。其块茎可供食用，是重要的粮食、蔬菜兼用作物。马铃薯具有很高的营养价值和药用价值，有"地下苹果"之称。

图10-18　马铃薯

（一）需肥特性

马铃薯属高产喜钾作物，每生产500kg块茎需要吸收氮（N）2.5kg、磷（P_2O_5）1.0kg、钾（K_2O）4.5kg，氮、磷、钾比例为2.5：1：4.5，即马铃薯对钾肥的需求量是氮肥的约2倍。除氮、磷、钾外，钙、硼、铜、镁等微量元素也是马铃薯生长发育必需的营养成分，尤其是对钙元素的需求量相当于钾的1/4。

马铃薯的各个生育时期，所需营养物质的种类和数量不同。从发芽到幼苗期，由于块茎中含有丰富的营养，所以吸收养分较少，约占全生育期的25％。块茎形成期到块茎膨大期，由于茎叶大量生长和块茎的迅速形成和膨大，所以吸收养分最多，占全生育期的 50％以上。淀粉积累期吸收养分较少，约占全生育期的 25％。各生育期吸收氮、磷、钾的情况是苗期需氮较多，中期需钾较多，整个生长期需磷较少。

（二）有机肥施用技术

1. 基肥

马铃薯应重施基肥，基肥施用量一般占总施肥量的 2/3 以上，基肥以腐熟的农家肥为主，增施一定量化肥。具体施肥量为：在每 667m² 产马铃薯 1500kg 左右的地块，施腐熟的农家有机肥 1500～2500kg、尿素 20kg、普钙 20～30kg、钾肥 10～12kg，将化肥施于离薯块 2～3cm 处，避免与种薯直接接触，施肥后覆土，也可将化肥与有机肥混合施用，可提高化肥利用率。每 667m² 产马铃薯 2500～4000kg 的地块，播种前每 667m² 施腐熟有机肥 2500～3000kg、肥量相当的复合肥 20～30kg。

2. 追肥

马铃薯幼苗期（齐苗后）追施氮肥，结合中耕培土每 667m² 用尿素 5～8kg 兑水浇施。马铃薯开花后，一般不进行根际追肥，特别是不能在根际追施氮肥，否则施肥不当造成茎叶徒长，阻碍块茎的形成，延迟发育，易产生小薯和畸形薯，干物质含量降低，易感晚疫病和疮痂病。发棵期结束时，每 667m² 施氧化钾 3～4kg。在马铃薯团棵期、现蕾期向叶面喷施硼、锰、锌、铁等微量元素肥料，有利于体内碳水化合物的运移，并防止叶片黄化，提高产量。马铃薯开花后，主要以叶面喷施方式追施磷肥、钾肥，每隔 8～15d 叶面喷施 0.3％～0.5％磷酸二氢钾溶液 50kg/667m²，连续 2～3 次，若出现缺氮现象，可用 1％～2％的尿素溶液喷施。通过根外追肥可明显提高块茎的产量，改善块茎的品质和耐贮性。

四、山药

山药（*Dioscorea opposita* Thunb.）原名薯蓣，又名怀山药，为多年生宿根性蔓生植物，既可入药，又可当蔬菜，以其肥大的圆柱状块茎供食用（图 10-19）。其肉质细腻、风味独特、营养丰富，是药食兼用的作物，且产量高、效益好。

图 10-19　山药

（一）需肥特性

山药对养分的吸收动态与植株鲜重的增长动态相一致。发芽期，植株生长量小，对氮、磷、钾的吸收量亦少。甩蔓发棵期，随着植株生长速度的加快，生长量增加，对养分的吸收量也随着增加，特别是对氮的吸收量增加较多。进入块茎生长盛期，茎叶的生长达到高峰，块茎迅速生长和膨大，对氮、磷、钾的吸收也达到高峰。据测定，每生产1000kg块茎，需纯氮4.32kg、五氧化二磷1.07kg、氧化钾5.38kg，所需氮、磷、钾的比例为4∶1∶5。山药生长前期供给适量的速效氮肥，有利于藤蔓的生长。进入块茎生长盛期，要重视氮、磷、钾的配合施用，特别要重视钾肥的施用，以促进块茎的膨大和物质积累。生长后期要控制氮肥的施用量，防止藤蔓徒长。山药是忌氯作物，土壤中氯离子过量会影响山药生长，表现为藤蔓生长旺盛，块茎产量降低、品质下降、易碎易断，不耐贮藏和运输。因此，在生产中不宜施用含氯肥料。

山药的生育期较长，需肥量很大，因此，它喜肥效较长的有机肥。

由于块茎的形成伴随着淀粉等物质的积累，故磷、钾的需求量相对较大。山药在生长前期，由于气温低，有机养分释放慢，宜供给适量的速效氮肥，促进茎叶生长；生长中后期，块茎的生长量急增，需要大量的养分供应，因此，除供给足够的氮肥保持茎叶不衰老外，还应补施磷肥、钾肥，促进块茎膨大与充实，提高产量和品质。一般是将有机肥与适量的过磷酸钙堆沤发酵腐熟后，混合适量钾肥作底肥，基本能满足全生育期对养分的需求。在块茎生长中后期，视植株长势而追施适量速效肥料，以防早衰。

（二）有机肥施用技术

1. 基肥

山药喜有机肥，从播种直到发棵都可铺施，铺施数量不限，可适量多施。下种后到出苗前，将种植沟两侧行间土壤深翻 $20\sim30cm$，施入基肥。有机肥和无机肥要配合施用，施腐熟厩肥或粪肥 $2000\sim4000kg/667m^2$，腐熟的鸡粪最好，外加尿素 $20\sim25kg$、过磷酸钙 $15kg$、硫酸钾 $25\sim35kg$，在整地前应全田均匀撒施，施肥后将肥料深耕翻入 $30cm$ 耕层中。

2. 追肥

山药生长前期施氮肥，有利于茎叶生长，一般在苗出齐或移植成活后施一次稀粪尿，以后每隔 $20\sim30d$ 施一次 50% 的人粪尿，植株现蕾时重施肥一次，可用较浓的人粪尿适当加饼肥；并及时使用化控促花产品，抑制徒长，迫使过剩的营养返回流向块茎，提升块茎膨大水平。

第十一章

果树需肥特性及
有机肥施用技术

第一节　苹果需肥特性及有机肥施用技术

　　苹果（*Malus pumila* Mill.）是我国栽培面积最广、产量最多的果树品种之一，是落叶果树中较耐寒的树种，在我国主要分布在长江以北的广大地区（图 11-1）。苹果产区若地势平坦、土层深厚、排水良好、土壤有机质含量较高，则有利于苹果的生长发育。从苹果的生产特点看，

图 11-1　苹果

其适应性强、丰产性好、结果周期长、品种繁多、耐贮运。如果采用较先进的贮藏方法可周年供应市场。另外，苹果具有较高的营养价值，富含糖、淀粉、维生素 C、脂肪、蛋白质、果胶、胡萝卜素、烟酸、钙、镁、锌等营养成分。

一、苹果需肥特性

苹果树体内前一年储藏营养物质的多少直接影响果树树体当年的营养状况，影响果树的花芽分化和生长发育，而当年储藏营养物质的多少又直接影响果树翌年的生长和开花结果。

苹果氮素营养研究表明：苹果树冠和生殖器官中氮素含量增长最快的时期是春季萌芽后的最初几周，也是新梢旺盛生长期，而此期的氮素供应主要来自于树体内的储藏营养，这部分储藏营养是果树在落叶前将叶片中的蛋白质等进行水解变成简单的含氮化合物转运到枝、树干、根的皮层中再合成储藏蛋白质储存起来，成为果树翌年初期新梢生长的养分来源。因此，芽萌发后的最初几周内苹果树营养生长的优劣主要取决于树体内储藏氮素等营养元素的状况。秋季苹果树在采收之后及时供给氮素等营养有助于促进来年的生长发育。此外，苹果树的根系比较发达，且根系多集中在地表 20cm 以下，可吸收深层土壤中的水分和养分，为改善苹果的营养状况需注意深层土壤的改良与培肥。

不同树龄的苹果树需肥规律不同。苹果幼树以长树扩大树冠、搭好骨架为主，以后逐步过渡到以结果为主。由于各生长时期的生长重心不同，因此苹果对养分的需求也各有不同。苹果幼树需要的主要养分是氮和磷，特别是磷素，其对植物根系的生长发育具有良好的作用。建立良好的根系结构是苹果树冠结构良好、健壮生长的前提。成年果树对营养的需求主要是氮和钾，特别是由于果实的采收带走了大量的氮素和钾素等许多营养元素，若不能及时补充则将严重影响苹果翌年的生长及产量。

苹果幼树初果时以中、长果枝结果为主，进入盛果期则转入以短果枝结果为主；在果树的生长过程中，随树龄的增加结果的部位不断更替，其对养分的需求数量和比例也随之发生较大的变化。

苹果缺氮最初出现在新梢和老叶上。新梢短而细，叶片小，嫩梢木质化后，变为淡红褐色。枝条基部叶片黄化，逐渐向枝梢顶端发展，后新梢嫩叶变黄，甚至造成落叶和生理落果。缺磷最初出现在新梢和老叶上，叶片小而薄，枝叶呈灰绿色，叶柄及背面叶脉为紫红色，开花展叶延迟，新枝细弱，分枝较少。严重缺磷时，老叶变为黄绿色和深绿色相间的花叶状，有时产生红色或紫红色斑块，叶缘出现半月形坏死斑，很快脱落，缺磷还导致花芽分化不良，抗逆性差，易受冻害。缺钾先从新梢中部或下部叶出现，叶尖和叶缘常发生初为紫色后变褐色的枯斑，邻近枯斑的叶组织仍在生长，致使叶片皱缩。缺钾严重时整个叶片焦枯，但多不脱落；花芽小，果实着色面积小而淡。缺铁最初出现在新梢幼叶上，幼叶叶肉失绿变黄，但老叶和幼叶叶脉两侧仍保持绿色，幼叶叶片呈绿色网纹状；严重缺铁时叶脉也变成黄色，出现褐色枯斑和枯边，枝梢顶端枯焦，严重削弱树势，影响产量。缺锌主要表现在新梢和叶上，病梢发芽较晚，节间变短，顶梢小叶簇生或光秃，叶片狭小，质地脆硬，叶片呈黄色，严重时枯梢，枯枝下部可再发新梢，初时叶正常，不久又变得狭长，产生花斑。花少而小且不易坐果，果实小而畸形。缺镁幼苗基部叶片先开始褪绿脱落，最后只在顶梢残留几片薄而软的淡绿色叶片；成龄树枝条老叶叶缘和叶脉间先失绿，逐渐变成黄褐色或深褐色，新梢和嫩枝均较细长，抗寒力明显降低，开花受到限制，果实小而味差。缺硼主要表现在果实、新梢和幼叶上，缺硼时因根尖伸长和细胞分化受阻，簇生厚而脆的小叶，叶脉变红。严重时干尖，春季发芽不正常，发出的细弱枝不久即枯死，在枯死部位下又形成许多纤细枝，丛生成"扫帚枝"。果面出现凹陷，内部褐变并木质化。轻度缺钙初期，地上部分无明显症状，由于新根停止生长早，根系短而粗。缺钙严重时，新生幼根从根尖向后逐渐枯死，在枯死处后部又长出新根，形成粗短且分枝多的根群。地上部表现为叶片较小，在嫩叶上产生褪绿色至褐色坏死斑，严重时枯死或花萎缩。果实在近成熟期和运输贮藏期易发生红玉斑点病、苦痘病和水心病等。

二、苹果有机肥施用技术

有机肥中含有苹果生长发育需要的各种必需营养元素，不仅含有果树生长需要的大量营养元素 N、P、K、Ca、Mg、S 等，还含有果树生长所需要的微量元素如 Zn、Fe、B、Mn 等，对于协调各种养分元素的供应有十分重要的作用。同时，有机肥在养分供应方面较为迟缓，一般不易出现肥害现象，且供应时间长而均衡生长中不易出现脱肥现象。有机肥中含有的深色物质能提高土壤对太阳能的吸收，有利于提高早春的地温。在早春果树地上部分还未大量生长时，阳光可大量照射到地表，施入有机肥的土壤颜色较深，太阳能吸收较多、地温升高较快，能促进根系早活动、多吸收积累一些养分供树体萌发之后利用，促进苹果的生长发育。

　　苹果树的施肥应以基肥为主，一般每 $667m^2$ 施一级或二级有机肥 $1000\sim1500kg$。最好的基肥施用时间为秋季，早熟的品种在果实采收后进行；中、晚熟的品种可在果实采收前进行。秋季是苹果树的根系快速生长期之一，施肥后的断根伤口较易愈合，并且可起到一定的根系修剪作用，促进新根的萌发，有利于养分的吸收积累。追肥的施用时间因树势的不同有一定的差异，一般在萌芽前、花期、果实膨大期进行 3 次追肥，每次每 $667m^2$ 施一级有机肥 $150\sim180kg$，每次还可叶面喷施 $1\%\sim2\%$ 特级有机肥浸出液，每次每 $667m^2$ 喷施肥液 $50\sim80kg$。成年果树园最好采用全园施肥，结合中耕将肥料翻入土中。

第二节　梨树需肥特性及有机肥施用技术

　　梨（*Pyrus* spp.）是我国分布最广的重要果树之一，全国各地都有栽培（图 11-2）。梨树对土壤的适应能力很强，在山地、丘陵、沙荒、洼地、盐碱地等都能生长结果，且较易获得高产。梨树种类、品种繁多，且一些晚熟品种极耐贮藏、运输，对保证水果的周年供应和调节市场有重要意义。梨树的果实有一定的医用价值，具有助消化、润肺清心、化痰止咳、退热解疮毒等功效；富含糖、蛋白质、脂肪、胡萝卜素、硫胺素、核黄素、烟酸、维生素 C、磷、钙、铁等多种营养物质。

一、梨树需肥特性

　　梨树萌芽、开花、坐果、中短梢叶片形成都需要大量营养，但梨树根系稀疏，肥效表现慢。因此，秋施基肥让树体储藏大量营养，加上早

图 11-2　梨树

春临时追肥，才能满足需要。

梨树的树体具有储藏营养的特性。梨树树体内前一年储藏营养的多少直接影响梨树树体当年的营养状况，不仅影响其萌芽、开花的整齐一致性，而且还影响坐果率的高低及果实的生长发育。而当年储藏营养物质的多少又直接影响梨树翌年的生长和开花结果，管理不当极易形成大小年。

梨树氮素营养研究表明：梨树树冠新生器官中氮素含量增长最快的时期是春季萌芽后的最初几周，也是花和新梢旺盛生长期；而此期的氮素供应主要来自于树体内的储藏营养，这部分营养是梨树在落叶前将叶片中的营养再合成为蛋白质储存起来，成为梨树翌年初期花及新梢生长的养分来源。因此，芽萌发后的最初几周内，梨树营养生长的优劣主要取决于梨树树体内储藏氮素等营养元素的状况。

不同树龄的梨树需肥规律不同。幼龄树以长树扩大树冠、搭好骨架为主，以后逐步过渡到以结果为主。由于各生长时期的生长重心不同，因此对养分的需求也各有不同。梨幼龄树需要的主要养分是氮和磷，特别是磷素，其对植物根系的生长发育具有良好的作用。建立良好的根系结构是梨树树冠结构良好、健壮生长的前提。

梨树的结果部位与品种有一定关系，但多数品种以短果枝结果为主；也有一些品种以腋花芽进行结果的能力较强，以长果枝结果为主，进入成年后由于生长势的减弱，逐步转为完全以短果枝结果。因此，在梨树的生长中，随树龄的增加，结果的部位不断更替，其对养分需求的数量和比例也随之发生一定的变化。

梨树的花芽是在上年的6月开始进行分化的，开花和果实的发育则在当年内完成，整个过程需要2年的时间，因此在营养方面，需要注意梨树的营养生长和生殖生长的相互平衡及营养生长和果实发育的平衡。

梨树根系比较发达，一般梨树的根系比苹果树的根系大得多。梨树根系的穿透能力也很强，在土层较厚的土壤中梨树的根系可深达3m以下，其根系集中分布的土层为20～60cm。梨树的根系水平分布范围也比较广，一般可达到树冠的4倍。由于梨树的根系分布深而广，可吸收较大范围内土壤中的水分和养分。因此，相对耐土壤贫瘠和适度干旱。但为改善梨树的营养状况仍需注意深层土壤的改良与培肥。

1. 缺铁症

梨树缺铁可造成黄叶病。该病在各梨产区均有发生，其中以华北、西北地区发生较重，严重影响树势和果实产量。缺铁多从新梢顶部嫩叶开始发病，初期先是叶肉失绿变黄，叶脉两侧仍保持绿色，叶片呈绿网纹状，较正常叶小。随着病情加重，黄化程度愈加发展，致使全叶呈黄白色，叶片边缘开始产生褐色焦枯斑，严重者叶焦枯脱落，顶芽枯死。

2. 缺锌症

梨树缺锌可导致发生小叶病。表现为春季发芽晚，叶片狭小，呈淡绿色。病枝条节间短，其上着生许多细小簇生叶片。由于病枝生长停滞，其下部往往又长出新枝，但仍表现为节间短，叶色淡绿，叶片细小。病树花芽减少，花小、色淡，坐果率低，明显影响梨树产量和果实品质。锌是合成生长素的必需元素。缺锌时游离的和结合的生长素明显减少，致使生长停滞。土壤中含锌量很少，当土壤呈碱性或含磷量较高，并大量施用氮肥时或者土壤中有机质和水分过少、其他微量元素不平衡时，均易引起缺锌症。叶片中含锌量低于 10～15mg/kg 即表现出缺锌症状。

3. 缺硼症

苹果梨品种缺硼在部分梨产区发生较重。表现为春季 2～3 年生枝的阴面出现疤状突起，皮孔木栓化组织向外突出，用刀削除表皮可见零星褐色小点；严重时，芽鳞松散，呈半张开状态，叶小，叶原体干缩、不舒展，坐果率极低。新梢上的叶片色泽不正常，有红叶出现。中下部叶色虽正常，但主脉两侧凹凸不平，叶片不展，有皱纹，色淡。发病严重时，花芽从萌发到开绽期陆续干缩枯死，新梢仅有少数萌发或不萌发，形成秃枝，干枯。根系发黏，似杨树皮，许多须根烂掉，只剩骨干根。果实近成熟期缺硼，果实小，畸形，有裂果现象，不堪食用。轻者果心维管束变褐，木栓化；重者果肉变褐，木栓化，呈海绵状。秋季未经霜冻，新梢末端叶片即显红色。

二、梨树有机肥施用技术

有机肥不仅含有梨树生长所需要的各种营养元素，而且可以改良土壤的结构，增加土壤的养分缓冲能力，增加土壤的保水能力，改善土壤的通气状况，降低土壤对根系生长的阻力，有利于梨树的生长发育。

梨树的施肥应以基肥为主，一般每 667m^2 施一级或二级有机肥1100～1600kg。最好的基肥施用时间为秋季，早熟的品种在果实采收后进行。由于秋季是梨树根系的第二个快速生长高峰期，施肥后的断根伤口较易愈合，并且可起到一定的根系修剪作用，促进新根的萌发，有利于养分的吸收积累。追肥的施用时间因树势的不同有一定的差异，一般在萌芽前、花期、果实膨大期进行 3 次追肥，每次每 667m^2 施一级有机肥 160～190kg，每次还可叶面喷施 1%～2%特级有机肥浸出液，每次每667m^2 喷施肥液 50～80kg。

树体较小时一般采用轮状施肥，施肥的位置以树冠的外围 0.5～2.5m 为宜，开宽 20～40cm、深 20～30cm 的沟，将肥料与土壤适度混合后施入沟内，再将沟填平。成年梨树园最好采用全园施肥，结合中耕将肥料翻入土中。

第三节　桃树需肥特性及有机肥施用技术

　　桃（*Prunus persica* L.）属蔷薇科、李属、桃亚属植物（图 11-3）。原产于我国的西北地区，分布极广，品种很多，目前在世界南、北纬25°～45°的地区广泛栽培，在果树生产中占有重要的经济地位。桃树生长强健，对土壤、气候适应性强，无论南方、北方，还是山地、平原均可选择适宜砧木与品种进行栽培。

图 11-3　桃树

一、桃树需肥特性

　　桃树的一生可分为 4 个生物学年龄时期，各生物学年龄时期有其不同生长发育规律及养分需求特性。

1. 幼树期

　　幼树期即从定植到结果前的时间，为 2～4 年，是生长旺盛的时期，新梢生长旺，此期应加强夏季修剪，控制无用旺枝的生长，适当长放、拉平辅养枝，使其结果。幼树期需控制肥料的施用。如果幼树施肥过多，极易引起徒长，影响花芽分化，延迟结果，降低品质，容易出现生理落果和发生流胶病。

2. 盛果初期

此期一般为 2～3 年，即从定植后的第 5 年开始，此时生长与结果同时进行，主、侧枝仍需继续延伸以扩大树冠，结果枝增多，产量上升，果品质量也发挥出该品种的特点。这个时期需增加施肥量以满足增产的需要。但施肥过量，尤其在枝梢旺盛时，易加剧生理落果，推迟成熟期，导致果实着色不良，降低品质。

3. 盛果期

定植后 7～17 年，产量由上升达到稳定。在栽培管理上要根据树势和产量增加施肥量，肥料的施用量应随着树龄增长、结果量增多和枝梢生长势的减弱而适当增加。修剪上要注意枝组的更新和维持。保持各类果枝的比例，适当留果，防止增加负载量，调节结果与发枝的关系，均衡树势；并使树冠内部通风透光，保持内膛与下部正常结果，以延长盛果期的年限。

4. 衰老期

一般在定植 17～20 年以后，树体开始衰老。其明显特征是新梢长度和抽生量大量减少，树体下部和内膛逐渐空虚，结果部位上移，短果枝和花束状枝增多，产量和果品质量下降。此期应当适当增施有机肥，以增强树势、提高产量、延长寿命，同时应加重修剪，维持树势，更重要的是应着手品种更新工作。

桃树结果早，寿命短，较苹果、梨等果树耐瘠薄。一般每生产 100kg 桃，需氮（N）0.48kg、磷（P_2O_5）0.2kg、钾（K_2O）0.76kg，对氮、磷、钾的吸收比例大体为 1：0.4：1.5。桃树所吸收的矿质营养元素，除了满足当年产量形成的需要外，还要形成足够的营养生长和储藏养分，以备来年继续生长发育的需要。营养生长和生殖生长对储藏营养都有很强的依赖性，储藏营养主要通过秋季追肥提供。树体这种循环供给养分的能力使得肥料效应不会在当年完全显现。

二、桃树有机肥施用技术

桃树施肥，要根据其一生中生长、结果、衰老和一年中萌芽、开花、抽枝、结果、落叶的不同时期以及所在环境，特别是土壤条件来决定施肥的时期、次数、种类、数量和方法，做到合理施肥，才能获得预期的经济效益。桃树施肥除应掌握果树一般的施肥原则外，还应结合桃树自身的生长发育规律与营养特性进行施肥。

1. 施肥量的确定

桃树一生中的需肥情况，因种类、品种、树龄、结果量、各个生长发育阶段及土质和环境条件的变化而不同，一般原则是：幼龄树、旺树施肥量略少；弱树、结果大树施肥量多。山地、砂地果园土质瘠薄，施肥量宜多；土质肥沃的平地桃园，施肥量可略少。基肥宜多，追肥可适量。现在比较常用的是根据叶分析和土壤分析及桃树的实际肥料需要量来确定施肥量。比较常用的确定施肥量的方法主要有以下几种：

（1）调查分析　根据实际生产情况，对不同生长时期、树种、品种、所需肥量进行了解，采用定性质、定数量相结合的方法，综合对比，确定合理的施肥量。

（2）田间施肥试验　根据桃园的施肥情况，进行不同的施肥试验，多点施、定点施、定量施，从而找出最佳施肥方案。

（3）桃树营养诊断　目前在桃树上常用的诊断方法主要有以下几种：

① 树相诊断。这要求诊断者具有丰富的实践经验，一般只有在出现明显的缺素症状时才会被发现。

② 土壤分析诊断。土壤分析为果农和技术人员提供土壤及其养分状况的基础资料。土壤分析通常用在新果园上，旧果园每5年进行1次土壤分析。

③ 叶分析诊断。叶分析是判断植株是否缺素的常用手段，在实际应用中，叶分析的最大贡献是提供降低施肥量的依据。一般叶片的标准值分为5级，即缺乏、低量、适宜、高量、过量。如果叶分析值中某一元素处在高量或过量范围就应降低该元素的施用，甚至不施用。但具体应

用过程要复杂得多，首先同一种果树的叶分析标准值在不同地区可能是不同的，其次来自不同果园相同的叶分析结果并不意味着这些果园应采用同一种施肥方案。果树的结果数量、生长势、修剪措施以及土壤管理制度都会影响叶片分析的结果。

树相诊断、叶分析诊断和土壤诊断可以互相弥补不足，使诊断更准确。在桃树营养诊断的生产实践中，应在保证一定产量的前提下以提高桃果品质为目标，将 3 种诊断方法有机结合起来。国内外对叶分析诊断的采样、预处理、测试方法、标准值等进行了广泛研究，但是目前在我国应用很少，主要是缺乏快速诊断技术和设备及相应的指标等。

2. 施肥时期

（1）基肥的施用　基肥有机肥主要包括堆肥、厩肥、绿肥、饼肥等。有机肥富含氮、磷、钾等大量元素以及各种微量元素，肥效可维持 5～10 个月，可长期均衡地供应桃树生长、结果所需要的养分。尤其在春季萌芽后约 1 个月内，开花结果和春梢生长基本上是消耗树体内的储藏营养，所以基肥至为重要，必须施足。早熟品种基肥施用量可占全年施肥量的 70%～80%，中、晚熟品种占 50%～60%。通常自采果后至翌年萌芽前均可施用基肥，但以秋季早施为好，此时正值根系生长周期中最后的生长高峰，伤根容易愈合，易形成新根，恢复快，施基肥时加入适量速效肥，有利于增加树体的养分积累，提高细胞液浓度，增强树体的越冬能力，提高春季开花质量和坐果率。

秋施基肥，有机质腐烂分解时间较长，矿质化程度高，有利于春季分解转化，及时供应树体吸收，以满足果树前期开花、生长、结果的需要。所以，秋施基肥好于春施，一般在 9 月至 10 月上、中旬施用，即在落叶前一个月施用。一般 1～3 年生幼龄树每 $667m^2$ 施一级或二级有机肥 1200～1600kg；结果大树基施一级或二级有机肥 3000～3500kg/$667m^2$。

（2）追肥的施用　基肥施用充足时，萌芽前至幼果第一次迅速生长期，可不必追肥。但在基肥半施、施用不足或施用过迟的情况下，则必须追肥。应根据桃树萌芽、开花、抽梢、结果等各个生长发育时期进行 4 次追肥，每次每 $667m^2$ 施一级有机肥 150～170kg，每次还可叶面喷施 1%～2%特级有机肥浸出液，每次每 $667m^2$ 喷施肥液 50～70kg。

第四节　葡萄需肥特性及有机肥施用技术

葡萄（*Vitis* spp.）是栽培最早、分布最广的果树之一（图 11-4），在我国主要分布在东北、华北、西北和黄淮海地区，华南地区也有一定的分布。葡萄是落叶的多年生攀缘植物，喜光，在充分的光照条件下，叶片的光合效率较高、同化能力强，果实的含糖量高、口味好、产量高。

图 11-4　葡萄

一、葡萄需肥特性

葡萄对土壤的适应性很强，除含盐量较高的盐土外，在各种土壤上都可生长，甚至在半风化的含砂砾较多的粗骨土上也可正常生长。虽然葡萄的适应性较强，但不同品种对土壤酸碱度的适应能力有明显的差异：一般欧洲品种在石灰性土壤上生长较好，根系发达，果实含糖量高、风味好，在酸性土壤上长势较差；而美洲品种和欧美杂交品种则较适应酸性土壤，在石灰性土壤上的长势就略差。此外，山坡地由于通风透光，种植的葡萄往往较平原地区的葡萄高产，品质也好。

葡萄具有很好的早期丰产性能，如果土壤较肥沃，在定植的第二年即可开花结果，第三年即可进入丰产期。由于葡萄为深根性植物，没有主根，主要是大量的侧根，为使葡萄较好地进入丰产期，促进葡萄形成较发达的根系是早期施肥的主要目的。调查结果表明，种植前进行深翻施肥改土，提高深土层中养分的含量是施肥的关键。

1. 缺镁症

叶肉呈线条状或块状失绿，幼叶有肋状隆起，逐渐向叶身中部发展；沿主脉向叶身的基部保留有一个"人"字形失绿区，余下的区域呈现黄色或灰绿色；结的果实小，味淡，略有苦味。

2. 缺铁症

幼叶黄化，但叶脉呈绿色，脉纹清晰可见，叶柄基部呈紫色或红褐色斑点，并常有坏死部分；缺铁时叶小而薄，叶肉由黄色到黄白色，再变成乳白色，同时还出现网状细脉，随病情恶化叶脉失色，呈现黄色；叶片上有棕色枯斑，并发生枯顶现象。

3. 缺硼症

枝顶叶小，簇生，新梢生长点枯死或自动脱落，侧芽发生后不久就死亡；缺硼初期叶脉黄化。

4. 缺铜症

叶常常发生"叶疹症"。发病初期叶色暗绿，然后出现斑点状缺绿，直至叶片坏死或叶尖死亡，叶缘焦枯；有时叶面上出现与叶边平行的橙褐色条纹；树皮粗糙，有时树体上出现裂口，从中流出树胶。

5. 缺锌症

叶小丛生，节间短，叶的大小常不及正常叶的一半；叶边缘卷曲呈波状或皱缩向下卷曲；新梢纤细，自枯死亡，生长畸形。

6. 缺钾症

枝条细弱，严重时甚至枯死；叶肉缺绿皱缩，叶边卷缩，最后焦枯；

落叶延迟，果小，着色差；采收前落果严重。

7. 缺钙症

幼嫩器官（根尖、茎尖等）易腐烂坏死；幼叶失绿，叶片卷曲，叶缘皱缩，叶片上常出现破裂或斑点；果实硬度及储藏性能降低。

二、葡萄有机肥施用技术

1. 基肥

施用基肥是葡萄园施肥中最重要的一环，基肥在秋天施入，从葡萄采收后到土壤封冻前均可进行。但生产实践表明，秋施基肥愈早愈好。通常将腐熟的有机肥（厩肥、堆肥等）在葡萄采收后立即施入，基肥对恢复树势、促进根系吸收和花芽分化有良好的作用。

施基肥的方法有全园撒施和沟施两种，棚架葡萄多采用撒施，施后再用铁锹或犁将肥料翻埋。撒施肥料常常引起葡萄根系上浮，应尽量改撒施为沟施或穴施。篱架葡萄常采用沟施。方法是在距植株 50cm 处开沟，沟宽 40cm，深 50cm，每株施一级或二级有机肥 10～20kg、过磷酸钙 250g。一层肥料一层土依次将沟填满。为了减轻施肥的工作量，也可以采用隔行开沟施肥的方法，即第一年在第一、第三、第五……行挖沟施肥，第二年在第二、第四、第六……行挖沟施肥，轮番沟施，使全园土壤都得到深翻和改良。

基肥施用量占全年总施肥量的 50%～60%。一般丰产、稳产葡萄园每 667m² 施一级或二级有机肥 5000kg。果农总结为"1kg 果 5kg 肥"。

2. 追肥

在葡萄生长季节施用追肥，一般丰产园每年需追肥 2～3 次。

第一次追肥在早春芽开始膨大时进行。这时花芽正继续分化，新梢即将开始旺盛生长，需要大量养分，每 667m² 宜追施一级有机肥 500kg，施用量占全年总施肥量的 10%～15%。

第二次追肥在谢花后幼果膨大初期进行，这次追肥不但能促进幼果膨大，而且有利于花芽分化。这一阶段是葡萄生长的旺盛期，也是决定翌年产量的关键时期，也称"水肥临界期"，必须抓好葡萄园的肥水管理，这一时期每 $667m^2$ 宜追施特级有机肥 $600\sim800kg$。

3. 根外追肥

根外追肥是采用液体肥料叶面喷施的方法迅速供给葡萄生长所需的营养，目前在葡萄园管理上应用十分广泛，葡萄不同生长时期对营养需求的种类也有所不同，一般在新梢生长期叶面喷施 $1\%\sim2\%$ 特级有机肥浸出液，每 $667m^2$ 喷施肥液 $50\sim70kg$，促进新梢生长；在浆果成熟前喷 $2\sim3$ 次 $1\%\sim2\%$ 特级有机肥浸出液，每次每 $667m^2$ 喷施肥液 $50\sim70kg$，可以显著地提高产量、增进品质。应该强调的是，根外追肥只是补充葡萄植株营养的一种方法，代替不了基肥和追肥。要保证葡萄的健壮生长，必须长年抓好施肥工作，尤其是万万不可忽视基肥的施用。

第五节　柑橘需肥特性及有机肥施用技术

柑橘（*Citrus* L.）是世界第一大类水果，在我国是仅次于苹果的第二大类水果，常年种植面积和产量分别保持在 $130\times10^4hm^2$ 和 1000×10^4t 左右，在全球分别排名第一和第三。我国柑橘生产分布在 18 个省、自治区和直辖市，是长江流域省份最主要的栽培果树（图 11-5）。

一、柑橘需肥特性

柑橘属多年生木本果树，其生命周期较长，树体寿命可达数十年乃至百余年。在整个生命周期中，经历生长、结果、盛果、衰老和更新等阶段，不同年龄时期有其特殊的生理特点和营养需求。柑橘是典型亚热带常绿果树，周年多次抽梢和发根，且挂果期长。年周期中的柑橘营养需求特点是：在果树年周期中，其生长期、挂果期均长，根与枝叶生长交替进行，同时伴有开花、坐果、花芽分化和果实膨大等过程，这些过程随着季节变化有规律地同时或交叉进行。柑橘对养分的吸收，随物候期的进展表现出有规律的季节性变化，其中 $4\sim10$ 月是柑橘年周期中吸肥最多的时期。

柑橘生长发育及果实形成所需的绝大部分养分由根系吸收，不同的

图 11-5　柑橘

柑橘种类、品种、砧木、繁殖方法、树龄、环境条件和栽培方法均会影响柑橘根系分布。柑橘根系的生长主要有以下特点：

第一，柑橘根系分为垂直根和水平根，根系的水平分布通常为树冠高度的 2～4 倍。

第二，垂直根和水平根的生长有相互制约作用，柑橘定植后，3～5年间垂直根首先发育长粗，而抑制水平根的生长，往往导致地上部徒长，延迟开花结果期。

第三，为了早结果、丰产，必须在柑橘树幼龄期有效抑制垂直根的伸长，促使水平根系优先形成，因此，随着柑橘的生长及其树冠的不断扩大，必须深翻土壤并拓宽原有栽培沟或穴，以适应根系活动范围的扩展。

第四，柑橘根系生长与新梢抽生是相互交替的。长江流域柑橘根系生长始于 4 月中旬即春梢抽生开花末期，5 月为夏梢生长期，6 月则为根系生长最旺期，7 月下旬为早秋梢抽发期，根系生长势减弱，早秋梢转绿以后，壮果至 9 月中旬果实暂停肥大，根系又迅速生长，这段时间的根系生长量约占全年生长量的 1/3。

第五，根据柑橘根系周年生长习性，为满足新梢抽生、保花保果、壮果以及花芽分化等营养需要，应结合施肥促根从而起到养叶的作用，根深才能叶茂。对成龄柑橘树，在深翻改土时，结合翻压绿肥或有机肥，并在酸性土中配施石灰，其最佳时期应为夏、秋季柑橘发根高峰前，此时断根后发根快、数量多。

第六，柑橘是亚热带果树中内生菌根植物的典型代表，菌根能扩大根系吸收表面积，有助于吸收磷、铜、锌和钾等营养元素；通过分泌有机酸和多种酶以分解难溶性粗腐殖质、磷灰石和石灰石等；分泌抗生素能提高抗病能力，如抗脚腐病，还能提高柑橘的抗旱能力。

二、柑橘有机肥施用技术

柑橘施肥量的确定，需要考虑土壤营养状况、柑橘品种、树体生长发育情况、柑橘结果及对果实品质的要求等因素。

1. 幼树肥料分配技术

幼树施肥的主要目的在于扩大树冠营养生长，使抽梢整齐、生长健壮，促使新梢迅速形成多枝多叶的小树冠。所以，在肥料分配上要求前期薄肥勤施，后期控肥水、促老熟。

长江流域柑橘每年抽生 3 次新梢，因此以 3～4 次施肥为主，即 2 月底至 3 月初施肥，一般每 $667m^2$ 施一级或二级有机肥 500～600kg；5 月中旬施夏梢肥，一般每 $667m^2$ 施一级或二级有机肥 400～500kg；7 月上中旬施早秋梢肥，一般每 $667m^2$ 施一级或二级有机肥 300～500kg；11 月下旬还要补施冬肥，一般每 $667m^2$ 施一级或二级有机肥 400～500kg。

2. 成年树肥料分配技术

成年树施肥要注意调节营养生长与生殖生长的关系，适时重施肥料，确保有足够的营养枝生长，使每年抽生的新梢有 1/2 或 1/3 成为结果母枝，交替结果，从而获得连年高产稳产。我国成年柑橘树一般每年施肥 3～4 次。

第一，萌芽肥主要是促春梢抽生和花芽分化，在柑橘发芽前 1 个月左右施入土壤，一般每 $667m^2$ 施一级有机肥 600～700kg。

第二，稳果肥于 5 月中下旬施用，此时处在第一次生理落果与第二次生理落果之间。这次施肥要视树势和结果多少而定，结果少的旺树可不施或少施，结果多而长势中等或较弱的树要多施。一般每 $667m^2$ 施一级有机肥 $400\sim800kg$。

第三，壮果促梢肥一般在 7 月下旬至 8 月中旬施入，7 月以后，果实迅速膨大，适时足量施用有机肥，可提高当年产量，改善果实品质，为翌年产量打下基础。一般每 $667m^2$ 施一级有机肥 $600\sim800kg$。还可叶面喷施 $1\%\sim2\%$ 特级有机肥浸出液，每次每 $667m^2$ 喷施肥液 $50\sim70kg$。

第四，采果肥一般在采果后 10d 左右施用，能促使柑橘迅速恢复树势，护根防害，防止冬季落叶；促进花芽发育，为翌年春梢萌发积累更多的养分，因此应十分重视采果肥的施用，施肥量为总施肥量的 $30\%\sim35\%$，施肥要结合扩穴改土进行。一般每 $667m^2$ 施一级或二级有机肥 $700\sim800kg$。

3. 老树更新施肥技术

柑橘树衰老后，生长势减弱，树冠中下部、内膛枝因受郁闭而逐渐枯萎，渐渐失去经济生产能力，需要全园更新。更新的方法通常是通过重剪，结合地下部断根施重肥，促发新根生长和抽生新梢。

断根施肥的时间，一般在春季 $2\sim3$ 月，夏季 7 月上旬，秋季 8 月下旬至 9 月上旬，分期错开断根，施用有机肥料，以重新培养新根。一般每次每 $667m^2$ 施一级或二级有机肥 $600\sim800kg$。

土壤施肥要根据天气、土壤状况、植株生长结果情况灵活掌握。做到雨前、大雨不施肥，雨后初晴抢施肥，雨季干施，旱季液施。砂性土保肥力差，应勤施、薄施、浅施，黏重土可重施、深浅结合施，但须保持土层疏松；地下水位高宜浅施，酸性土多施碱性肥。

土壤施肥的主要方式有：一是环状沟施肥法。平地幼龄果树在树冠外缘垂直投影处开环状沟；缓坡地果园，可开半环状沟。但挖沟易切断水平根，而且施肥面积小。二是放射状沟施肥法。依树冠大小，沿水平根生长方向开放射状沟 $4\sim6$ 条；其肥料分布面积较大，且可隔 $1\sim2$ 年更换施肥部位，扩大施肥面积，促进根系吸收，适用于成年树果园施肥。三是条沟施肥法。可在果树行间开沟施入肥料，也可结合果园深翻进行，在宽行密植的果园常采用此种方法。

第六节 香蕉需肥特性及有机肥施用技术

香蕉（*Musa nana* Lour.）是芭蕉科芭蕉属植物，在热带地区广泛种植（图 11-6）。香蕉味香、富含营养，植株为大型草本。香蕉原产于亚洲东南部，在我国主要分布在广东、广西、福建、台湾、云南和海南，贵州、四川、重庆也有少量栽培。

图 11-6 香蕉

一、香蕉需肥特性

若以中等产量每 $667m^2$ 产 2000kg 蕉果计算，每 $667m^2$ 香蕉约需从土壤中吸收氮 24kg、磷 7kg、钾 87kg。

香蕉施肥量的多少，主要根据土壤肥力、结果量、种植密度、肥料种类以及气候特点来确定。一般来说，土壤肥沃、有机质含量高的蕉园施肥量相对较少；瘦地、种植密度大的蕉园需肥量相对多些。总之，适时足量供给肥料，以满足香蕉生长发育所需。肥料过多或不足对香蕉生长、开花和结果不利。

香蕉缺氮，叶色淡绿而失去光泽，叶小而薄，新叶生长慢，茎秆细弱，吸芽萌发少，果实细而短，梳数少，皮色暗，产量低。香蕉缺磷，吸芽抽身迟而弱，果实香味和甜味均差。香蕉缺钙，减弱氮化物的代谢作用和养分的转移，根系生长不良。香蕉缺钾，茎秆软弱易折，果实未成熟叶片即枯死，果形不正，果指扭曲，风味极差，不耐贮运，对病虫抵抗力减弱。

二、香蕉有机肥施用技术

施肥量与结果迟早、产量的高低有很大的关系，在香蕉营养生长迅速期，及时施肥，可使植株生长加快，抽蕾早，产量高。为了使施肥科学合理，既满足香蕉生长发育的需要和生产目标的要求，又不致多施浪费肥料，最好是进行香蕉叶片营养分析和土壤养分分析，根据分析结果指导施肥，按其缺乏量多少，合理补充不足的部分。

香蕉 18～40 叶期生长发育的优劣，对香蕉的产量与质量起决定性作用，所以这一时期是香蕉重要施肥期。这个时期又可分为营养生长中后期与花芽分化期两个重施期，应把大部分肥料集中在这两个时期施用。

营养生长中后期（18～29 叶期）即春植蕉植后 3～5 个月，夏秋植蕉植后与宿根蕉出芽定笋后 5～9 个月。从叶形看，这个时期由刚抽中叶（此时刚抽出的新叶多弯曲像虎尾状）至进入大叶 1～2 片。这个时期正处于营养生长盛期，对养分要求十分强烈，反应最敏感，蕉株生长发育的优劣由肥料供应丰缺所决定，如果这时施重肥，蕉株获得充足养分，就能长成叶大茎粗的蕉株，进行高效的同化作用，积累大量有机物，为下阶段花芽分化打好物质基础。一般每次每 $667m^2$ 施一级或二级有机肥 $800～1200kg$。

花芽分化期（30～40 叶期）即春植蕉植后 5～7 个月，夏秋植蕉植后与宿根蕉出芽定笋后 9～11 个月。从叶形看，这个时期由刚抽大叶 1～2 片至短圆的葵扇叶，叶距从最疏开始转密，抽叶速度转慢；从茎秆看，假茎发育至最粗，球茎开始上露地面，呈坛形；从吸芽看，已进入吸芽盛发期。这个时期正处于生殖生长的花芽分化过程，需要大量养分供幼穗生长发育，才能形成穗大果长的果穗。这时施重肥，可促进叶片最大限度地进行同化作用，制造更多的有机物质供幼穗的形成与生长发育。一般每次每 667m² 施一级或二级有机肥 900～1300kg。

香蕉具有周年生长、生长迅速、增长量大的特性，而我国的气候特点是香蕉生长最佳季节里出现高温多雨天气，肥料施后易渗漏、挥发流失。因此，香蕉施肥必须贯彻勤施薄施、重点时期重施的原则。

肥料分多次施用，可尽量减少流失，提高利用率，充分发挥肥效。对于砂质土壤的蕉园，肥料分多次施效果更为明显。香蕉施肥次数以全年 9～12 次为宜，其中重肥 2 次，薄肥 7～10 次。

香蕉根外追肥就是向叶面喷施 1%～2%特级有机肥浸出液，每次每667m² 喷施肥液 50～80kg。根外追肥的优点是肥料易被叶片或果实直接、快速吸收，能及时补充营养，满足香蕉生长发育对养分的需求，尤其是花芽分化至幼果发育时期需要大量的养分，通过根外追肥可及时补充其所需的养分，对提高香蕉产量和质量起着重要的作用；另外，喷施叶面肥、果面肥，肥料吸收率可高达 90%，显著高于根际施肥。但根外追肥也有不足之处，主要是每次施肥量小，需要多次施用，耗工较多。

第七节　荔枝需肥特性及有机肥施用技术

荔枝（*Litchi chinensis* Sonn.）是亚热带果树，属常绿乔木，高可达 10～20m。果圆形，果皮有多数鳞斑状突起，鲜红，紫红。果肉新鲜时呈半透明凝脂状，味香美，营养丰富，有补脑、开胃、益脾等功效。荔枝作为我国岭南佳果，色、香、味皆美，驰名中外，有"果王"之称（图 11-7）。

一、荔枝需肥特性

荔枝是需肥量较多的树种，要周年不断地满足其需求。合理施肥是根据荔枝的树龄、树势、生长发育阶段来确定施肥的种类、配比、时期、次数、施肥量及施肥方式等，合理施肥是荔枝早结、丰产、稳产的技术前提。

据测定，生产 1000kg 荔枝鲜果，需从土壤中吸收氮（N）1.35～1.88kg、磷（P_2O_5）0.31～0.49kg、钾（K_2O）2.08～2.52kg。吸钾多是

图 11-7　荔枝

其主要需肥特点。采果后至抽穗前一般抽二或三次梢就开始进行花芽分化，需氮较多；花穗抽出至谢花主要是花枝、花朵和雌雄花生长发育，磷、钾的需求比例增加，但是仍然以氮的需求为主；授粉到果实成熟主要是果实生长发育，磷、钾的需求比例增加。

荔枝缺氮，叶片小、色黄，叶缘微卷，新叶及老叶易脱落，根系小，树势弱；缺磷，叶色暗绿，严重时叶尖和叶缘出现棕褐色，边缘有枯斑，并向主脉扩展；缺钾，叶片大小与正常时相比差异不大，但颜色稍淡，叶尖端灰白、枯焦，边缘呈棕褐色，并逐渐沿小叶边缘向小叶基部扩展；缺钙，叶片变小，沿小叶边缘出现枯斑，造成叶边缘弯曲，根量明显减少，当新梢抽生后即大量落叶，中脉两旁出现几乎呈平行分布的细小枯斑，严重时枯斑增大，并连成斑块。

二、荔枝有机肥施用技术

荔枝虽是长寿果树，但是其一生中也经历着幼年、壮年和老年不同树龄期，由于树龄不同，营养特点不同，施肥技术也有区别。

1. 幼树施肥

荔枝定植后一般需 7～8 年甚至 10 年左右才能投产，从定植至投产为幼龄树时期，幼龄树阶段的管理重心是培养树势，要将花穗剪掉。幼龄树施肥应着重基肥，在定植前 2 个月左右挖好深、直径各 70～80cm 的定植穴，穴底填入绿肥、厩肥、草皮，使之在定植前腐解沉实。栽植时一般每 667m² 施一级或二级有机肥 800～1200kg，与穴底绿肥等混匀，然后覆盖表面土，栽植荔枝苗。幼龄树栽植后几个月长出新根，此时即可开始追肥。新根幼嫩，对肥料浓度反应敏感。因此，初期可向叶面喷施 1%～2% 特级有机肥浸出液，每次每 667m² 喷施肥液 50～80kg。福建果农在定植后前 3 年每年追肥 6 次，肥量由少到多。一般每次每 667m² 施特级或一级有机肥 300～500kg。

2. 成龄果树施肥

结果树的施肥在年周期中则分为两个主要阶段，一个阶段是果实成熟采收前后至攻秋梢、培养结果母枝阶段，此阶段因挂果消耗较多养分，为保证尽快恢复树势、正常抽出秋梢，一般要求在采果前施 1 次肥，每 667m² 施特级或一级有机肥 300～400kg。以后每抽 1 次秋梢都要施 1 次肥，每次每 667m² 施特级或一级有机肥 200～300kg，使其抽出健壮的秋梢。在每次新梢叶片转绿后，可向叶片喷施 1%～2% 特级有机肥浸出液，每次每 667m² 喷施肥液 50～70kg，使枝、叶更健壮。另一个阶段则是开花坐果期，应注意合理施肥来壮花保果，开花期以特级有机肥为主，以避免"冲梢"的发生和春梢的抽生，影响花的质量，每 667m² 施特级有机肥 300～400kg。在坐果期，尤其是果实发育后期，由于果肉迅速增长消耗大量的养分，使树体营养严重亏缺，及时补充树体营养，对壮果和减少采前落果会起到重要的作用。每 667m² 施特级有机肥 300～400kg。

第八节　菠萝需肥特性及有机肥施用技术

菠萝［*Ananas comosus*（L.）merr.］又称凤梨，属凤梨科凤梨属，果实品质优良，营养丰富，是多年生单子叶草本植物（图 11-8）。菠萝系热带水果，原产于中美洲、南美洲，17 世纪传入我国，18 世纪在我国已有种植。菠萝广泛分布于南北回归线之间，是世界重要的水果之一，世界上有 80 多个国家和地区作为经济作物栽培。主要产区集中在泰国、菲律宾、印尼、越南、巴西、南非和美国等国，我国是菠萝十大主产国之一。

图 11-8　菠萝

菠萝植株适应性强，耐瘠、耐旱，对肥料的要求不高，病虫害较少，是新垦山地的重要先锋作物，易栽培，产量高，还可间作，是南方丘陵山地开发、发展农村经济和使农民致富的好种植项目。

一、菠萝需肥特性

菠萝对土壤的适应性广，喜疏松、排水良好、富含有机质、pH 值 5～5.5 的砂质壤土或山地红壤。据研究，生产 2000kg 果实，需吸收氮 7.5～14.0kg、磷 2.1～3.1kg、钾 14.7～41.6kg、钙 6.1～14.6kg、镁 0.5～1.6kg。不同生育期对氮、磷、钾的吸收比例不同，营养生长期为 1：0.6：1，开花结果期为 1：1.4：3.9。随着生育期的推进，磷、钾的比例显著增加，尤其是钾，需要量很大。

菠萝性喜温暖，以年均温 24～27℃生长最适。15℃以下生长缓慢，

5℃是受冻的临界温度，43℃高温即停止生长。菠萝虽耐旱，但仍需一定水分，以1000～1500mm的年雨量且分布均匀为宜。菠萝较耐阴，但充足的阳光会使其生长良好、糖含量高、品质佳。过强的光照加高温，叶片变成红黄色，果实也易烧伤。

二、菠萝有机肥施用技术

菠萝从定植至收获第一果，一般需15～18个月，在此期间经历根、茎、叶营养器官的生长，花芽分化，抽蕾开花，果实发育成熟及各类芽的抽生等几个不同的阶段。各阶段经历的时间的长短、遇到的气候环境及对养分的需求均不相同。因此，只有按照菠萝生长发育各个阶段的进程和特点施肥，才能获得预期的效果。根据菠萝吸收养分的规律和生长发育阶段，施肥方法如下：

1. 基肥

在菠萝定植时施用，占全年施肥总量的50％～70％，可基本满足菠萝一年里对养分的需求。定植前按行距挖宽50cm、深30cm的种植沟，一般每667m² 施一级或二级有机肥1200～1900kg，配施过磷酸钙15kg，混合后施入沟内。

生产上应十分重视对菠萝施基肥，群众形容为"一基胜三追"。施足基肥是菠萝丰产的根本保证。基肥施用方法可采用条施或穴施，肥料数量多时，可条施在定植行内，数量不多时，可穴施在定植部位下。

2. 攻苗肥

菠萝的营养生长期长达6～18个月，占整个生育期的60％以上，是形成产量的关键时期，施肥量可占年施肥量的20％～30％，攻苗肥可在小苗期、中苗期、大苗期施入。

（1）攻小苗肥　从定植到新抽生叶片10片左右，植株生长主要是构建完整根系，此期的抗旱能力弱，根系吸收能力差，在施足基肥的基础上，主要通过叶面施肥促进根系早生快发，一般每667m² 施一级或二级有机肥200～300kg，施肥量占攻苗肥量的10％左右。根外追肥1～3次，可向叶面喷施1％～2％特级有机肥浸出液，每次每667m² 喷施肥液50～

70kg。

（2）攻中苗肥　从 10 叶期到菠萝基本封行期间，菠萝已形成完整根系，根系吸收能力加强，若气候适宜，生长迅速，此时施肥以一级有机肥为主，一般每 667m² 施一级或二级有机肥 600～900kg，施肥量占攻苗肥量的 30％左右，并结合松土、培土。根外追肥 1～3 次，可向叶面喷施 1％～2％特级有机肥浸出液，每次每 667m² 喷施肥液 50～70kg。

（3）攻大苗肥　从封行到现红抽蕾期间，叶片抽生速度减缓，但叶片伸长、加厚、变宽，田间非常荫蔽，形成一定的自荫环境，施肥操作困难。在完全封行前攻大肥。一般每 667m² 施一级或二级有机肥 800～1200kg，施肥量占攻苗肥量的 40％左右。有条件的进行 1～2 次根外追肥，可向叶面喷施 1％～2％特级有机肥浸出液，每次每 667m² 喷施肥液 50～70kg。

3. 攻果肥

菠萝谢花后转入果实迅速生长膨大期和萌芽的抽生盛期，两者互相争夺养分，使植株进入一个养分吸收的高峰期，养分需要量大。此期养分供应充足与否，不仅关系到当年产量，也影响继代苗的生长及植株的抗寒力。一般每 667m² 施特级有机肥 400～600kg，施肥量占年施肥量的 20％。为缓解根部吸收压力，可进行 1～2 次叶面追肥，可向叶面喷施 1％～2％特级有机肥浸出液，每次每 667m² 喷施肥液 50～70kg，以保持叶色浓绿。

第十二章

花卉、草坪需肥特性
及有机肥施用技术

第一节　花卉需肥特性及有机肥施用技术

一、花卉需肥特性

花卉（图 12-1）和其他植物一样，在生长发育过程中需要一定的养分。只有满足其养分需求，花卉的新陈代谢才能完成，其生命活动才能正常进行。花卉生长发育过程中，对氮、磷、钾的需要量大，需要施用相应的肥料，而一般情况下，土壤中的微量元素能够满足其生长发育要求，但在某些特殊情况下也需要施用微量元素，所以只有合理、正确施肥才能保证花卉生长发育良好。

氮可促进花卉的营养生长，有利于叶绿素的合成，使植株叶色浓绿，花、叶肥大。但过量施用，会阻碍花芽的形成，延迟开花或使花朵畸形，茎枝徒长，降低对病虫害的抵抗力。花卉在幼苗期对氮的需求量较少，随着生长需求量逐渐增多。宿根花卉和木本花卉在春季旺盛生长期要求大量氮肥，要给予满足。观叶花卉在整个生长过程中都需要较多氮肥，才能枝繁叶茂；观花花卉在营养生长阶段需要较多的氮肥，进入生殖阶段后，应控制氮肥施用量，否则将延迟开花。

磷可促进花卉成熟，有助于花芽分化及开花良好；能提早开花结实期，促进种子萌发和根系发育；使茎发育坚韧，不易倒伏，抗病能力提高。在多雨的年份，特别是寒冷地区宜多用磷肥，以促进花卉成熟。花卉在幼苗生长阶段需要吸收适量的磷肥，进入开花期后，需要量增加。而球根花卉对磷肥的需求较一般花卉多。

图 12-1　花卉

钾能增强花卉的抗寒性和抗病性，使花卉生长健壮，增强茎的坚韧性，不易倒伏；促进叶绿素的形成，提高光合效率；促进根系扩大，尤其对球根花卉的地下变态器官发育有益。但过量施用会使花卉节间缩短，叶片变黄，还会导致缺镁、缺钙。在冬季温室中光线不足时，施用钾肥有补救作用。

钙可促进根的发育，增加植物的坚韧度；还可改进土壤的理化性质，施用后使黏重土壤变得疏松，砂质土壤变得紧密；还可降低土壤的酸碱度。但过度施用会诱发缺磷、缺锌。

硫能促进根系的生长，与叶绿素的合成有关；可促进土壤中豆科根瘤菌的增殖，增加土壤中氮的含量。

铁对叶绿素合成有重要作用，缺铁时植物不能合成叶绿素而出现黄化现象。一般在土壤呈碱性时易缺铁，由于铁变成了不可吸收态，即使土壤中有铁，花卉也吸收不了。

镁对叶绿素合成有重要作用，对磷的可利用性有重要影响。过量施用会影响铁的利用。

硼能改善氧的供应，促进根系发育和根瘤菌的形成，促进开花结实，与生殖过程有密切关系。

锰对种子萌发和幼苗生长、结实有良好作用。

二、花卉施肥技术

（一）花卉施肥的原则

（1）适时施肥　花卉的施肥要讲究适时原则，要在花卉需要施肥的时候施加肥料，如叶子颜色变淡、生长缓慢、茎枝纤细等时施肥最佳。一般而言，新栽种的花卉由于根系伤口较多，此时不宜施肥，否则容易受到外界感染，影响伤口愈合，出现烂根。开花期也不宜施肥，否则会出现落花、落果现象。在休眠期的花卉也不适宜施肥，因为此时的花卉生长速度缓慢、新陈代谢较慢，若施加肥料就会中断植物休眠，会消耗植物本身所具有的养料，直接影响来年的开花结果。

（2）适量施肥　花卉施肥要掌控好肥料浓度，以避免植株枯死。一般而言，"三分肥七分水"的比例最佳，薄肥勤施、少量多次。花卉处于幼苗时期，要适量地多施加氮肥，以加速幼苗生长；孕蕾期则要适量多施加磷肥，以促进花大籽壮。

（3）看品种施肥　不同品种的花卉所需要施加的肥料也是不同的。如杜鹃花、山茶花、栀子花应避免碱性肥料，应增加磷肥的比例，以促进植物生长；以观叶为主的花卉，应重视氮肥的施用；对于大丽花、菊花等鲜花而言，在开花期施加适量的肥料可以让所有花朵完全开放。

（4）看长势施肥　花卉的施肥还需要依据具体长势来确定肥料的用量，植株出现黄瘦现象、发芽之前、孕蕾期间等要多施加肥料；植株发芽期间、生长苗壮期间、开花期间、下雨时期等要尽可能少施肥；植株新移栽期间、休眠时期不宜施加肥料。

（5）不施生肥　施肥时要注意对花卉不能施加生肥，生肥不仅味道难闻、污染环境，而且还是虫、蛆等的聚集地，尤其是生肥遇水会进行发酵，会对植株的根系产生不可逆的不良影响。

（6）不单施氮肥　对于花卉不能单单施加氮肥，应将氮肥、磷肥、钾肥等混合起来施加，最好以有机肥（如饼肥、堆肥、厩肥等）为主。

（7）注意施肥时间　在施肥的时候一定要注意施肥时间，夏季的中午前后由于温度较高，不宜施肥，否则容易伤害到植株根系，傍晚前后施加肥料最具效果；冬季的时候，则要在中午前后进行施肥，这样更有利于植株吸收养分。

（8）施肥前要松土　在给盆栽花卉施加稀薄液肥之前一定要先疏松土壤，以方便根系吸收养料。

（二）花卉有机肥施用技术

花卉常用有机肥包括堆肥、沤肥、厩肥、沼气肥、绿肥、饼肥、泥肥、泥炭等。有机肥在施入土壤时以开沟条施或挖坑穴施为宜，施后及时覆土，不宜撒施于地表。有机肥常带有病菌、虫卵和杂草种子，不经过腐熟对植物生长不利，应经过堆沤发酵加以处理后施用。有机肥的养分含量全面，肥效持续时间长，能够改善土壤的理化性质和生物活性，多用作基肥，深耕结合施用有机肥料，有利于土肥相融，促进土壤团粒结构的形成，有效改良土壤。有机肥与追施的化肥配合施用，可以取长补短，缓急相济，互为补充，充分保证植物整个生长发育期间有足够的养分供给。

三、几种常见花卉的施肥技术

（一）一、二年生草本花卉

一、二年生草本花卉在施入基肥时以有机肥为主，通常在翻耕前施入，而后翻耕入土，一般每 $667m^2$ 施腐熟厩肥或堆肥 1000～2000kg。对于秋播花卉，基肥中速效氮肥不宜过多，以免幼苗冬季旺长而受冻。追肥宜早，最好在幼苗定植成活后立即追施，以后每隔 10～15d 追一次稀薄的速效性化肥，通常至开花时停止施肥。对于那些花期长的百日草、长春花以及花朵越开越小、色泽越开越灰暗的三色堇之类，如能在开花期中追施一些速效肥，可以保持后期花朵品质。对于有更新能力的一串红、石竹等，可以在第一次开花后施 1～2 次肥料，能使第二次开花依然繁茂。至于盆花、花坛草花，如用容器育苗，定植时连肥沃的盆土一起移入，就可不必追肥了。

（二）宿根花卉

宿根花卉的基肥十分重要，可用有机肥和化肥配合施用，达到速迟相兼的作用。厩肥、堆肥等有机肥应均匀施于土表，而后翻耕于土表下

30～40cm 处；速效肥则施于表层，以供幼苗吸收，一般施 45％复混肥 25～30kg。此外，每年秋后应在花株周围施些腐熟厩肥、堆肥，供第二年之用。追肥一般每年进行 3 次，分别在春季萌芽前、开花前和开花后施入。每次可追施 45％复混肥 5～6kg。

（三）球根花卉

为了提高球根产量和品质，在种植和施肥时应注意以下几点：①应种植在土层深厚、土质疏松、排水良好的中性土壤中，以利于根部的生长和膨大。②基肥以充分腐熟并且筛过的堆肥、土杂肥为宜，每 667m^2 施 1000～1500kg，并加入过磷酸钙 40～50kg，钾肥 10～15kg，一并翻入土中。③追肥除地上部开始生长施一次外，花后球茎膨大时必须再施一次肥，每次各施 45％复混肥 20～25kg。冬季可用 1000kg 有机肥覆盖，以提高抗寒能力，并可为翌春生长奠定基础。

（四）肉质多浆类花卉

肉质多浆类花卉在施入基肥时应施用腐熟的有机肥，忌施"生肥"，特别是扦插或成活不久的植株，因根系还不健壮，要施浓度较低的腐熟肥料。当气温在5℃以下时应停止施肥；生长旺盛期宜薄肥勤施，一般每隔半个月施一次 5％～10％的饼肥液。现蕾期，为保证孕蕾、开花对磷、钾的需要，可施入少量腐熟鱼粉、饼肥、骨粉，施肥时要结合培土，把肥料埋入土中，但不能触及根系，以防伤根。施肥时也不能把肥水溅到植株上，特别是嫁接处，以防引起腐烂。肉质多浆类花卉适宜种在疏松、排水良好的砂质土壤中。

（五）木本花卉

木本花卉，一般每 1～2 年施一次基肥和 1～2 次追肥。施基肥一般在晚秋和早春花木休眠期间进行，通常以腐熟有机肥和磷、钾肥为主，一般每 667m^2 施有机肥 1000～2000kg、过磷酸钙 30～50kg、硫酸钾 15～20kg。肥料应施在树冠垂直投影线周围，追肥一般都在春季花木开始生长时和生长旺盛期进行，一年抽生数次新梢的花木，在新梢发生前施肥；观花种类一般在开花前后施，开花期长的月季、茉莉等，追肥次数应酌情增加。追肥通常用 3％～5％复混肥液或 10％～15％腐熟饼肥液等。

第二节　草坪需肥特性及有机肥施用技术

一、草坪需肥特性

目前已确定的草坪（图 12-2）营养元素共 16 种，其中 C、H、O、N、P、K、Ca、Mg、S 草坪植物需要量较多，为大量或中量元素，其余为需求量较少的微量元素。其中 C、H、O 三元素来自大气和水；其余元素皆来自土壤和肥料。

图 12-2　草坪

（1）氮素营养　氮是草坪草需要量最多、最为关键的营养物质。比较而言，氮素比其他 15 种元素更为缺乏。氮素代谢过程与草坪的品质，包括耐踏压性、抗病性、耐寒性、颜色、生长速度等及对环境刺激的反应性密切相关。

（2）磷素营养　一般而言，正常发育的草坪草中五氧化二磷的含量占干物质的 0.4％～0.7％，相对来讲，冷季型草坪草比暖季型草坪草含磷多一些。正常生长的草坪草中磷的含有浓度为氮浓度的 $1/5\sim1/10$，营养生长期草坪草叶中磷的浓度高，为茎的 $2\sim3$ 倍。磷在植物体内多分布在含核蛋白较多的新芽、根尖等生长点部位。

（3）钾素营养　钾是维持草坪草生长需要量仅次于氮的元素，正常生长发育的草坪草，其干物质中氧化钾的含量为 $1.5\%\sim4\%$，在成熟阶段的植物中，氧化钾含量较高，应在 $5\%\sim7\%$ 之间。当氧化钾含量低于 1.2% 时，大多数的草坪草呈现缺钾症状。此外，即使钾的含量超过 $5\%\sim7\%$，草坪草也会表现出奢侈吸收现象。草坪草中被吸收的钾以离子态水溶性无机盐的方式存在于细胞及组织中。

草坪草是观叶植物，是不希望它开花结籽的。所以，给草坪施肥的目的是要保持旺盛的营养生长。因此，为使草坪保持绿色，应供应充足的氮肥，磷、钾肥用量可适当低些，必要时可施一些钙、镁、硫、铁、锰等中、微量元素。

二、草坪施肥技术

（一）草坪施肥原则

（1）因草施肥　草坪种类繁多，有冷季型和暖季型草坪之分，其中又分别包括不同的品种，各品种草的养分需求特性各有不同，此外，同一品种草在不同的生育阶段或用途不同时，对养分的需求都存在很大差别。

（2）因土施肥　土壤的养分含量、质地及酸碱性等因素是施肥的重要根据。土壤肥沃、养分含量高可适当少施；土壤贫瘠、养分含量低，要适当多施。pH 值低的土壤忌施酸性肥料，如钙镁磷肥、磷矿粉等。质地黏重的土壤施肥可配合施用炉灰渣等物质，以改良土壤通气状况。砂质土壤追肥则以少量多次、少施、勤施为好，并应多施有机肥和泥土肥，以增加土壤有机质含量和提高土壤保水、保肥性能。

（3）看天施肥　看天施肥即根据气候或天气施肥。降雨量的多少和气温高低都会影响施肥的效果。施肥后天气干旱无雨或低温会影响肥料发挥作用，雨水过多又会因淋渗及径流而使肥料流失。高温多雨季节，有机质分解快，可施用半腐熟有机肥；低温少雨季节，应施用腐熟好的有机肥和速效性肥料。

（4）因肥施用　不同的肥料有着不同的肥分和性质，应根据土壤状况和草坪草营养特性及施肥目的选择施用肥料。如：养分释放缓慢的有机肥及缓效化肥一般作基肥施用，施用量宜大些，用量限制不严；追肥主要用速效化肥，因其不易被土壤固定，可以撒施、浇施，但用量限制严。

（5）适量施肥　应根据草坪草的生长需求和土壤肥力进行适量施肥，如氮肥施用量过大，会烧坏草坪，影响美观；磷肥施用过量会缩短植物旺盛生长时间。

（二）草坪有机肥施用技术

有机肥含有草坪植物生长发育所必需的大量元素和微量元素，但有机肥料中的营养物质多呈有机状态，必须经过微生物的分解才能转化为能被草坪植物吸收利用的可溶性营养物质。有机肥料中含有大量的有机胶体，保肥作用强，有机肥料施用后，在草坪中能形成缓冲溶液，保证植物有生长环境正常。但有机肥施用前必须充分腐熟，必须均匀铺撒于草坪表面，避免养分不平衡而造成部分植物徒长，影响草坪生长的整齐性和观赏性。因此在草坪建植时有机肥最适宜作底肥施用，用量也可稍大些，施用后立即进行灌溉，让肥料充分溶解。

第十三章

中药材需肥特性及有机肥施用技术

第一节　人参需肥特性及有机肥施用技术

人参（*Panax ginseng* C. A. Mey）为五加科多年生草本植物，别称有黄参、地精、神草、百草之王。人参属植物有 8 个种和 3 个变种（图 13-1），2 个种分布在北美，其余 6 个种和 3 个变种分布于中亚。我国除三小叶人参外，其他种和变种都有。人参为喜阴植物，怕强光，忌高温，喜冬季寒冷和夏季不太炎热的森林山岳地带环境。人参虽喜阴，但需要适量的光照，喜散射光及折射光。野生人参绝不会生长在完全暴露或完全荫蔽的场所，在自然环境中，其荫蔽度一般为 70%～90%。人参主要产区分布在亚洲大陆东部中高纬度的山林地带，产区的特点是温和湿润，因受季风的影响，四季分明，夏季高温多雨，冬季较寒冷干燥。

一、人参需肥特性

人参对土壤要求比较严格，它不能生长于黏土、碱土及生黄土等结构不好、肥力低下并带有较大碱性的土壤中；而适宜生长在有机质多、腐殖质层厚、土壤结构比较疏松的微酸性土壤（pH 值 5.5～6.0）中。这类土壤一般属于棕色森林土或山地灰化棕色森林土。在这类土壤中生长的野山参，其根系仅分布在土壤的腐殖质层中。

在栽培人参方面，如种植于新开垦的土地上，则可不必施肥，但在种植 3 年以后，土壤肥力大大降低，特别是土壤中的速效性氮、磷、钾含量显著减少，如增施有机肥则能达到增产的效果。野生人参生长时，

图 13-1 人参

为了能吸收到足够的养分，其根系分布面积也较广，在成株时其根系分
布面积大致与地上营养器官分布面积相等或略大，几乎布满于 30～40cm
直径的周围内。栽培人参由于土壤中肥力条件较好，由此其根系分布范
围也较野生者小。人参所需氮、磷、钾的比例大致为 2：0.5：3，这个
比例中氮、磷、钾来源包括土壤中可利用养分和我们需要施入的可利用
养分。经检测人参主产区土壤供肥特点是：全氮、碱解氮含量高，全磷
含量较高，但有效磷缺乏，有效钾中量或不足。因此专家们提出控制氮
肥、增施钾肥的方案。由于磷在土壤中易被固定，所以磷的施用量要加
大，氮、磷、钾比例为 10：23：12 的高磷、钾含量的三元素肥，恰好可
满足人参生长发育的需要。

人参种植宜选不易发生水灾、旱灾、风灾及冻害，土壤肥力高，通
透性好，富含有机质，微酸性至中性壤土或砂壤土，常把林地、林下地、
农田等作为参地。要根据用地条件和不同栽参方式的具体要求进行必要
的细致整地。最好种植前一两年翻整，经过 1～2 个伏季休闲。当年使
用，必须在伏前备土。耕翻 15cm 以上，深浅一致，避免翻起生黄土层，

耙碎土块。栽参前 1 个月左右，翻倒 2～3 次，打碎土块，清除杂物，整平。平地栽参，一般采用正南向作畦，并根据地形、地势可适当偏东、偏西一定角度。山地栽参，依山势坡度适当采取横山、顺山或成一定角度作畦，畦高 25～30cm，畦面宽 1～1.5m，畦间作业道宽 0.5～1m，地四周开好排水沟。在休闲整地期间或播栽作畦前施入猪粪、堆肥、绿肥、草炭、油饼、草木灰、土杂肥等农家肥。肥料必须充分腐熟，并与土壤混匀。

二、人参有机肥施用技术

人参的施肥原则为以全面均衡营养，达到经济、安全、有效、高产为目的。施肥种类要以充分腐熟的有机肥、菌肥为主。施肥方法以全层施肥为主，根侧、根外追肥为辅。施肥要求有机肥充分腐熟，菌肥要科学合理使用。全层施肥即在秋季栽参时，结合作床施肥；根侧追肥即结合第一次松土进行；根外追肥是结合第一、三、五次打药时进行三次叶片追肥，即在人参展叶期、初花期、青果期追肥。不同年生、不同生育期的人参施肥量有所不同；不同土壤施肥种类、方法应有所区别。

人参播栽后，在一地通常要连续生长 3～5 年，需要补充营养；尤其是选用农田、园田及老参地栽参，必须施肥改土，提高土壤肥力。要求有机肥料营养全、肥效长、无肥害、能改土；施用特级有机肥更能起到显著的效果。在人参的生产中，以施用有机肥基肥为主，基肥在休闲整地期间或播栽作畦前施入；肥料必须充分腐熟，并与土壤拌匀；肥料施入参畦底层，上层播栽，有利于参根吸收，防止侵染病害。腐熟落叶施用量为 10～15kg/m²，特级有机肥的施用量为 0.05～0.1kg/m²，必要时适当拌施过磷酸钙（0.05～0.1kg/m²）及硼镁肥（0.05～0.1kg/m²）等。

追肥为辅，做到看地、看苗施肥，肥水同行，充分发挥肥效。追肥宜适时早追，于人参出苗后、展叶前（5 月下旬～6 月上旬）追施。结合松土，行间开沟，深度以不伤根为度，追施饼肥或苏子 0.05kg/m²，亦可拌施特级有机肥 0.05kg/m²，拌匀撒施于沟内，随之适量灌水，适时覆土，其上再覆落叶、青草，对保墒、发挥肥效更为有利。人参开花前、开花后及采种前可分别向叶面喷施 1%～2% 特级有机肥浸出液，每次每

667m² 喷施肥液 50～80kg，可促进种子增产。

第二节 西洋参需肥特性及有机肥施用技术

西洋参 (*Panax quinquefolium* L.) 是五加科人参属多年生草本植物，又名花旗参、洋参，具有养阴、清火生津之功效（图 13-2）。原产于加拿大和美国，经广东引种我国内地，在我国已有 300 年的使用历史。东北、华北、西北都有较大量的栽培。

图 13-2 西洋参

西洋参喜阴凉、湿润的环境，透光度 25%～30%为宜。我国适宜种植地区大体在北纬 35°～43°的温带湿润和半湿润型气候地区，要求 1 月份平均气温不低于－12℃，7 月份平均气温在 25℃以下，年降水量为 700mm 以上，无霜期大于 130d。种子有形态后熟和生理后熟特性。

一、西洋参需肥特性

土壤条件影响西洋参的矿物质养分、水分以及空气的供给，所以与西洋参的生长密切相关。西洋参原产地为深林灰棕壤，表层为灰褐色，团粒结构，腐殖质含量较高（4％～5％），pH值5.5～6.5，心土为黄棕色或棕色，夹有较多直径3～4mm的粗砂粒，通透性良好。团粒结构好的土壤有利于西洋参的生长，一方面土壤中的大小孔隙比例适当，保水能力和供水能力很好，协调地解决了土壤的保水以及供水的矛盾。另一方面，土壤中的大孔隙能够提供植物根系生长充足的氧气。对前茬作物的选择也十分重要，一般前茬作物应选择禾本科及豆科作物，不宜选马铃薯、黄瓜、棉花、番茄、茄子、甘薯、花生、麻、烟草等。

西洋参是一种喜肥的多年生植物，一般要求种植土壤有机质含量在3％以上。而目前大部分栽参的农田土有机质含量很低，不超过2％。因此，必须增施大量优质的有机肥作基肥，以提高土壤肥力，改变土壤的理化性质。从春季开始结合施基肥进行耕翻晒土，每半月耕翻一次，通过使土壤充分暴晒、霜冻、风化以利于有机质分解，促进土壤熟化，提高土壤肥力，消灭虫卵及病原菌。于6～7月施入杀虫剂，施后翻耕耙匀，一年需翻7～8次。耕翻深度根据土层厚薄和作畦用土量而定，一般深翻25～30cm，防止将底层心土翻起。播种前一至半个月进行整地作畦，畦高25～30cm，畦面宽1～1.5m，畦间作业道宽0.5～1m，地四周开好排水沟。

二、西洋参有机肥施用技术

西洋参施肥以农家肥为主，种类有猪粪、马粪、鹿粪、草炭、绿肥、树叶堆肥、苏子和饼肥等有机质含量较高的肥料。这些肥料有加速西洋参生长、提高产量的作用。但同种肥料在不同地区、不同地块上施后表现不一致，说明不同的自然条件和土壤条件，对某种肥料的效果是有一定影响的，所以应该因地制宜地施用缺乏的肥料。

西洋参在播种前一年耕翻土壤3～5次，以利于土壤熟化、提高土壤肥力、减轻病虫害。施肥以有机肥底肥为主，配以其他营养元素，以有机肥（堆肥、厩肥、绿肥等）为主，施用量为每667m² 4000kg左右，商品有机肥100kg，复合肥50kg，按以上标准比例，翻入种植西洋参地块，有机肥一定要注意充分腐熟，防止发生肥害。

土壤中的肥力决定着西洋参施肥量的多少，肥地可以少施，薄地多施；播种田少施，移栽田多施；一二年生时少施，三四年生时多施；除此之外，施肥量的多少与有机肥料质量优劣有关，如圈肥常因垫圈的材料不同，影响质量。因此，对于高等级的有机肥可以少施，质量较劣的可以多施，以多施基肥为主，追肥为辅。基肥早施为好，春季结合土壤休闲施入，经过旋耕与土壤充分拌匀熟化。腐熟落叶施用量为 10～15kg/m²，特级或一级有机肥的施用量为 0.05～0.1kg/m²，生长季向叶面喷施 1%～2%特级有机肥浸出液，可每 10d 喷 1 次，每次每 667m² 喷施肥液 30～40kg。

第三节   党参需肥特性及有机肥施用技术

党参［*Codonopsis pilosula*（Franch.）Nannf.］系桔梗科党参、素花党参、川党参及其同属多种植物的根桔，多年生草本植物（图 13-3）。党参为我国常用的传统补益药，是大宗中药材品种之一。古代以山西上党地区出产的党参为上品，具有补中益气、健脾益肺之功效，还有增强免疫力、扩张血管、降压、改善微循环、增强造血功能等作用。原产于中国北方海拔 1560～3100m 的山地林边及灌丛中。目前在我国北方已大规模种植。

图 13-3   党参

一、党参需肥特性

据分析，每生产 1000kg 党参，需要吸收 N43.7kg、P_2O_5 22.6kg、K_2O 11.9kg，其 $N：P_2O_5：K_2O$ 比例为 1：0.52：0.27。平原地区党参育苗地宜选地势平坦、靠近水源、无地下病虫害、无宿根杂草、土质疏松肥沃、排水良好的砂质壤土，如排灌方便的河滩等。在山区应选择排水良好、土层深厚、疏松肥沃、坡度 15°～30°、半阴半阳的山坡地和撂荒坡地（即耕种后肥力下降的荒废坡地），地势不应过高，一般以海拔 2200m 以下为宜。

党参从早春土壤解冻后至冬初土壤封冻前均可播种。春、秋季播种的党参，一般在 3 月底至 4 月初出苗，然后进入缓慢的苗期生长，至 6 月中旬，苗一般可长到 10～15cm 高。从 6 月中旬至 10 月中旬，党参苗进入营养生长的快速期，一般一年生党参地上部分可长到 60～90cm，低海拔或平原地区种植的党参，8～10 月份部分植株可开花结籽，但秕籽率较高；在海拔较高的山区，一年生参苗一般不能开花。10 月中下旬植株地上部分枯萎进入休眠期。二年及二年以上生植株，一般每年 3 月中旬出苗进入营养生长，7～8 月份开花，9～10 月份结果，8～9 月份为党参根系生长的旺盛季节，搞好田间管理，有利于党参根的生长，10 月底进入休眠期。各产地由于海拔高度、气候等不同，生长周期略有差异。党参根的生长情况基本上是：第一年根主要以伸长生长为主，可长到 15～30cm，根粗仅 2～3mm。第二年到第七年，参根以加粗生长为主，特别是第二至五年根的加粗生长很快，此时党参正处壮年时期，参苗一般长达 2～3m，地上部分光合面积大，光合产物多，根中营养物质积累多而快，参根的加粗、增重明显，8～9 年以后党参进入衰老期，参苗老化，参根木质化，糖分累积变少，质量变差。因此，要获得优质高产的党参，宜采收 3～5 年生的党参药用。

二、党参有机肥施用技术

党参整地时，应根据不同地块特点采用不同方法。平原地区荒地育苗，应于头年冬季犁起树根草皮，晒干堆起，烧成熏肥，撒在地面，深耕整平，作畦；熟地育苗，宜选富含腐殖质的背阳地，前茬作物以玉米、谷子、洋芋为好。前茬作物收后翻犁 1 次，使土壤充分风化，减少病虫害，提高肥力。播前再翻耕 1 次，一般每 667m² 施一级或二级有机肥1500～2800kg 作基肥，耙细整平作畦。山区在 7～8 月砍除杂木草丛，然后由坡下向上深翻 1 次，深 20～25cm，拣去石块、树根，打碎土块，整平地面，按坡形开排水沟，每 667m² 施一级或二级有机肥 2500～3800kg 作基肥，均匀撒入地内，再深耕 1 次，整平作畦。作畦因地势而定，一般坡度不大，地势较为平坦的地可以作成平畦或高畦，坡度大的地一定要作成高畦。畦宽 1～1.3m，畦长因地势而定，畦四周开排水沟，沟宽 24cm，深 15～20cm。也可作成宽 25～35cm 的小垄或宽 50～60cm的大垄。

若无适宜地块，需在黏性土壤上育苗，则必须对土质进行改良，否则党参生长不良。具体方法是：在秋末冬初之际，深翻土地 30cm，在翻出的黏土内掺入已过筛的细砂，用量约为黏土量的 1/3，然后用牛粪、马粪制备的一级或二级有机肥拌土，一层有机肥一层拌好砂子的土，分次各铺 2 层，耙平作畦。改良土质是党参苗生长的基础，黏性土壤经改良后，党参可正常生长。

党参栽植地选择不严格，除盐碱地、涝洼地外，生地、熟地、山地、梯田等均可种植，但以土层深厚、疏松肥沃、排水良好的砂质壤土为佳。若选用生荒地，先铲除杂草，拣除石块、树枝、树根，将杂草晒干后堆起烧成熏土，再均匀撒在土表。熟地施足基肥，每 667m² 施一级或二级有机肥 2500～3600kg 作基肥；深耕 30cm 以上，耙细，整平，作成畦或作成垄。山坡地应选阳坡地，整地时只需做到坡面平整，按地形开排水沟，沟深 21～25cm 即可。

党参移栽成活后，每年 5 月上旬当苗高约 30cm 时，每 667m² 追施特级或一级有机肥 500～700kg，然后培土。结合第二次松土每 667m² 追施特级或一级有机肥 400～600kg，肥料施入根部附近；在冬季每 667m²施一级或二级有机肥 900～1200kg，以促进党参翌年苗齐、苗壮。

第四节　黄芪需肥特性及有机肥施用技术

黄芪［*Astragalusmembranaceus*（Fisch.）Bunge.］又名绵芪，豆科

植物，分为蒙古黄芪和膜荚黄芪两个品系。高 50～100cm，主根肥厚，木质，常分枝，灰白色。茎直立，上部多分枝，有细棱，被白色柔毛（图 13-4）。主产于内蒙古、山西、甘肃、黑龙江等地，为国家三级保护植物。现我国各地多有栽培，为常用中药材之一。黄芪含皂苷、蔗糖、多糖、多种氨基酸、叶酸及硒、锌、铜等多种微量元素，具有增强机体免疫功能、保肝、利尿、抗衰老、抗应激、降压和较广泛的抗菌作用。黄芪药用至今已有 2000 多年的历史。

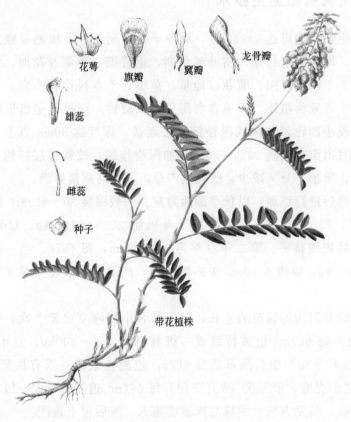

花萼　旗瓣　翼瓣　龙骨瓣　雄蕊　雌蕊　种子　带花植株

图 13-4　黄芪

一、黄芪需肥特性

黄芪系深根作物，平地栽培应选择地势高、排水良好、疏松而肥沃的中性或微酸性砂质壤土；山地应选择土层深厚、排水良好、背风向阳的山坡地或荒地种植；强盐碱地不宜种植。根垂直生长可达 1m 以上，俗称"鞭竿芪"。土壤黏重根生长缓慢甚至畸形；土层薄，根多横生，分支多，呈"鸡爪形"，质量差。忌连作，不宜与马铃薯、胡麻轮作。种子硬实率可达 30%～60%，直播当年只生长茎叶而不开花，第二年才开花结实并能产籽。每生产 100kg 黄芪需 N2.32kg、P_2O_5 0.323kg、K_2O 1.62kg。N：P_2O_5：K_2O 为 7.18：1：5.02。

二、黄芪有机肥施用技术

黄芪生长周期可达 5～10 年，从种子播种到新种子成熟要经过 5 个生育时期，即幼苗生长期、枯萎越冬期、返青期、孕蕾开花期、结果种熟期，需 2 年以上时间。前茬以地瓜、萝卜、禾本科作物为宜，不宜选大豆、花生等豆科植物。于早春利用灭茬（旋耕）深松起垄机进行土壤深松起垄或小四轮悬挂凿式深松铲深松起垄，深度达 30cm 以上，利于保墒，同时出苗率提高 20%～30%。加深耕作层，改善耕层结构，利于根系伸长、增粗、分叉减少，既提高产量，又提高质量等级。

选好地后进行整地，以秋季翻地为宜。一般深翻 30～45cm，结合翻地施基肥，每 $667m^2$ 施一级或二级有机肥 2500～3400kg、过磷酸钙 30kg，然后耙细整平。第二年春季再浅耕 20cm，每 $667m^2$ 施一级有机肥 500～600kg，要撒入 20cm 深的犁沟内，然后把地表耙细整平，作畦或打垄。

黄芪定苗后为加速苗的生长，每年结合中耕除草追肥 3 次，第一次（5 月上旬）每 $667m^2$ 追施特级或一级有机肥 500～800kg，兑水浇施。第二次（5 月下旬）中耕除草后每 $667m^2$ 追施特级或一级有机肥 400～600kg，兑水浇施。第三次（6 月下旬）每 $667m^2$ 追施特级或一级有机肥 400～600kg。施肥方法：两株之间刨坑施入，施后覆土盖严。

第五节　白术需肥特性及有机肥施用技术

白术（*Atractylodesmacrocephala* Koidz），别名桴蓟、于术、冬白术、淅术、杨桴、吴术、片术、苍术等，为菊科、苍术属多年生草本植物（图 13-5）。白术具有健脾益气、燥湿利水、止汗、安胎之功效，是我国传统常用中药材，具有悠久的栽培和应用历史，在国内外享有盛誉。主要分布于浙江、湖南、江西、四川、安徽等地的海拔 400～1000m 的平坝、丘陵和山区。

图 13-5　白术

一、白术需肥特性

白术喜凉爽环境，能耐寒，怕高温、高湿。地下部分的生长以 26～28℃最为适宜，气温升至 30℃以上时生长受到抑制。种子在 15℃以上时开始萌芽，幼苗出土后可耐受短期霜冻。白术较能耐寒，在冬季能耐受－10℃左右低温。白术对土壤类型要求不严，在酸性的黏壤土、微碱性的砂质壤土上都能生长，以排水良好的砂质壤土为好，在低洼地、盐碱地上生长不良。过黏或过砂土壤，不宜栽培。忌连作，轮作期要在 5 年以上。过于肥沃的地块，会使白术苗生长过旺，造成徒长，则抗病力差。虽然白术怕高湿，但幼苗期和根状茎迅速膨大期需水分较多。

二、白术有机肥施用技术

白术从栽种到收获，生育期长，为 230～240d。为了促进根茎的膨大，需大量的氮肥、磷肥、钾肥，合理地施用肥料，不仅可满足白术生长所需，获得高产，而且可达到最佳经济效益。研究发现，白术对氮肥、磷肥、钾肥的需求量均比较大，其中对钾肥最为敏感，施用钾肥，不仅可以提高植株的光合作用强度，而且对氮代谢也有良好的影响，使植株健壮生长。综合白术产量和经济效益的关系，每 $667m^2$ 需纯氮（N）23kg、磷（P_2O_5）9kg、钾（K_2O）10.8kg。施肥量过少，植株不能健壮生长，无法满足根茎膨大增长所需；过多则易造成植株营养比例失调，植株徒长，引发病害，产量下降，达不到优质高产的目的。

育苗地宜选择肥力一般、排水良好、干燥、通风、凉爽的砂壤土地块，每 $667m^2$ 施特级或一级有机肥 900～1300kg 作基肥，深翻 20cm，耙平整细，做成 1m 宽的畦。大田宜选择肥沃、通风、凉爽、排水良好的砂壤土地块，忌连作。前作收获后，每 $667m^2$ 施一级或二级有机肥 1500～2000kg，配施 50kg 过磷酸钙作基肥，深翻 20cm，做成宽 1.3m 的畦。

白术生长时期，需充足的水分，尤其是根茎膨大期更需水分，若遇干旱应及时浇水灌溉。如雨后积水应及时排水。现蕾前后，可追肥 1 次，每 $667m^2$ 追施特级或一级有机肥 500～800kg，施后覆土、浇水。摘蕾后 1 周，可再追肥 1 次，每 $667m^2$ 追施特级或一级有机肥 300～500kg。

第六节　当归需肥特性及有机肥施用技术

当归 [*Angelica sinensis*（Oliv.）Diels]，别名干归、文无，伞形科植物（图 13-6）。其性温，味甘、辛，具有补气活血、调经止痛、润肠通便的功能，为临床常用药，素有"十方九归"之称。主产于甘肃、云南、四川、陕西、贵州、湖北等地区，全国各地均有栽培。当归喜生长在海拔 1500～2500m、气候冷凉、无霜期 100～150d 的地方，而在海拔低、温度高、干旱、碱土的地方，则不利于生长。当归生产上多采用种子育苗繁殖，夏末秋初育苗，冬季起苗储藏，开春栽种，秋季采收，留种田第三年采种。花期为 6～7 月，果期为 7～9 月。

图 13-6　当归

一、当归需肥特性

当归对土壤的要求不是十分严格，但以土层深厚、肥沃疏松、排水良好、富含有机质的砂质壤土为好，宜选择微酸性至中性土壤。育苗地应选择疏松肥沃的黑土地，黄土则生长不良。忌连作，前作以玉米、苦荞、大麻为宜，轮作期 2～3 年，不宜与马铃薯、豆类作物轮作。新垦荒地种植一年农作物后再种植当归。当归为喜肥植物，在营养生长期间，高肥是促进根系发育、获得高产的重要因素。据研究，每生产 100kg 当归干品，需要 N6.48kg、P_2O_5 4.45kg，吸收比例 1.52∶1。其中，营养生长的前期应增施一些富氮有机肥，以促进地上部分的生长；而在营养生长的后期则应增施一些富磷、钾有机肥，这对促进根系发育，提高当归产量、质量均有好处。

二、当归有机肥施用技术

育苗地的选择是影响当归育苗质量的关键因素。这既关系到幼苗生长状况的好坏，也与移栽后早期抽薹率的高低密切相关。根据当归幼苗的生长习性，应选择四面环山、土壤疏松肥沃、腐殖质含量高、背风、光照时间短、阴凉湿润的生荒地或熟地进行育苗。当归种子小，幼芽破土能力弱，因此要精细整地。生荒地育苗，一般在 4～5 月份开荒，先将灌木杂草砍除，晒干后堆起，点火烧制熏肥，随后深翻土地 25cm 以上，翻后打碎土块，去尽草根、石块等，即可作畦；若选用熟地育苗，初春解冻后，要进行多次深翻，施入基肥。基肥以厩肥和熏肥最好，每 $667m^2$ 施入腐熟厩肥 3500kg，均匀撒于地面，再浅翻一次，使土肥混合均匀，以备作畦。当归育苗都采用带状高畦，以利排水。一般按 1.3m 开沟作畦，畦沟宽 30cm，畦高约 25cm，四周开好排水沟以便排水。这种条件育苗，植株生长茂密，相互郁闭，叶片向上生长，光合作用积累的糖分少，而从土壤吸收的氮素多，抽薹开花率低。

　　当归为深根性植物，入土较深，喜肥，怕积水，忌连作。移栽地应选择土层深厚、疏松肥沃、腐殖质含量高，排水良好的熟地，前茬作物收获后及时浅耕，使土壤风化。新垦荒地宜种植 1 年农作物后再种植当归。种植前再翻耙 2 次，每 $667m^2$ 施腐熟厩肥 4000～5000kg、油渣 100kg、钼酸铵 0.2kg、硫酸锰 2kg，有条件的应进行 1 次冬灌，翌年春再翻耙 1 次。翻后耙细，顺坡做成高 30cm、宽 1.5～2.0m、畦间距 30～40cm 的高畦，或带宽 40～50cm、高 25cm 的高垄。

　　当归生长的第二年比苗期要求较高的温度和充足的光照，如栽种在山坡上，阳坡较阴坡生长更快。土质影响当归栽种的成活率和产品质量，黑土、红砂土移栽成活率最高，黄土质地紧，移栽成活率低；黑土种植的当归气味比黄土种植的浓，但干鲜比较黄土种植的小。当归不宜连作，前茬以小麦、大麻、亚麻、油菜、烟草为宜，而不宜与马铃薯、豆类轮作。如果不得不连作，必须多施有机肥和追肥，并用杀菌剂和杀虫剂做好土壤处理。

　　为了防止当归早期抽薹，采用秋季直播，控制幼苗大小，不仅防止了早期抽薹，而且减少了育苗、起苗、贮苗、栽苗等工序，节省劳动力。秋播能有效防止早期抽薹，但播种时间必须加以控制，一定要在立秋前后播种，过早达不到预防抽薹的目的，过晚则幼苗抗逆性差。总之应保证当年的幼苗有 70d 左右的生长期，长有 3～4 片真叶，根茎直径在 0.2cm 左右才能安全越冬。海拔高、气温低的地方在 8 月初播种；海拔低、气温高的可在8月中旬至9月上旬播种。由于直播幼苗的生长期短，为获高产除施足底肥外，还应及时追肥，苗期多施氮肥，成苗后宜早施磷肥、钾肥。

直播地宜选择向阳、坡度缓、海拔较低的地块，要求土层深厚，土壤肥沃、疏松、富含有机质。直播方法分条播和穴播，以穴播为好，按穴距27cm，品字形挖穴，深3～5cm，穴底整平，每穴播入种子10粒，摆成放射状。稍加压紧后，覆盖细肥土，厚1～2cm，最后搂平畦面，上盖落叶，以利于保湿。条播即在整好的畦面上横向开沟，沟深5cm，沟距30cm，种子疏散均匀地撒在沟内。直播当归的幼苗在田间越冬，容易遭受冻害，所以必须采取一些保苗措施，如结合冬前的追肥将肥土覆盖在所育苗上或加盖厚1cm左右的细土、冬季浇水防冻等。早间苗、定苗，能避免当归苗拥挤，减少肥水消耗，保持单株有一定的营养面积，以利于当归的生长。当幼苗高3cm时开始间苗，苗高10cm时即可定苗，穴播的每穴留1～2株，株间距5cm左右，条播的按20cm株距定苗。

当归从定苗到根增长期需肥量逐渐增加，到根增长期达到高峰，适宜追肥的时间在6月下旬叶生长盛期和8月上旬根增长期，这是两个需肥高峰期。追肥数量应是根增长期大于叶生长期和返青期。当归苗株生长前期不宜施过多的氮肥，以免地上部生长过旺引起早期抽薹开花，一般施1次较稀薄的腐熟人粪尿，每667m² 施2000kg，有条件的可将饼肥、过磷酸钙、厩肥一起堆沤之后，开沟施于行间，然后培土，以利于根系生长。

第七节　何首乌需肥特性及有机肥施用技术

何首乌（*Polygonum multiflorum* Thunb.），又称首乌、赤首乌，蓼科植物（图13-7）。何首乌味苦、甘、涩，性微温，具有补肝肾、益精血、乌须发、强筋骨之功效，是滋补肝肾的常用中药。主产于我国四川、湖南、贵州、河南等地区，通常分布在海拔1000m以下地区，高者可达1200m左右，但海拔1000m以上分布量较少。花期为8～10月，果期为10～11月。

何首乌的种植方式有育苗移栽、种子直播、扦插繁殖、分株繁殖、

图 13-7　何首乌

块根繁殖和压条繁殖等多种方式，实际生产中多采用种子直播、块根繁殖和育苗移栽 3 种种植方式，各生产主体可根据种苗来源、种植规模、种苗需求、环境条件及技术掌握程度合理选择种植方式。

一、何首乌需肥特性

何首乌适应性较强，喜温暖湿润气候，忌积水，有较强的耐寒性。野生状态多生于荒草坡地、石缝及灌木丛的向阳处或路旁半荫蔽的土坎上，属半阴生植物。对土壤要求不高，但最好选择排水良好、土层深厚、疏松肥沃的砂质黏土，可在沟边、林地、山坡地及房前屋后零星土地种植。黏性大、贫瘠易干、低洼地块不宜种植，何首乌不能连作。何首乌春季播种，当年就能开花结果。3 月中旬播种的何首乌，在 4～6 月份其地上部分迅速生长，地下根亦逐渐膨大形成块根；而同期扦插的何首乌，当年只能在茎上长出 1～5 条较粗的根，到翌年 3～6 月份才能逐渐膨大形成块根。而同时地上部分长势的优劣与地下部分块根的多少与大小成正相关。据研究，667m^2 产鲜重 808.49kg 何首乌，需 N11.45kg、P$_2$O$_5$ 22.9kg、K$_2$O 6.08kg，N、P$_2$O$_5$、K$_2$O 的比例为 1∶2∶0.53。何首乌前期以藤蔓生长为主，对氮肥的需求较多，生长 1 年以上植物的块根开始膨大积累养分，养分需求较大，对磷、钾的需求相应增加。生产上以农家肥为主，施足底肥，多次追肥，每年需施肥 2～3 次。前期以氮肥为主，促进藤蔓生长；中后期适当施磷肥、钾肥，促进块根生长。

二、何首乌有机肥施用技术

1. 育苗地施肥技术

选择山丘平缓处灌溉方便、富含腐殖质的砂质壤土地块作苗床，冬季深翻土壤 30cm 以上，清理整平后耙平。育苗前施足底肥，每 667m² 撒施堆肥 1500～2000kg，加尿素 20kg、过磷酸钙 50kg、硫酸钾 5kg 或氮磷钾复合肥（总养分含量 45%，N：P_2O_5：K_2O=15：15：15，下同）50kg，翻埋入土，耙细整平、作畦。每 667m² 泼施人畜粪尿 1500～2000kg，浸透畦面，浅耕 10cm 左右，即可进行播种或扦插。出苗后有 2～3 片真叶时应适时进行第一次追肥，每 667m² 用稀薄人畜粪尿 1200kg 浇施。苗床期施追肥 2～3 次提苗，施最后一次追肥应在起苗前 5～7d。春季 4～5 月份起挖幼苗大田定植，定植时保留茎基部 20cm 茎节，剪去多余部分。

2. 大田种植地施肥技术

栽培时选排水良好，较疏松、肥沃的壤土或砂质壤土地块为好。整平地面后，每 667m² 施堆肥或厩肥 3000～5000kg 作基肥，深翻 30～35cm，耙细整平，作高畦。畦面积的大小根据地势而定，一般采用宽约 130cm 的高畦。当种子直播苗长至 10～20cm 时进行定苗补缺；采用块根、根茎分株栽种的何首乌出土后，苗高 10～20cm 时进行查苗补缺；经育苗移栽的在种苗栽种 7～10d 成活后进行查苗补缺，补缺后力争每穴有 1～2 株壮苗。补缺时应对补缺苗浇施 3%～5% 稀薄人粪尿水或 8%～10% 沼液水，以缩短缓苗期，赶上原生株苗生长。

何首乌是高产作物，生长期长，藤蔓生长旺盛，需肥较多，追肥是增产的关键措施之一。施肥以前期施有机肥、中期施钾肥、后期不施肥为原则。具体做法是，播种 20d 后当幼苗高 10cm 以上或扦插植株长出新根时，即可进行第一次施肥，每 667m² 施腐熟人粪尿水 750～1000kg 或沼液 1500～2000kg、菜籽饼肥 70～80kg 加水发酵后兑水施用；之后视植株生长情况，隔 20d 左右每 667m² 施商品有机肥 130～160kg（壮苗肥），共施两次。前期为了促进藤蔓生长，应适当增施富氮有机肥。中后期要促进块根生长，一般在 7～8 月出现花蕾时，由于苗蔓黄弱，应在施有机肥的基础上增施磷肥、钾肥，每 667m² 施商品有机肥 150～175kg 或菜籽饼肥 100～125kg 加过磷酸钙或钙镁磷肥 35～40kg，草木灰 300kg。以后于每年 4～5 月份、9 月中下旬施春肥、秋肥各一次。施春肥时，每 667m² 用商品有机肥 150～175kg 加人粪尿 500～750kg 或沼液 1000～1250kg；施秋肥时，每 667m² 用菜籽饼肥 120～130kg 或商品有机肥 150～175kg 加磷肥 30～40kg、草木灰 300～325kg。追肥后及时浇水，高温多雨季节注意排水。施肥最好在两行植株的中间开沟施入，然后覆土盖严，沟不能过深，以 20cm 左右为宜，可获高产。

何首乌移栽后 1 个月内需水较多，前 10d 要早晚各浇水 1 次，以后可结合施肥浇水，一直到苗高 1m 以上后，除遇天旱外，一般不再浇水，因为何首乌的生长忌过分湿润，如土壤含水率太高，须根过度萌发，影响块根膨大，造成低产。12 月倒苗时，结合清除枯藤，施腐熟堆肥或土杂肥 1 次，并在根际培土。

第八节　地黄需肥特性及有机肥施用技术

地黄（*Rehmannia glutinosa* Libosch.），又名地髓，为玄参科植物（图 13-8）。地黄的干燥块根味甘寒，主治跌打损伤，逐血痹，填骨髓，长肌肉。我国栽培地黄至少有 900 余年的历史，分布于华北、西北、华东等地区，主产于河南、山东等省。花期为 4～6 月，果期为 5～9 月。

地黄繁殖有种子繁殖和块根繁殖两种方式。由于种子繁殖生长极不整齐，并且常造成地黄品种的混杂，故生产上不宜采用。生产上主要用块根进行无性繁殖，用作繁殖的块根称作种栽，种栽主要有窖藏、大田留种、倒栽三种留种方法，其中以倒栽最好，窖藏和大田留种方法只适用于较温暖的地区。采用倒栽的种栽，大田里单株选择出来的优良品系具有保纯去杂质、提纯复壮的作用，并且倒栽培育出的种栽具有生命力强、粗细较均匀、单位面积种栽用量小等优点。

图 13-8　地黄

一、地黄需肥特性

地黄生长要求气候温和、阳光充足的环境条件，性喜干燥，怕积水，能耐寒，整个生长期需要充足的阳光，生长前期要求土壤含水率较低，为 10%～19%。生长中后期也是块根膨大期，应保持土壤潮湿，但不能积水。地黄喜中性或微碱性疏松肥沃的砂质壤土；肥沃的黏土也可栽种地黄，出苗慢，但产量高；而生荒地则更适合地黄生长。地黄喜肥，基肥施用充足或肥沃的土壤，块根长势好且产量高，肥料不足则块根细弱，喜肥品种对肥料的反应更为明显。据研究，在中等肥力的壤质土上种植地黄，生产 1kg 鲜地黄，大约需 N4.8g、P_2O_5 0.5g、K_2O 3.8g。地黄一般采用无性繁殖，即采用块根繁殖，生长一年即可收获。它的生育期可分为出苗期、莲座期、根膨大期、地上部枯萎期。从出苗期到莲座期，是地黄地上部生长的时期，此时需氮、磷养分多，尤其是对氮的需求更为突出。当地黄封垄后（即莲座后期，一般在 8 月上旬），地上部生长量达最大。此时根开始膨大，进入根膨大期，一直到地上部枯萎。此时地黄需钾较多，其次是氮、磷养分，但是氮的施用量不能过多，否则引起地上部徒长，地黄块根生长受阻，既降低产量，也使品质下降。有机的氮肥、磷肥、钾肥更易于地黄生长，在基肥中加入磷肥对块根生长也很有利，缺钾的土壤添加草木灰或钾肥有利于块根生长。倒栽地黄因生长期较短，宜施用速效有机肥、豆饼等。

二、地黄有机肥施用技术

地黄忌重茬，收获后隔 7～8 年才能再种。前茬以蔬菜、小麦、玉米、谷子、红薯为好。芝麻、花生、棉花、油菜、豆类、白菜、萝卜和瓜类等作物不宜作地黄的前作或邻作，因这些作物易发生根结线虫和红蜘蛛，同时南北临近地不宜种植高秆作物。地黄喜肥，选择肥沃的土壤或多施基肥，可提高产量 1～3 倍，一般每 667m² 施优质猪圈肥或厩肥 4000～5000kg、豆饼 100～150kg、过磷酸钙 25kg，南方酸性土缺钾，也可施用草木灰。秋作物收获后施入基肥，撒施均匀，耕深 25～30cm 后耙细。

栽种春地黄（早地黄）的土地，应于秋收之后施足基肥，每 667m² 施 3000～5000kg 的堆肥或厩肥，深耕 30～60cm，让土壤越冬风化，以提高肥力，减少杂草和虫害。翌年春，解冻后再浅耕土地 15cm，每 667m² 施腐熟饼肥 150kg。深耕细耙做到上实下虚，整平作畦。可根据地势高低和排灌需要，做成平畦或垄。栽种麦茬地黄（晚地黄）的土地，可在夏收之后施足基肥，每 667m² 施腐熟有机肥 2000～2300kg，深耕细耙，整平作畦，然后栽培。

地黄出苗后若发现缺株，要及时补苗。地黄自出苗 1 个月后开始形成大量的肉质块根，2 个月后块根干物质急剧增加，约两个半月封行，所以必须在封行前施完追肥。在产区，药农采用"少量多次"的追肥方法。齐苗后到封垄前追肥 2～3 次，前期以氮肥为主，以促进地上部生长，一般每 667m² 施入人粪尿 1500～2000kg。生育期后期块根生长较快，适当增加磷肥、钾肥。生产上多在小苗 4～5 片叶片时每 667m² 追施人粪尿 1000kg、饼肥 75～100kg。第三次追肥根据苗的生长强弱而定。硼肥能明显提高地黄产量，改善品质，砂质缺硼土壤每 667m² 用 1～1.5kg 硼砂拌土撒施作基肥，6 月下旬至 8 月中旬叶面喷施 0.2％的硼砂溶液 3 次。在追肥的同时进行中耕除草，但要浅锄、慢锄，深度不宜超过 2cm，注意不要伤害块根、幼芽和嫩叶。

第九节 白芍需肥特性及有机肥施用技术

白芍（*Paeonia lactiflora* Pall.）是毛茛科植物芍药的干燥根（图13-9）。其味苦、酸、甘，微寒，归肝、脾经，具有养血调经、平肝止痛、敛阴止汗之功效。主产于浙江、安徽、四川、山东等地区，全国各地均有栽培。花期为5～7月，果期为6～7月。

图 13-9　白芍

一、白芍需肥特性

白芍属于深根性宿根植物，入土较深，土壤以排水良好、土层深厚、土质疏松肥沃的砂壤土和腐殖质壤土为佳，轻黏性土次之，而不宜在黏土及低洼地种植。耐旱、怕潮湿，忌积水。生长期如土壤水分过多，容易引起根系腐烂，甚至死亡，故在雨量多的地方栽培，应选择坡地，平地栽培要注意排水。生产上多用芍头繁殖，也可用种子繁殖，春、秋均可播栽，3～4 年以上采挖。

白芍施肥应以农家肥为主，注意氮、磷配合，补施磷肥。严格掌握"春秋少施、冬肥重施、看苗施肥，肥料用量根据植株大小适当调整"的原则，前轻后重，分次施入。前两年每年施肥量较少，第三、四年施肥量较大，而在一年之中，春、夏宜用人畜粪尿等速效肥，秋冬则以土杂肥、厩肥等为主。

白芍喜光，宜种植在气候温暖湿润地区，如在山地栽培则应选向阳坡地，四周不可有树木及高坡荫蔽，以免影响产量；白芍也有较强耐寒能力，华北地区冬季培土能安全越冬，但以无霜期较长的地区生长最好。

二、白芍有机肥施用技术

白芍不宜连作，需间隔 2～3 年后再种。应选择排水良好、土层深厚肥沃的砂质壤土、夹砂黄土及淤积壤土。对前作选择不严，以菊科的红花、菊花，豆科作物较好。如地下水位高或土质坚实，则主根短小而发生分叉，产量低而品质差。生长期较长，定植后 4～5 年收获。栽培前要求精耕细作，深耕 25～30cm，翻耕 1～2 次，清除石块、草根，特别要除净香附子和茅草根。翻耕后，每 667m^2 施厩肥或堆肥 2200～2600kg，加 50kg 的生物肥，翻入土中作基肥，耙平做成宽 1.3m 的高畦。雨水过多、排水不良的地块，畦宽可 1m 左右，畦间的沟宽 40cm、深 20cm 以上。砂质壤土中的现有幼龄树林、果园、荒山、坡地、田间地头、道路两旁都可栽种，特别是道路两侧空地和旅游景点、山庄、农庄等，种植白芍后，既起到较好的美化环境作用，又获得了可观的经济收益，一举两得。

芍药栽种当年冬前不出苗，第二年因植株较小，株间空隙大，可利用行间空闲地适当间作其他作物，增加收益。但芍药是喜光作物，过于荫蔽会影响植株生长。安徽产区间种芝麻、小豆等作物。适当间作，在夏季可降低地表温度（尤其是砂土地），在高温雷雨季节，可防止芍根灼伤而枯死。

实验研究表明，有机肥、生物肥均有利于白芍干物质和有效成分的积累。化肥虽然可以促进白芍的生长，但不利于有效成分的积累。白芍不宜多施化肥，亳州药农常以棉籽饼肥、菜籽饼肥 500kg 与农家肥

500kg 掺匀焖至发酵，每次每 $667m^2$ 施肥 100kg，采用穴施方法较好。

白芍喜肥，特别是花蕾显色后及孕芽时对肥料需求更为迫切，除施足基肥外（栽种当年需肥量少，不用追肥），于栽后第 2 年开始，每年要追肥 3～4 次。3～4 月份齐苗后，结合"晾根"进行第一次追肥，每 $667m^2$ 施入腐熟人畜粪水 1000～1500kg。因此时芍根较嫩，这次施肥浓度宜淡不宜浓，否则灼伤芍根，影响生长。在芍药生长迅速的 5 月份进行第二次追肥，每 $667m^2$ 施入腐熟人畜粪水 2000kg，以促进苗株健壮生长。第三次追肥在 7 月份，植株生长旺盛期，结合中耕除草后每 $667m^2$ 再施用腐熟人畜粪水 2000kg。11～12 月份进行第四次追肥，每 $667m^2$ 施入腐熟厩肥或堆肥 2000kg 加饼肥 30kg。在行间开沟施入，施后覆土盖肥并浇 1 次透水。这次肥料施入后，非常有利于翌年芍药的萌发和生长。从第 3 年开始追肥次数可减少为 3 次。3 月份齐苗后进行第一次追肥，每 $667m^2$ 施入腐熟人畜粪水 1500kg 加过磷酸钙 25kg，以促进地上茎叶健壮、地下根部肥大；第二次追肥在 9 月份，每 $667m^2$ 施腐熟人畜粪水 1500kg 加饼肥 30kg；第三次在 11～12 月份，每 $667m^2$ 施入腐熟厩肥或堆肥 2000kg 加饼肥 30kg。第 4 年收获，只需追肥 1～2 次，3 月中下旬进行第一次追肥，每 $667m^2$ 施入腐熟人畜粪水 2000kg 加腐熟饼肥液 30kg；第二次在 4 月下旬，按上述肥量再施一次。也可在春季齐苗后追肥一次，收获前不需再施肥。从第 2 年开始，在 5～6 月芍药的生长盛期和开花期，用 0.3％的磷酸二氢钾进行根外追肥，可提高产量。

第十节　枸杞需肥特性及有机肥施用技术

中药枸杞子，为茄科植物枸杞的干燥成熟果实（图 13-10），具有滋补肝肾、益精明目、润肺的功能。枸杞（*Lycium barbarum* L.），主产于宁夏，甘肃、新疆、内蒙古、河南等地均有栽培。花期为 5～9 月，果期为 7～10 月。喜冷凉的气候条件，适宜生长的白天温度为 20～25℃，夜间 10℃左右。白天温度 35℃以上、10℃以下时，生长不良，有时甚至导致落叶。枸杞喜光照，尤其在采收后基部枝丫重萌腋芽和伸长枝条时，要求较多的光照，但在其他时期较耐阴。

枸杞苗木繁殖的方法有种子育苗、扦插育苗、分根育苗等。种子育

图 13-10 枸杞果实

苗保持品种纯度的比率较低（27%），且种子苗需经过一年的营养生长，第二年才能结果。扦插或分根育苗种 95% 以上能保持原品种的纯度，春天育苗，秋天即能结果。所以枸杞在选择好适宜的优良品种后，多采用扦插或分根育苗方式，但因为分根育苗的材料有限，因此生产上多采用扦插方式育苗。

一、枸杞需肥特性

枸杞对土壤的适应性很强，在一般的土壤，如砂壤土、轻壤土、中壤土或黏土上都可以生长。枸杞的耐盐性较强，一般在含盐量小于 0.2% 的土壤上生长良好，并且能获得高产。甚至在含盐量高达 0.5%～1.0% 的轻盐土上也能生长。据有关资料介绍，枸杞的耐盐性仅次于胡杨。但为了获得高产优质的果实，在土层深厚、肥沃的轻壤土上建园最好，砂壤土和中壤土次之。在盐渍化严重的土壤上，枸杞只能维持生存，不能正常生长和结实。轻壤土之所以较适于枸杞生长，是因为它土质疏松、透水快、通气好。但如果土壤砂性过强，则会造成水肥保持能力差，容易干旱，使枸杞生长不良。但如果土质过于黏重，如黏土或黏壤土，虽然养分含量较高，但因经常板结，土壤通气性差，对枸杞根系呼吸及生长不利，树梢生长缓慢，花果少，果粒也小。如果黏土经过改良，如向地里增施麦秆、稻草或腐熟羊粪之类，既增加了土壤的疏松性又丰富了土壤养分，枸杞也能生长良好。

枸杞的耐盐碱能力很强，适应范围也很广。在新疆 $0\sim100cm$ 土层含盐量 0.5% 时生长正常；在以硫酸盐为主的盐碱地上，土壤含盐量达 1% 时也能生长。在土壤表土和心土层含有少量的苏打（Na_2CO_3），pH 值达 8.7 的土壤中枸杞的生长和结实很好，单产 $1500\sim2250kg/hm^2$；个别新栽枸杞的土壤 pH 值为 9.8，在加强田间管理的情况下，枸杞仍然能正常生长，如品种宁杞 1 号能在 pH 值 $9.0\sim9.8$、含盐量 0.2% 的灰钙土上生长良好，并能结实，可见枸杞耐盐碱能力很强。

枸杞是喜肥的多年生植物，其开花结果期较长，以春、夏之间为主，而且营养生长时间也很长。所以栽培枸杞除重视基肥外，合理追肥也是很关键的生产措施。枸杞植株一般在几年、几十年的时间里都固定在同一地点，吸收大量养分，只有经常补充土壤中的养分，才能使枸杞生长好，结果多。施肥就是要不断增加土壤中的养分，为枸杞创造良好的生长环境条件，使它生长好，结果多，产量高。枸杞植株 1 年生枝条内氮、磷、钾养分含量，从 6 月至 8 月均呈 "V" 字形分布，6 月底 7 月初是枸杞需肥量最大的时期。经研究，枸杞园地有效土层 $20\sim30cm$ 土壤有机质含量 $1\%\sim1.5\%$ 的条件下，在淡灰钙土上生长的 5 年生枸杞树每生产 $100kg$ 干果需消耗 N $18.8kg$、P_2O_5 $13.99kg$、K_2O $4.75kg$，N、P_2O_5、K_2O 的比例为 $1:0.72:0.25$。在黄河灌淤土上生长的 5 年生枸杞树每生产 $100kg$ 干果需消耗 N $38.21kg$、P_2O_5 $28kg$、K_2O $8.1kg$，比例为 $1:0.73:0.21$。如每 $667m^2$ 生产 $150kg$ 枸杞干果，则需畜禽肥 $2300\sim4000kg$，其中羊粪 $600\sim800kg$、猪粪 $800\sim900kg$、鸡粪 $400\sim600kg$。

二、枸杞有机肥施用技术

以种子繁殖枸杞苗木时，选择肥沃的砂壤土地块做苗圃，播种前每 $667m^2$ 施腐熟厩肥 $4000\sim4500kg$ 作基肥，灌好水，并且进行土壤处理。为了使种子在播种后早出苗，在播种前可进行种子催芽，方法是 1 份种子、3 份细湿沙，拌匀后放在 $20℃$ 左右的室内，上面盖塑料布，每天喷水 1 次保持湿润，一般在有 30%～50% 的种子露白（胚根露出）时，进行播种。在西北干旱多风地区，播种可采用深开沟、浅覆土的方法。为了减少跑墒，播后稍加镇压再盖上湿碎草。覆土后不立即灌水，如播后遇干旱天气，土壤墒情差，较长时间不出芽，也可用小水浅灌，促进种子发芽出土。

应在枝条萌动前的 3 月下旬至 4 月初，选用采条圃里生长健壮、粗 0.4～0.6cm 的枝条，或者用优良植株上的徒长枝，剪成 12～15cm 长作插条，插条上端剪成平口，下端削成斜口。一般在萌芽前的 3 月底至 4 月上旬扦插，温室也可在 9～10 月份扦插。插前圃地应细致整地，按株距 10cm、行距 40cm 开斜沟插入，填土踏实，插条上端一节露出地面。为保墒和提高地温，促进生根发芽，在插条后可覆盖地膜，发芽后揭去。此法操作简单，已广泛应用于生产。

枸杞施肥量应根据树冠大小、长势强弱及土壤性质等因素确定。一般施肥量是大树比小树多，弱树比旺树多，结果多的树比结果少的树多，贫瘠砂地比深厚肥沃的壤土地多。基肥以秋施为好，一般在前一年灌冬水前的 10 月至 11 月上旬施入。秋施基肥的好处是：①此时枸杞树地上部已开始落叶，逐步进入休眠期，树液停止流动，挖断了根系对树体影响不大；②秋施农家肥比春施农家肥腐熟早，有利于根系早日吸收；如果秋施基肥来不及，则应在次年春季早施，以便早日发挥肥效。

施用基肥一般采用环状沟施、半环状沟施和条状沟施三种方法。环状沟施：在树冠边缘下方，挖深 30cm、宽 40cm 的环状施肥沟。半环状沟施：在树冠边缘下方，挖 1/2～1/3 圆周长的深 30cm、宽 40cm 的弧状施肥沟，次年沟的位置换到原沟的对面。条状沟施：在树冠边缘两侧各挖一条深 30cm、宽 40cm 的施肥沟，次年沟的位置换到另外两侧。施肥沟挖好后，将基肥施入，均匀摊在沟内，与土拌匀，上面再填土覆盖。

追肥时期应根据枸杞树生长结果情况而定。4 月下旬至 5 月上旬是枸杞新枝叶生长和老眼枝花蕾形成期，需追第一次肥，每 667m^2 施有机肥 400～600kg；6 月初至 7 月底是一年中大量新枝生长、花蕾形成和开花结果高峰期，也是大量果实膨大生长最盛时期，需要有充足的肥料，肥料不足就会影响生长和加重落花落果，每 667m^2 施有机肥 500～700kg。10 月下旬到 11 月上旬施冬肥，可用羊粪、猪粪、饼肥等，一般成年枸杞植株每 667m² 施羊粪 3000kg、油渣 260kg。幼年枸杞植株（树龄 4 年以内）的施肥量是成年树的 1/3～1/2。施肥方法是在树冠边缘下方开沟环施，沟深 20～30cm，宽 40cm 左右，然后冬灌。

叶面追肥对提高果实千粒重有明显作用，用肥量少，节省劳动力，降低成本。一般在 6～7 月第一次结果期喷 4 次，8～9 月第二次结果期喷 2 次。向叶面喷施 1‰～2‰有机肥浸出液，每次每 667m² 喷施肥液 30～50kg。喷施时，叶面和叶背都要喷到，以增加吸收面。雾滴越细越好，以叶面不滴水为度。叶面喷肥时间最好选在阴天或晴天上午 11 时以前及下午 4 时以后，中午烈日不要喷肥，以减少叶面蒸发，便于叶面充分吸收。雨天因淋洗严重，也不宜喷肥。

参考文献

[1] 车艳芳. 现代棉花高产优质栽培技术. 石家庄:河北科学技术出版社,2013.

[2] 高丽松. 常见肥料及其使用知识. 北京:中国盲文出版社,2000.

[3] 洪红,梁广焜,邢海萍. 甘蔗栽培技术. 北京:金盾出版社,2002.

[4] 胡国松,王志彬,傅建政. 烟草施肥新技术. 北京:中国农业出版社,2000.

[5] 胡立勇,杨国正,周广生,鲁剑巍. 油菜优质高效栽培技术. 武汉:湖北科学技术出版社,2009.

[6] 贾小红,曹卫东,赵永志. 有机肥料加工与施用. 北京:化学工业出版社,2010.

[7] 贾小红,曹卫东,赵永志. 有机肥料加工与施用. 第2版. 北京:化学工业出版社,2014.

[8] 李章海,韦建玉,叶江平. 有机肥条垛型堆积发酵技术与应用. 合肥:中国科学技术大学出版社,2015.

[9] 梁桂梅,谭裕模. 甘蔗高产高效生产技术手册. 北京:中国农业出版社,2011.

[10] 辽宁省科学技术协会. 大豆新品种栽培管理新技术. 沈阳:辽宁科学技术出版社,2008.

[11] 辽宁省科学技术协会. 烟草栽培新技术. 沈阳:辽宁科学技术出版社,2007.

[12] 刘民乾. 优质茶叶生产实用技术. 北京:中国农业科学技术出版社,2011.

[13] 刘现贞,赵宗武,赵启学. 农作物优质高产栽培技术. 郑州:河南科学技术出版社,2010.

[14] 骆耀平. 茶树栽培学. 第4版. 北京:中国农业出版社,2008.

[15] 石明伦. 棉花高产优质高效栽培技术. 武汉:湖北科学技术出版社,2006.

[16] 谭宏伟. 甘蔗施肥管理. 北京:中国农业出版社,2009.

[17] 汪强,倪皖莉,管叔琪,李必翠. 花生科学栽培. 合肥:安徽科学技术出版社,2011.

[18] 杨经纬. 油菜高产优质栽培技术问答. 北京:中国农业出版社,2000.

[19] 赵兵. 有机肥生产使用手册. 北京:金盾出版社,2014.

[20] 赵宏昌. 农作物优质高产栽培技术. 北京:中国农业科学技术出版社,2013.